KB133830

미래를 읽다 과학이슈 11

Season 6

미래를 읽다 과학이슈 11 Season 6

2판 1쇄 발행 2021년 5월 1일

글쓴이 홍희범 외 10명
펴낸이 이경민

편집 최정미 장정민
디자인 봄의 언덕

펴낸곳 ㈜동아엠앤비
출판등록 2014년 3월 28일(제25100-2014-000025호)
주소 (03737) 서울특별시 서대문구 충정로 35-17 인촌빌딩 1층
전화 (편집) 02-392-6901 (마케팅) 02-392-6900
팩스 02-392-6902
전자우편 damnb0401@naver.com
SNS

ISBN 979-11-6363-389-1 (04400)

1. 책 가격은 뒤표지에 있습니다.
2. 잘못된 책은 구입한 곳에서 바꿔 드립니다.
※ 이 책에 실린 사진은 위키피디아, 위키미디어, 노벨위원회, 구글, 셔터스톡에서 제공받았습니다.

미래를 읽다 과학이슈 11 Season 6

홍희범 외 10명 지음

동아엠앤비

암호(가상)화폐와 코딩, 알파고 제로, 살충제 계란까지 최신 과학이슈를 말하다!

들어가며

2017년은 새 정부의 출범 등 사회 · 정치 · 경제적으로 큰 변화가 일어났던 격변의 시기로, 과학계 역시 예외가 아니었다. 전 세계를 투기의 광풍으로 끌어들인 암호(가상)화폐, 전 세계적으로 코딩 열풍이 불고 있는 가운데 2018년 정규 교육과정으로 채택된 코딩, 인간보다 똑똑한 초지능 인공지능 알파고 제로 등 굵직굵직한 사건들이 2017년 최대의 화두로 떠올라 전 국민의 관심을 한 몸에 받기도, 국민들을 공포에 몰아넣기도 했다. 2017년 한 해를 뜨겁게 달군 과학이슈에는 어떤 것이 있을까?

최근 비트코인 붐이 불면서 전 세계를 투기의 광풍으로 끌어들인 암호(가상)화폐는 거래의 익명성이 보장되고, 수수료가 없으며, 실시간 거래가 가능하다는 점 등이 장점으로 부각되고 있다. 하지만 익명성에 기반한 범죄와의 연계성이 우려되고 법적 체계가 마련되어 있지 않아 다양한 위험성을 안고 있다. 암호화폐에 필요한 블록체인 기술이란 무엇이고 다가올 미래에 우리의 삶을 어떻게 바꾸어놓을 것인가? 암호(가상)화폐 거래에 따른 위험성을 방지하기 위해서는 어떻게 해야 할까?

전 세계적으로 코딩 열풍이 불고 있는 가운데, 우리나라도 2018년부터 초 · 중 · 고교에서 코딩 교육이 정규 과목으로 채택된다. 소프트웨어 교육이 안정적으로 자리 잡으려면 무엇보다 교사들의 역할이 중요하다. 하지만 현장에서는 전문인력이 부족한 실정이고, 창의력을 요하는 코딩 교육이 과연 안정적으로 자리 잡을 수 있을지에 대한 우려 역시 많다. 코딩이란 무엇이고 수업과정으로 어떤 것을 배우게 될까? 소프트웨어 교육 확대로 어떤 변화가 이루어지며 이에 따른 문제점은 없을까?

2017년 10월 18일 알파고의 개발사인 구글 딥마인드는 '역사상 가장 강력한 바둑 기사' 알파고 제로의 개발 소식을 알렸다. 알파고 제로는 기존 개발된 버전과 달리 인간의 바둑 지식을 전혀 배우지 않고 독학을 통해 스스로 바둑을 익혔다. 인류가 수천 년에 걸쳐 축적한 바둑 실력을 스스로 돌파한 지능은 과연 어느 정도로 똑똑할까? 인간보다 똑똑한 '초지능'을 가진 인공지능이 탄생하지 않을까? 그리고 알파고 제로 이후, 우리의 삶은 어떻게 달라질까?

이외에도 21세기에 가장 '핫'한 화두 중 하나인 드론, 전 세계 업무를 마비시켜 혼란에 빠트린 '랜섬웨어', 지구온난화를 막기 위한 대안으로 떠오른 '지구공학', AI(조류독감)의 확산에 이어 국민에게 큰 충격을 안긴 '살충제 계란', 2016년 경주 지진에 이어 2017년 11월에 일어난 포항 지진과 이로 인한 피해를 확산시킨 액상화 현상, 20년간의 토성 미션을 마치고 최후를 맞은 '카시니호', 줄기세포를 분화시켜 인공 장기를 만들어 임상을 하는 시대가 열림에 따라 맞춤 의학 실현에 도움을 줄 것으로 기대되는 '칩 위의 장기', 2017 노벨 과학상 등이 2017년 한 해 동안 대한민국을 뒤흔든 주요 과학이슈로 등장했다.

과학적으로 중요한 이슈들이 매일매일 쏟아져 나오는 지금, 과학기술의 성과와 중요성을 알리는 데 앞장서고 있는 전문가들이 한자리에 모였다. 우리나라 대표 과학 매체의 편집장 및 과학 전문기자, 과학 칼럼니스트, 연구자들이 모여 2017년 이슈가 됐고 앞으로 우리 생활에 중요한 역할을 할 과학기술 11가지를 선정했다. 이 책에 선정된 과학이슈들이 우리 삶에 어떤 영향을 미치는지, 그 과학이슈는 앞으로 어떻게 발전해갈지, 또 과학이슈에 의해 바뀌게 될 우리의 미래는 어떻게 펼쳐질지 다 함께 생각해 보았으면 한다. 이는 사회현상을 좀 더 깊숙이 들여다보고 일반 교양지식을 넓히는 데 큰 힘이 될뿐더러, 논술 및 면접 등에도 큰 도움이 될 것으로 확신한다.

2018년 1월 편집부

차 례

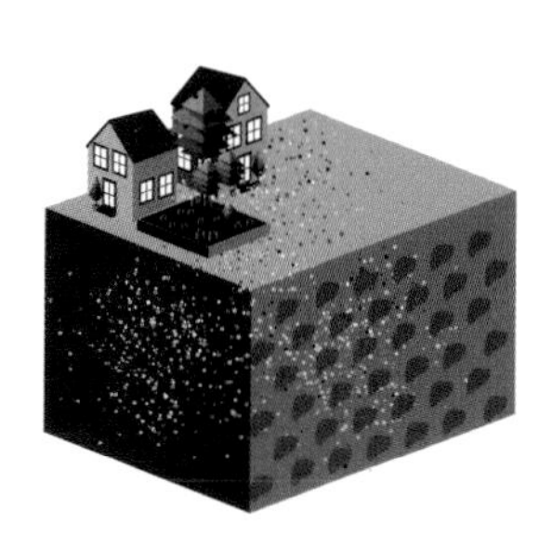

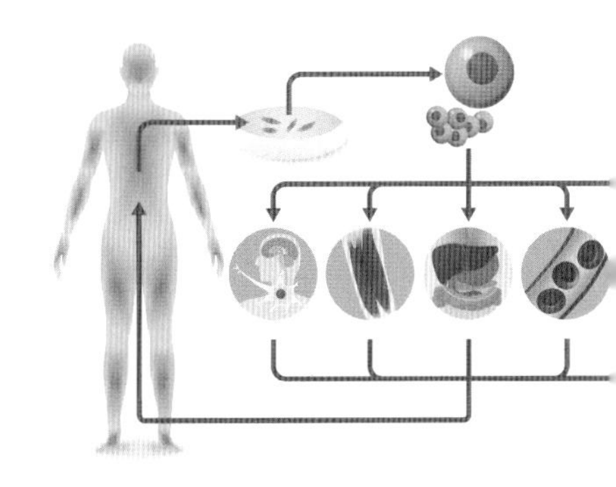

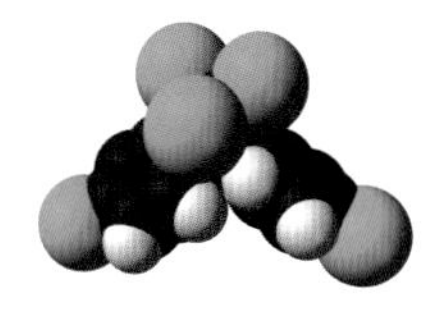

NOBEL

홍희범

홍익대 영문과를 졸업하고 1994년 《월간 플래툰》 편집/집필진으로 활동하다 2000년부터 《월간 플래툰》 편집장 겸 발행인으로 있다. 국군방송 및 각종 매체의 군사 관련 자문 및 글을 기고하고 있으며 허핑턴포스트의 군사 관련 기사를 집필하고 있다. 주요 번역서로 『스나이퍼 라이플(2016)』, 『미육군 소총사격교범(2016)』, 『세계의 특수부대(2015)』, 『무기와 폭약(2008)』(월간 《플래툰》 별책), 『제2차 세계대전사(2016)』(밀리터리 프레임 발행) 등이 있으며, 저서로는 『세계의 군용총기백과 3, 4권(2007, 2012)』, 『세계의 항공모함(2009)』, 『밀리터리 실패열전 1, 2(2011)』, 『알기 쉬운 전차 이야기(2013)』가 있다.

ISSUE 1
드론

ISSUE 1

날이 갈수록 발전하는 드론, 인간의 삶을 어떻게 바꿔놓을 것인가?

21세기에 가장 '핫'한 화두 중 하나라면 단연 드론일 것이다. 드론(Drone)이라는 말은 꿀벌의 수컷, 혹은 게으름뱅이를 뜻하는 단어였다. 그러나 오랜 세월 동안 쓰이던 이 단어의 원래 뜻은 불과 10여 년 사이에 아무도 기억하지 못하게 되었다. 오늘날 드론이 뭐냐고 물어보면 하나같이 원격조종으로 움직이는, 혹은 자율적으로 움직이는 무인비행기를 떠올릴 것이다. 그중에서도 가장 많은 사람들이 떠올릴 것은 네 개의 프로펠러를 가진 일명 '쿼드콥터형' 드론일 것이다. 그만큼 드론의 보급은 눈부시다고밖에 할 수 없는 엄청난 수준으로 진행되고 있다. 특히 지난 10년 사이의 드론 보급은 역사상 아무도 예상하지 못한 수준이다.

드론은 원래 군사적 창의력의 산물이었다. 실제로 드론을 무인기를 뜻하는 단어로 사용한 것도 군대가 처음이었고 그 뒤로도 오랫동안 드론의 개발과 사용은 군용이 중심이었다. 사실 10여 년 전까지만 해도 민간용 드론은 그다지 흔하지 않은 편이었고 20년 전에만 해도 제한적으로만 쓰였지만 군용으로는 상당한 폭으로 활용되었다. 드론의 정식 명칭은 UAV(Unmanned Aerial Vehicle), 즉 '무인 항공기'이다. 물론 장난감 수준으로나 쓰는 작은 드론을 '무인'이라는 표현까지 써가며 표현하기는 너무 거창한 것이 사실인데, 중요한 것은 원래 드론의 목적이 말 그대로 비행기를 사람이 타지 않고도 원하는 곳까지 날릴 수 있게 하는 것이었다는 사실이다. 실제로 비교적 최근까지도 드론을 만드는 데 실제 비행기에 가까운 큰 덩치가 요구되었고, 제2차 세계대전 당시까지만 해도 대부분은 원래 사람이 타던 유인 항공기를 개조해서 만들어야 했다. 옛날의 기술로는 무선 조종장치의 부피가 사람 못지않은 큰 덩치에 가까웠기 때문이다. 인류 역사상 '무인 항공기'라고 불릴 만한 것이 처음 전쟁에 사용된 기록으로 1849년에 오스트리아군이 베네치아를 공략하면서 풍선에 폭탄을 달아 날려 보낸 것을 들 수 있다. 물론 이것이 제대로 사용되었을 턱은 없다. 오스트리아는 1783년에 풍선 폭탄의 아이디어를 처음 떠올렸고 이것을 수십 년에 걸쳐 다듬은 뒤 마침내 실현시켰지만, 하다못해 바람만 잘못 불어도 엉뚱한 곳으로 가는 데다 제대로 가도 폭탄을 제대로 떨어트릴지 어떨지도 확신할 수 없는 원시적인 기계장치의 신뢰성으로 이것을 제대로 된 무기로 활용할 수는 없었다. 하지만 이 시도는 '항공기'라고 불릴 만한 것을 군사적으로 활용해, 대포 같은 기존의 무기로는 공략하기 힘든 먼 거리의 표적을 공격하는 데 사용한 대표적 사례로서 나름 참조할 가치는 있다.

초기의 무선조종 드론

오늘날과 같은 개념의 무인 항공기가 처음 등장한 것은 제1차 세계대전 중의 일이다. 미국과 영국 등에서는 대공포나 전투기의 사격훈련에 쓸 무인 표적기를 개발하기 시작했는데, 당시 무선 원격조종이라는 개념이 등장하기 시작하면서 사람이 타지 않고도 항공기를 원하는 대로 조종할 수 있게 되었기 때문이다.

하지만 곧 이렇게 등장한 무선조종 항공기를 무기로 활용하자는 아이디어가 싹트게 된다. '항공 어뢰'라는 이름으로 무선조종 항공기에 지속적으로 균형을 잡고 일정한 궤도를 따라갈 수 있게 하는 자이로스코프를 달아서 먼 거리를 날아갈 수 있게 하고 폭약을 실어서 적국이나 적군의 요충지 등에 자폭하게 만들면 조종사의 손실 없이 폭격임무를 수행할 수 있지 않겠느냐는 것이었다. 어떻게 보면 오늘날 우리가 말하는 순항미사일에 가까운 개념인데, 영국에서는 여기서 한 발 더 나아가 무선조종 무인 항공기를 당시 영국을 폭격하던 독일의 체펠린 비행선에 충돌시켜 요격하는 방법까지 생각하고 있었다. 단숨에 우리가 지금 아는 지대공 미사일의 개념까지 나와 버린 것이다. 미국과 영국은 이 새로운 '항공 어뢰'의 잠재력에 주목하고 1917년부터 본격적인 개발에 들어갔지만 도중에 개발의 활력이 빠져버렸다. 채 완성되기 전에 전쟁이 끝나버렸기 때문이다. 비록 1918년에 '케터링 벅'이라는 이름의 무인 '항공 어뢰'가 시험적으로 완성되어 테스트에서 상당한 성과(시속 80km의 속도로 121km의 거리를 비행)를 거두기는 했으나 전쟁이 끝나면서 예산의 축소로 더 이상의 개발은 곤란해졌다.

제1차 세계대전 중 개발된 케터링 벅, 일명 '항공 어뢰.' 무인기와 순항미사일의 선조뻘 되는 물건이다.

그러나 전쟁의 종식이 개발을 늦췄을지언정 완전히 멈추게는 하지 못했다. 영국 해군은 1920년대에 자폭용 무인기를 만들어 나름 성공적으로 테스트한 바 있지만, 원래 무인기 개발의 목적이던 표적기로서의 용도에 더 집중했다. 여러 차례의 시제품을 만든 끝에 1935년 영국 공군은 드하빌랜드 타이거 모스 연습기를 무선조종 무인 항공기로 개조한 무인 표적기인 DH.82B '퀸 비(Queen Bee: 여왕벌)'를 개발했다. 이때 벌에 관한 이름을 붙인 것이 오늘날 무인기를 벌(드론)이라고 부르는 전통으로 이어진 것으로 추정된다. 또 1936년에는 미 해군도 비슷한 무선조종 무인기를 만들면서 '드론'이라고 부르게 되는데, 아마도 상대적으로 작은 크기에 윙윙거리는 시끄러운 소리를 내는 이 당시의 무인기를 벌에 비유하는 것이 일종의 전통으로 자리 잡은 것 같다.

1941년에 무인 표적기 '퀸 비'를 시찰하는 영국의 처칠 수상.

무인 표적기는 초기 무인기뿐 아니라 지금까지도 중요한 무인기 중 하나로, 사람이 타지 않아도 되기 때문에 대공포나 미사일, 전투기의 기관포 등을 훈련하는 데 아주 중요한 수단이 된다. 게다가 무인 표적기는 앞서 언급한 '항공 어뢰'처럼 먼 거리를 날아가야 할 필요도 없으므로 기술적으로도 완성이 쉽다. 실제로 제2차 세계대전 중 무선조종 무인 표적기는 연합국의 훈련에 아주 중요한 역할을 담당했다.

할리우드와 드론의 관계

특히 제2차 세계대전 중에는 세계 최초로 무선조종 항공기가 규격화되어 대량생산되는 시대가 열렸다. 그리고 여기에는 뜻밖에도 할리우드의 조연 배우와 미래의 할리우드 대스타, 그리고 미국 대통령이 얽히게 된다. 제1차 세계대전 중 영국 공군에서 복무하다 전쟁 직후 미국으로 이민 간 영국인 레지널드 데니는 무선조종 항공기에 대한 취미와 열정, 그리고 연기에 대한 열정을 모두 가슴에 품고 있었고 이 모두를 충족하기 위해 할리우드로 향했다. 할리우드에서 그는 비록 대스타는 되지 못해도 조연배우로서 꾸준히 커리어를 쌓아갔고 틈틈이 취미 생활을 계속한 끝에 1934년에는 할리우드에 모형 비행기를 파는 '레지널드 데니의 취미 가게'를 열었다. 이 가게는 '레이디오플레인(Radioplane): 무선조종 항공기'라는 회사로 성장하게 된다. 그때까지 무선조종 무인기라면 유인 항공기를 개조한 비교적 큰 것들만 있었지만, 기술의 발달로 비교적 작고 값싼 것을 대량생산하는 것이 서서히 가능해졌다. 레지널드 데니는 이런 값싸고 작은 무인기가 군의 사격훈련용으로 큰 잠재성이 있다는 사실을 알았고, 곧 동업자를 모아 개발을 시작했다. 사실 그의 시도가 처음부터 순탄한 것은 아니었다. 하지만 유인 비행기를 띄워 긴 천으로 만든 표적을 끄는 기존의 표적기 운용 방식은 안전 문제뿐 아니라 비용과 현실성(이런 경우 표적의 복잡한 기동은 불가능했다) 부족 등으로 인해 군에서는 새로운 방식의 표적기를 원하고 있었다. 덕분에 레지널드 데니의 시도가 몇 차례나 실패로 돌아갔음에도 군의 관심을 꾸준히 끄는 데 성공했고, 마침내 1941년 6월에 53대의 무인기를 육군에 OQ-2라는 이름으로 납품하는 데 성공했다. 그리고 이 계약은 곧 폭발적으로 늘어나게 된다. 불과 6개월 뒤 미국이 제2차 세계대전에 참전했기 때문이다. 수십만에 불과하던 미군의 병력은 수년 뒤 천만 단위

제2차 세계대전 중 표적기로 대량생산된 미국의 RP-5 무인기. 레지널드 데니의 무인기 회사인 '레이디오플레인'사에서 만든 것이다.

로 불어나게 되었으며 여기에는 해군과 육군 항공대(당시만 해도 미 공군은 육군 휘하에 있었다)도 포함되었다. 이들 모두 엄청난 양의 대공/공중 사격훈련을 해야 했고, 무인기 수요는 수십 대에서 수백 대, 수천 대로 불어났다. 대표적 모델이던 OQ-3(OQ-2의 개량형)은 무려 9400대나 생산됐고, 그 외의 다른 무인 표적기들도 각각 수천 대씩 생산되는 등 엄청난 수요가 이어졌다. 그러면서 성능 역시 꾸준히 발전해, 170km/h 정도였던 무인 표적기들의 속도는 전쟁 중 무려 320km/h까지 늘어나는 등 엄청난 진보를 보였다.

로널드 레이건 대통령

제2차 세계대전 중 레이디오플레인사 공장에서 RP-5 무인기를 조립하던 모습이 촬영된 여성 직원 노마 진 도허티. 그녀가 바로 우리가 잘 아는 마릴린 먼로다.

당연히 레지널드 데니의 공장은 엄청나게 확장되면서 수많은 여성들(많은 남성들이 군대에 끌려가 일손이 부족했다)이 일하게 되었는데, 당시 육군의 공보장교로 있던 데니의 친구 로널드 레이건(그렇다. 바로 대통령까지 된 그 사람이다)이 공장을 찍어서 홍보에 활용하자고 제안했다. 비록 레이건 본인은 오지 않았지만 휘하의 카메라맨 데이빗 코노버가 공장을 방문했는데, 그중 노마 진 도허티라는 이름의 한 여성 직공이 유독 눈길을 끌었다. 코노버는 도허티에게 아예 모델로 직업을 바꾸자고 제안했다. 그리고 역사가 바뀌었다(노마 진 도허티는 모델 및 배우로 직업을 바꾸면서 '마릴린 먼로'라는 예명을 쓰기 시작했는데, 이 이름은 아마 많은 독자분들도 아실 것이다. 역사상 손꼽힐 유명 여배우 중 한 명이 '드론' 덕분에 커리어를 시작하게 된 것이다).

레지널드 데니의 무인기 회사인 레이디오플레인은 나날이 번창하여 1952년에는 유명한 항공기 업체 노스롭에게 비싼 값에 매각되었고, 노스롭은 이를 바탕으로 오늘날까지도 일련의 우수한 무인 표적기 시리즈를 만들어내고 있다.

드론 때문에 바뀐 대통령?

제2차 세계대전 중 무인기 개발이 표적기에만 국한된 것은 아니다. 제1차 세계대전 당시에 꽃핀 자폭 무인기의 개념이 제2차 세계대전에서도 죽지 않고 계속 테스트된 것이다. 특히 미국은 기존의 폭탄으로는 부수기 힘든 벙커 등을 파괴하기 위해 아예 폭격기 자체에 폭약을 가득 싣고 자폭시키는 개념을 연구했는데, 그것이 바로 그리스 여신 중 한 명의 이름을 딴 암호명 '아프로디테' 프로젝트였다.

B-17 폭격기나 B-24 폭격기들 중 낡은 기체에서 필요 없는 것들(사람이 타지 않으므로 필요 없는 기관총이나 방탄판, 좌석 등)을 제거하고(약 5.4톤의 무게를 절약할 수 있었다) 무선조종으로 개조한 뒤 여기에 폭약을 가득 싣고 자폭시킨다는 개념이었는데, 조종 자체는 다른 폭격기가 멀리 떨어진 곳에서 무선으로 조종하지만, 이륙은 조종사가 직접 조종해서 한 다음 일정 고도(약 600m)에 도달하면 조종사는 낙하산으로 아군 지역에 탈출하는 방식이었다. 아프로디테 계획은 결코 성공적이지 못했다. 14차례 출격했지만 한 번도 적 표적을 파괴하지 못했던 것이다. 게다가 위험하기까지 했다. 이륙 중 사고로 조종사가 사망하는 경우도 드물지 않았던 것이다. 특히 그 사고 중 하나로 미래의 미국 대통령이 어쩌면 바뀌었을지도 모른다.

당시 무인기 이륙 조종사 중 한 명이 조셉 케네디였다. 존 F. 케네디, 즉 나중에 미국 대통령이 되는 바로 그 사람의 형이다. 사실 케네디 일가에서는 조셉 케네디를 처음부터 차기 미국 대통령이 될 인재로서 키우려 했고 원래 예정대로면 1946년에 매사추세츠 주 하원의원으로 출마해 정계에 입문, 그 꿈을 실현할 작정이었다. 본인의 능력이나 가문의 지원 모두 충분히 가능성이 있는 이야기였지만, 그 와중이던 1944년에 아프로디테 무인기를 이륙시키던 중 착륙하기 전에 탑승한 무인기가 대폭발을 일으켰다. 이로 인해 조셉 케네디는 즉사했고, 결국 형이 못 이룬 야심을 동생 존 케네디가 이어받게 된다. 만약 이때 조셉 케네디가 살아남았다면 우리는 존 F. 케네디가 아니라 조셉 P. 케네디 대통령을 기억할 가능성이 매우 높다. 이처럼 제2차 세계대전을 거치며 무인기 기술 및 전자기술과 원격조종 기술이 비약적으로 발전해 더더욱 작으면서도 성능 좋은 무인기의 개발이 가능해지면서 표적으로 주로 쓰이던 무인기도 차츰 발전을 거듭하게 된다. 비록 적진을 공격하려는 임무는 미사일에게 양보했지만, 애당초 미사일이라는 존재 자체가 무인기를 개발하면서 얻은 노하우를 적잖이 적용했기에 가능했다. 특히 순항미사일은 사실상 자폭 무인기라는 개념을 발전시킨 것이기 때문에 어떻게 보면 무인기의 연장선상에 놓을 수 있지만, 여기서 '드론'의 범주에 포함시키는 것은 원격조종으로 움직이는 무인 항공기가 중심이라 순항미사일까지 거론하면 너무 방대해지므로 일단 제외하고 보도록 하자.

정찰 드론 시대의 시작

무인 항공기, 즉 드론은 제2차 세계대전 이후에도 표적기로서 주로 활용된다. 앞서도 언급했듯 적에 대한 공격 임무는 이제 미사일이 중심이 되었기 때문인데, 특히 항공기 기술이 발전하면서 드론 역시 제트엔진을 장착하는 등 표적기로서도 상당한 발전을 보이게 된다. 그리고 표적기 드론이 발전하면서 이것을 새롭게 활용하려는 시도가 나온다. 바로 정찰용 드론의 등장이다.

정찰용 드론의 선구자는 미국이었다. 미국은 1950년대 후반부터 MQM-57 '팰코너(Falconer)'나 SD-2 '오버시어(Overseer)'라는, 표적기를 개조한 정찰용 드론을 만들어 사용했다. 하지만 본격적인 정찰용 드론의 활용은 1960년대에 제트엔진을 탑재한 고속 무인 표적기 '파이어비(Firebee)'를 개조한 모델147 '라이트닝 벅(Lightning Bug)'이 등장하면서부터의 일이다. 정찰용 드론은 1950년대에 유인 정찰기, 즉 사람이 직접 조종하는 정찰기가 잇따라 격추되면서 중요성이 부각되기 시작했다. 1950~60년대에 미국은 여러 대의 정찰기를 러시아나 북한 주변에서 격추당했고, 특히 당시 미국이 절대 격추될 수 없다고 믿었던 U-2 정찰기가 격추당한 사태는 큰 우려를 낳았다. 그래서 사람이 타지 않으므로 격추당해도 정치적 부담이 훨씬 적은 무인 정찰용 드론의 필요성이 부각된 것이다.

미국이 베트남 전쟁 등에서 활용한 정찰 드론 '라이트닝 벅.'

당시 라이트닝 벅의 정찰작전은 지금에 비하면 많이 원시적인 것이었다. 적진 상공에 들어가서도 원격조종이 가능한 기술은 없었기 때문에 아주 간단한 경로만 미리 지정해서 날아가야 했고, 또 사진 촬영의 경우 필름을 회수해야 했기 때문에 귀환하기 전에 격추당하면 임무는 성공할 수 없었다(실제로 많은 라이트닝 벅이 미군 영역으로 돌아가기 전에 격추당했다). 그러나 유인 정찰기도 격추당할 우려가 높았다는 사실을 감안하면 이 정도의 리스크는 충분히 감당할 만했고, 미군의 평가도 높았다. 실제로 1970~75년 사이에 미군은 베트남에서 약 500번의 정찰 임무를 라이트닝 벅으로 실시해 그 가치를 입증한 바 있다.

그러나 이 시기 미국의 정찰 무인기 계획은 베트남 전쟁을 끝으로 잠시 힘을 잃는다. 정찰 위성이 발달하고 마하 3이 넘는 고속으로 정찰이 가능한 SR-71 정찰기가 등장하는 등 굳이 무인 정찰기를 쓸 필요가 있느냐는 생각이 싹트게 된 것이다. 하지만 이런 생각을 변화시킨 것이 바로 이스라엘이었다.

이스라엘과 드론의 발전

이스라엘도 미국에서 라이트닝 벅이나 파이어비 등을 수입해 사용했는데, 특히 인구가 적어 인명 손실에 민감한 이스라엘로서는 무인기 활용에 더 적극적일 수밖에 없었다. 이스라엘은 미국처럼 먼 거리를 날아서 적국의 동태를 감시하는 임무보다는 전장에서 멀지 않은 적진의 동태를 감시하는 '전선용 UAV(무인기)'라는 분야를 개척하게 된다. 이스라엘은 값비싸고 덩치가 큰 제트엔진식 드론 대신 덩치가 작고 값싼 피스톤 엔진을 장착한 프로펠러 추진식의 작은 드론을 만들었고, 사용하는 거리가 상대적으로 짧은 만큼 당시 상당한 수준으로 발전한 데이터링크 기술(무선통신을 통해 데이터 자체를 송수신하는 기술)을 이용해 원격조종하는 방식으로 운용했다. 또 데이터링크 기술을 활용해, 사진을 찍으면 필름을 가져오는 방식이 아니라 카메라로 찍은 동영상을 직접 데이터로 전송해 실시간으로 적진의 상태를 감시할 수 있게 했다.

이스라엘은 70년대에 '마스티프(Mastiff)'와 '스카웃(Scout)'이라는 두 종류의 무인기를 개발해 발전시켰는데, 이 두 무인기의 진가는 1982년에 벌어진 제5차 중동전에서 톡톡히 발휘됐다. 레바논을 침공한 이스라엘군은 이 두 무인기를 통해 적의 움직임을 효과적으로 파악해 대응할 수 있었는데, 특히 큰 도움이 된 것이 베카 계곡에 있던 시리아군 지대공 미사일 기지 28곳에 대한 제압이었다. 이 미사일 기지들은 이스라엘군의 항공 작전에 큰 방해가 될 가능성이 높았는데, 이 기지들의 위치 등에 대한 정보를 수집하는 데 스카웃과 마스티프의 두 무인기가 큰 성과를 거둔 것이다. 유인 정찰기였다면 미사일에 피격당할 위험 때문에 충분히 가까이 다가갈 수 없었겠지만, 이스라엘의 두 무인기는 작은 데다 값도 싸고 무인이기 때문에 설령 격추당한다 해도 큰 부담이 없었던 것이다. 덕분에 이스라엘은 이 기지들의 약점을 속속들이 파악한 뒤 실제 전쟁이 터지자 순식간에 제압해버릴 수 있었다.

이스라엘은 그 뒤 드론 개발의 핵심 국가 중 하나로 떠오르게 된다. 지금도 드론은 이스라엘의 주요 수출품 중 하나이고, 우리나라도 이스라엘제인 '서처(Searcher)' 등 무인기를 수입해 활용하고 있다. 미군도 마스티프와 스카웃을 90년대까지 전장용 UAV로서 요긴하게 사용했다. 미국은 앞서 언급했듯 처음에는 정찰위성 등의 존재로 인해 무인기

이스라엘의 스카웃 정찰 드론.

개발을 잠시 등한시했지만, 이스라엘의 활용 사례는 무인기, 즉 드론에 충분한 가치가 있음을 상기시켰다. 작고 값싼 드론이라면 인공위성과 달리 언제라도 부담 없이 날려 정찰에 활용할 수 있기 때문에 원하는 정보를 훨씬 쉽고 빠르게 얻을 수 있었던 것이다.

이스라엘이 새로운 형태의 드론 활용법을 제시하면서 드론은 그 중요성을 차츰 높여가게 되는데, 특히 1990년대부터 감시장비가 빠르게 소형-고성능화되고 데이터링크 기술도 높아지면서 이런 드론의 잠재능력은 빠르게 높아지게 된다. 그리고 1990년대가 되자 미국에서는 2000년대에 하나의 시대적 아이콘 중 하나로 떠오르게 될(비록 부정적인 이미지가 강하지만) 새로운 드론을 만들게 된다. 바로 프레데터(Predator) 무인기다.

공격하는 드론: 프레데터와 리퍼

프레데터는 1990년대에 미국의 제너럴 어토믹스(General Atomics)사가 개발한 드론이다. 1990년대 중반부터 사용되기 시작한 프레데터는 앞뒤 길이 8.2m, 날개폭 14.8m의 제법 덩치가 있는 드론이지만 여전히 사람이 타는 유인 항공기에 비하면 매우 작다. 게다가 작전 비행 고도가 7620m에 달하고, 엔진 소음 역시 상당히 작기 때문에 비행 중에는 사람이 눈으로 보거나 귀로 듣고 발견하기도 쉽지 않다. 밤에는 사실상 사람이 그 존재를 눈치 채기란 불가능에 가깝다. 게다가 체공 시간은 최대 24시간, 비행 거리도 최대 1100km에 달한다.

미국의 프레데터 드론.

하지만 이런 비행 성능보다 더 중요한 것은 1990년대부터 비약적으로 발달한 디지털 기술을 활용한 첨단 정찰 장비와 원격조종 기술이다. 먼 거리에서도 표적을 밤낮없이 발견하고 식별할 수 있는 정찰 장비의 능력 덕분에 프레데터는 감시 지역을 아주 세밀하게 정찰할 수 있다. 게다가 최첨단 데이터링크 기술 덕분에 고화질 영상을 실시간으로 전송받을 수 있다. 여기에 고도의 데이터링크 통신기술 덕분에 인공위성을 이용한 초장거리 원격조종이 가능한데, 실제로 프레데터는 미국 본토의 조종 센터에서 이라크나 아프가니스탄처럼 거의 지구 반대편 상공에 있는 기체를 조종하는 식으로 운용되는 경우가 흔하다. 프레데터는 1990년대부터 발칸 반도의 분쟁이나 이라크의 비행금지구역 정찰 등의 임무에 투입되어 상당한 성과를 거두었지만, 특히 큰 주목을 받은 것은 2001년부터 시작된 '테러와의 전쟁'부터이다. 테러와의 전쟁에서 미국은 특히 많은 숫자의 프레데터를 투입해 적의 정보를 수집하기 위해 노력했는데, 그 과정에서 프레데터에 정찰과는 전혀 성격이 다른 새로운 임무가 부여됐다. 바로 '공격'이었다.

과거에도 드론을 이용해 공격 임무에 투입하려는 시도가 없던 것은 아니지만, 대부분의 경우 드론 그 자체에 폭약을 실어 자폭시키는 용도였다. 그리고 이런 시도는 순항미사일로 발전했기 때문에 드론과는 별도의 영역으로 발전했다고 할 수 있다. 그러나 1990년대부터 고도로 발전한 데이터링크 기술과 정찰-감시 기술 덕분에 드론에 폭탄이나 미사일을 싣고 표적을 찾아 공격하는, 과거에는 유인 항공기에서만 가능한 것으로 여겨졌던 공격 임무를 수행하는 것이 가능해졌다.

미 공군 역시 프레데터를 운용하면서 정찰용 카메라 등의 정찰 장비를 원격조종으로 움직이고 표적을 찾아내는 기술을 응용하면 얼마든지 미사일 등을 조준해 발사하는 것도 가능하리라고 여겼고, 2000년 6월부터 본격적인 개발에 나선 뒤 2001년 2월 16일에는 프레데터를 이용한 최초의 헬파이어 대전차 미사일 발사에 성공했다. 그리고 불과 7개월 뒤에 9.11테러가 발생하자, 미 공군과 CIA는 사건 발생으로부터 1개월도 채 지나지 않은 10월 7일부터 헬파이어 미사일을 탑재한 프레데터를 투입해 아프가니스탄에서 표적을 사냥하기 시작했다. 프레데터에 무장을 탑재해 운용한다는 발상은 매우 효과적이었다. 프레데터는 적에게 쉽게 발견되기 힘들어 상대가 경계하기 어려웠다. 또 밤에도 효과적으로 활용되므로 더더욱 적이 존재를 눈치 채기 어려운 데다 뛰어난 감시장비 덕분에 표적을 발견하기도 쉬웠다. 더군다나 아주 오랫동안 하늘에 떠 있기 때문에 표적을 발견할 확률은 매우 높았다. 과거 같으면 무장이 없으니 공격이 필요한 표적을 프레데터가 발견하면 다른 전투기 등의 공

헬파이어 대전차미사일을 두 발 장착한 프레데터.

프레데터의 조종석. 조종사 한 명과 정찰센서 조작요원 한 명, 총 두 명이 조작하며, 인공위성을 통해 미국에서도 중동지역의 프레데터를 조종할 수 있다.

격수단을 불러야 했고, 그러면 그사이에 표적이 이동하거나 숨는 등 실패 확률이 높았다. 그러나 이제는 표적을 발견하고 공격 명령을 내리기만 하면 되므로 표적이 숨을 곳이 없어져 버린 것이다. 그 뒤로 16년간 프레데터는 정찰-무장 겸용 드론으로서 막대한 전과를 올린다. 최근에도 프레데터는 악명 높은 IS를 상대로 뛰어난 성과를 거두고 있는데, 2014년 IS가 가장 극성을 떨던 시기에는 이라크에 파견된 미군의 프레데터들이 하루에도 30~40번씩 출격해 IS의 바그다드 진격을 막아내는 데 큰 성과를 거두었다. 프레데터가 꾸준히 성과를 거두자 미국은 보다 발달된 드론을 개발하게 된다. 바로 프레데터를 만든 업체인 제너럴 어토믹스가 만든 MQ-9 '리퍼(Reaper)' 무인기다.

미사일을 발사하는 미국의 리퍼.

리퍼는 프레데터보다 상당히 대형화된 무인기다. 길이는 11m, 날개폭은 20m에 달하고 임무 수행 고도 역시 1만 5000m로 크게 높아졌다. 하지만 더욱 중요한 것은 무장 탑재량의 비약적 증대로, 프레데터의 경우 120kg 정도의 무장을 탑재하는 것이 한계이고 하드포인트, 즉 무장을 장착할 수 있는 장착대도 두 군데에 불과하다. 반면 리퍼는 무장 탑재량이 무려 1.4톤에 달하고 하드포인트의 숫자도 7군데에 달한다. 그야말로 '무인 공격기'라는 표현이 부끄럽지 않게 된 것이다. 또 내부에도 더 크고 무거운 탐지장비를 탑재할 수 있어 정찰 능력도 높고 한 번에 커버할 수 있는 정찰 면적도 넓다. 리퍼 역시 '테러와의 전쟁'에서 큰 역할을 담당하고 있으며 NASA에서의 연구나 지구 탐사 등에도 중요한 역할을 담당하고 있다. 2007년에는 NASA 소속의 리퍼 한 대가 산불 지역 상황 조사에서 큰 역할을 담당했고, 우주 로켓 발사지역 주변의 탐색에도 활용되고 있다. 또 미국의 국경 감시국에서는 해안지역에서의 밀입국 등을 감시하는 데에도 리퍼를 톡톡히 활용하고 있다.

민간 드론의 대두

이처럼 드론은 오랫동안 군용의 세계에서 상당한 역할을 맡아왔지만, 민간에서 드론은 오랫동안 미지의 영역이었다. 사실 취미의 세계에서 무선조종 비행기, 일명 'RC(Radio Control) 비행기'는 오랫동안 존재해 왔고 우리나라에도 1960년대부터 이 취미를 즐긴 사람들이 있을 정도로 나름 확립된 분야였다. 그러나 취미 수준의 성능을 가진 장비조차 상당히 고가품이라 경제적 여력이 있는 사람들이 아니면 접근이 어려웠고, 그 이상의 성능을 가지려면 민간 차원에서는 무리였다. 그러다 보니 2000년대 초반까지도 드론은 민간 분야에서 어떤 실용성을 가지고 사용될 물건이 아니었고 취미의 분야에서도 비교적 제한적인 사람들만 즐기는 것으로, 대부분의 사람들에게는 관계없는 물건으로 여겨졌다. 그러나 최근 10년 사이에 그런 인식은 빠르게 무너졌고, 지금은 드론의 시대라고 해도 과언이 아닐 정도로 드론 열풍이 불고 있다. 도대체 어떤 이유로 이런 상황이 전개되고 있을까.

여러 가지 이유가 있겠지만, 흥미로운 것은 이런 상황의 변화가 스마트폰 보급 같은 IT 시대의 대두와도 깊은 연관이 있다는 점이다. 특히 스마트폰의 보급이 드론의 보급에도 간접적이지만 큰 영향을 끼치고 있다. 스마트폰의 보급은 그냥 스마트폰만 많이 팔리는 것으로 끝나지 않는다. 스마트폰에는 수많은 부품들이 들어가는데, 그중에는 드론과도 연관이 있는 부품이 적지 않다. 위치를 제어하는 데 필수적인 중력센서나 작으면서도 엄청난 성능을 발휘하는 고성능 카메라, 고성능의 통신기능, 작으면서도 강력한 모터나 배터리, 작으면서도 뛰어난 연산능력을 가진 중앙처리장치 등 수많은 부품이나 관련 기술이 결국 드론과 관계를 맺는다. 그런데 스마트폰 열풍으로 이런 부품이나 관련 기술이 예전처럼 비싼 것이 아니라 놀랄 만큼 저렴한 가격으로 떨어졌고, 그 결과 옛날 같으면 전문 기업 혹은 군에서나 접할 수 있었던 드론이 민간 영역에서도 훨씬 쉽게 접할 수 있는 물건으로 자리 잡게 된 것이다.

여기에 또 다른 변수로 작용하는 것이 바로 중국의 존재다. 중국은 지난 10여 년간 드론 기술에 상당한 투자를 했다. 게다가 앞서 언급한 스마트폰에 들어가는 부품 중 상당수가 원래 중국에서 나오고 있으

국내 첫 우편물 드론 배송 ‘성공’

국내 최초로 진행한 우편물 드론 배송사업이 성공했다. 2017년 11월 28일 전남 고흥 선착장에서 출발한 드론이 4km 떨어진 득량도에 소포와 등기 등 실제 우편물을 배송한 것이다. 그동안 득량도에서 우편물을 배송하기 위해 왕복 8km의 배를 타고 바닷길을 오갔는데, 이번 드론 배송으로 우편물을 고흥 선착장에서 득량도 마을 회관까지 10분 만에 배송함에 따라 배달시간이 8시간에서 1시간 이내로 대폭 단축됐다. 전남우정청 관계자는 “2022년부터 드론 배송 상용화가 가능할 것 같다”고 말했다.

우정사업본부가 한국전자통신연구원과 협업을 통해 제작한 드론은 고흥 선착장에서 8kg의 우편물과 소포를 실은 후 고도 50m 상공으로 자동 이륙했다. 4km의 바다 위를 날아간 드론은 득량도 마을회관인 배송지점에 도착해 자동 착륙했다. 득량도 마을회관에서 기다리던 집배원이 우편물과 소포를 꺼낸 후 드론은 고도 50m 상공으로 자동 이륙해 출발지로 돌아왔다. 수동 원격조종이 아닌 좌표를 입력해 이륙→비행→배송→귀환까지 배송의 모든 과정이 완전 자동으로 이뤄졌다.

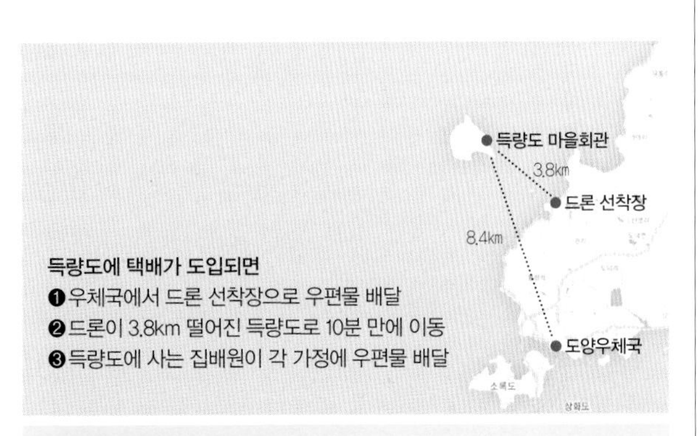

우체국 드론 택배 사양
- 부피 48×38×34cm, 10kg 이내의 소포나 등기만 실을 수 있음
- 최대 20km, 왕복 40분 동안 운행 가능
- 시속 30km 이내로 이동
- 카메라와 택배 보관함, 정밀 이착륙 제어장치가 달려 있음

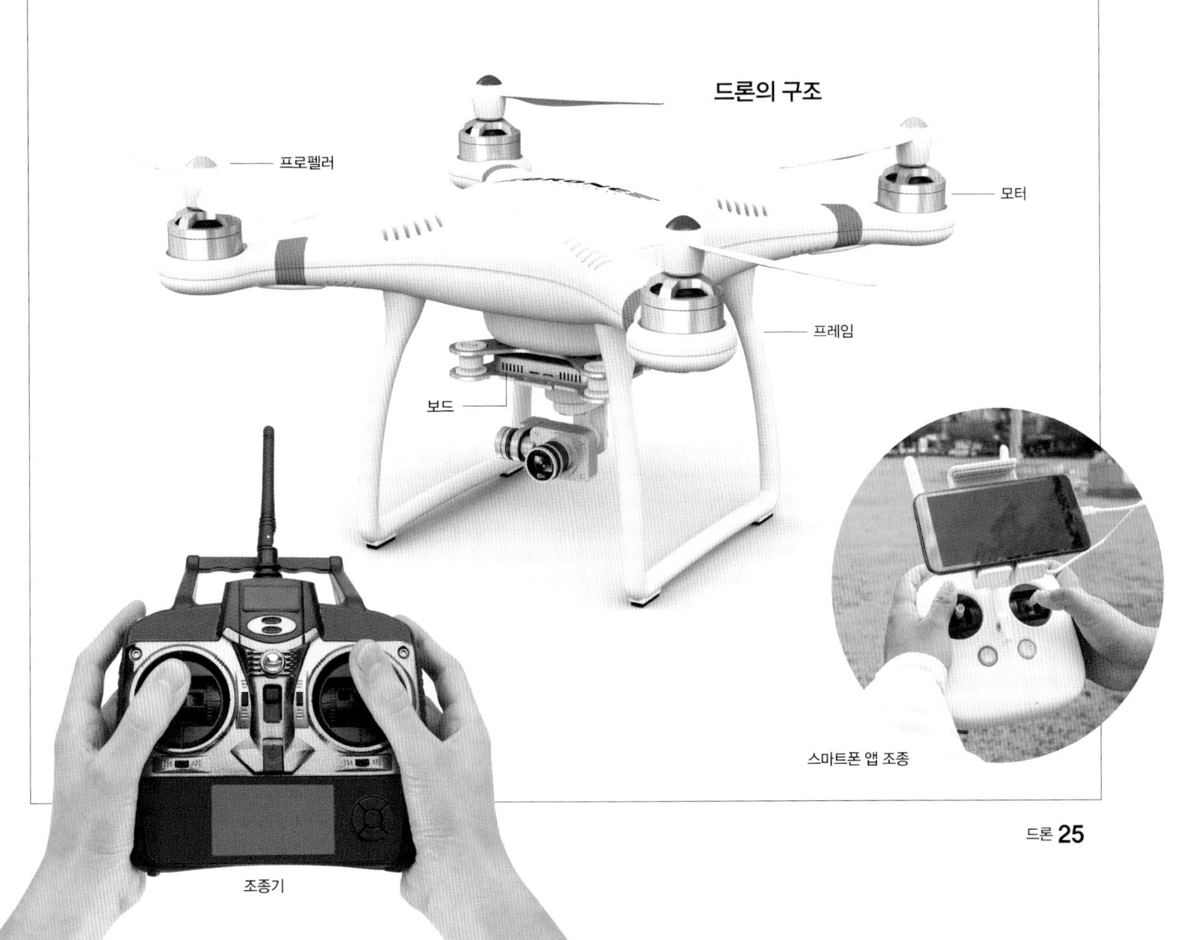

며 자연스럽게 이것들 자체와 그 관련 기술이 같은 중국 안에 있는 드론 업체들에서도 잘 활용되고 있다. 게다가 알다시피 중국은 인건비가 싸기 때문에 제품 가격도 저렴하다. 그 결과 중국의 드론은 기술적으로도 선진국들에게 뒤처지지 않으면서 가격은 싼, 흔히 말하는 시장 경쟁력이 매우 높은 상품으로 자리 잡았다. 그리고 이제 중국은 세계 제1의 드론 수출국으로서 시장을 선도하고 있다. 오늘날 민간 드론 업계에서 1위를 차지하는 업체가 바로 DJI사인데, 이 DJI사가 바로 중국 업체다. 여기에 완구 수준의 소형 드론에 이르기까지, 아마도 주변에서 볼 수 있는 민간용 드론은 거의 대부분이 중국제라고 보면 될 것이다.

쿼드콥터와 자율비행

드론 보급이 빠르게 늘어난 또 하나의 원인이 바로 쿼드콥터형 드론이 저렴한 가격으로 보급되면서부터이다. 쿼드콥터형 드론이란 프로펠러가 위쪽을 향해 네 개 달려 있는 드론을 뜻한다. 어떻게 보면 헬리콥터와도 같지만, 헬리콥터가 프로펠러(정확하게는 로터, 즉 회전날개이지만 여기서는 편의상 프로펠러라고 부르자) 하나 혹은 두 개 달린 것이 보통인 것과는 대조적이다. 물론 쿼드콥터처럼 네 개의 프로펠러만 달린 것이 아니라 옥토콥터, 즉 여덟 개의 프로펠러가 달린 것도 있지만 가장 흔한 것이 쿼드콥터인 것은 부인할 수 없다.

사실 과거에는 쿼드콥터처럼 여러 개의 모터와 프로펠러가 달린 것은 만들기 어려웠다. 각 모터/프로펠러의 자세를 따로 제어하는 것이 매우 어려웠기 때문이다. 그러나 컴퓨터 기술의 발달과 스마트폰 보급 등으로 관련 장비의 가격이 빠르게 낮아졌고, 특히 출력이 작으면서도 강한 모터와 작으면서도 전기 축적량이 높은 배터리의 등장이 겹치면서 수년 전부터 많은 사람들이 어렵잖게 구입할 수 있는 수준의 쿼드콥터들이 속속들이 등장하고 있다.

드론에는 쿼드콥터형 외에도 프로펠러가 여덟 개 달린 사진의 옥토콥터형처럼 프로펠러가 더 많이 있는 타입도 있다.

쿼드콥터가 왜 드론 보급에 중요할까. 사실 비행 거리나 속도 같은 기본 성능으로만 보면 앞에서 소개한 프레데터 같은 고정익(동체에 날개가 고정되어 있는 비행체) 항공기형의 드론이 훨씬 유리하다. 그러나 쿼드콥터형 드론은 수직으로 이착륙이 가능한 데다 매우 민첩하게 움직일 수 있다. 게다가 민간에서는 군용만큼 크고 무거운 고성능의 정찰장비나 무장 등을 탑재할 이유도 없다. 또 대개의 경우 엔진이 아닌 전기 모터로 움직이는 민간용 드론은 프로펠러 숫자가 많아도 연료나 엔진 등의 무게로 인한 부담이 그렇게 심하지는 않다. 특히 도시화가 빠르게 진행되는 요즘은 거의 어느 곳에서도 사용이 가능한 쿼드콥터형 드론의 중요성이 부각될 수밖에 없다. 쿼드콥터형 드론은 조종사의 실력만 충분하면 거의 드론 자체가 들어갈 틈보다 조금 넓은 공간만 있어도 어떻게든 움직일 수 있다. 공간이 어디에서나 부족한 도시에서 활용되려면 사실상 쿼드콥터 같은 방식의 드론이 아니고서는 대안을 찾기 힘든 실정이다. 여기에 더해 드론 자체의 크기나 가격뿐 아니라 그것을 조종하는 방법에도 큰 변화가 찾아왔다. 조종방법 자체도 조이스틱을 조작하는 수동 방식에 더해 스마트폰이나 태블릿 화면 터치를 이용하는 등 보다 다양한 유저 인터페이스(UI)가 도입되고 있다. 이에 더해 자율 비행 기술까지 대두되면서 드론의 활용에도 많은 변화가 가해지고 있다. 자율 비행은 말 그대로 사람이 조종하지 않아도 정해진 장소까지 알아서 날아간다는 뜻이다. 사실 이것도 과거에는 군용 드론에서나 가능한 고가의 첨단기술이었지만, 스마트폰 보급과 함께 GPS 신호를 통한 위치 확인 관련 기술을 놀랄 만큼 저렴한 가격으로 입수할 수 있게 되면서 드론을 미리 정해진 경로로 날아갈 수 있게끔 하는 것이 너무나 쉬운 일이 되어버렸다.

오늘날 드론이라고 하면 이런 쿼드콥터형 드론을 떠올리기 쉽다. 사진은 현재 세계 최대의 드론 메이커인 중국 DJI사가 만드는 '팬텀.'

운반용 드론.

이처럼 자율 비행이 어려운 기술이 아니게 되면서 민수용 드론의 활용 범위도 더욱 넓어지고 있다. 특히 최근에는 아마존 같은 인터넷 쇼핑 업체들이 아예 드론을 상품 배송에 활용할 방법까지 모색하는 등 드론이 앞으로 어디까지 활용될지는 예측하기 힘든 상황이 되고 있다.

민수용 드론, 군으로 역진출?

재미있는 것은 이처럼 군용으로 출발했던 드론이 민간으로 보급된 뒤 시간이 지나자, 거꾸로 민간용 드론이 군용으로 역진출하는 현상이 벌어지고 있다는 것이다. 민간 시장은 군용 물자 시장보다 압도적으로 넓다. 자동차의 경우도 군용차는 아무리 미군 같은 거대 조직이 대량 구매해도 그 물량이 수십만 대를 넘기 힘든 반면(제2차 세계대전 중 엄청난 양이 만들어졌다는 미국의 윌리스 지프도 그 물량이 60여 만 대 정도다), 민수용 승용차는 백만 대를 넘게 생산한 차종이 수두룩하다. 우리나라 자동차의 대표선수라 할 수 있는 현대의 쏘나타 승용차 같은 경우 미국 시장에서만 해도 지난 수년간 기준으로 매년 약 20만 대씩 팔렸다. 그리고 이렇게 많은 양이 팔리면 당연히 가격도 떨어진다. 드론에서도 비슷한 현상이 벌어지고 있는 것이다.

실제로 미군에서도 다양한 임무에 군용의 특별한 모델이 아니라 민수용 드론이 사용되는 경우가 많다. 가까운 거리에서의 정찰이나 항공촬영 같은 임무라면 군이 본격적인 군용 드론을 쓸 필요가 없는 경우가 대부분이기 때문이다. 오히려 민수용 드론 쪽이 값은 싸면서 더 빠르게 첨단기술을 응용하는 경우가 많은 실정이다. 물론 프레데터나 리퍼 같은 드론을 민간에서 만들기란 어려운 일이지만, 군에서도 그 정도의 드론이 필요한 경우는 생각보다 많지 않다. 사실 드론이 비싸고 숫자가 적던 시절에는 드론이 요구되는 임무도 딱 그 수준에 맞춰졌겠지만, 드론이 보편화되면서 군에서도 드론을 필요로 하는 분야가 거꾸로 늘어나고 있다. 물론 드론이 군에서 많이 쓰인다고 반드시 민수용 드론이 쓰이는 것은 아니지만, 군용 드론도 결국 민수용 드론의 보급으로부터 적잖이 영향을 받고 있다. 예를 들어 최근 이스라엘에서는 보병부대에서 배낭에 메고 다니다가 사용할 수 있는 소형 드론을 만들고 있는데, 이런 드론들은 군용으로 새로 만들었다고는 하지만 여기에 활용되는 기술이나 부속들은 대부분 민수용 드론이 나왔기 때문에 저렴하게 입수할 수 있게 된 것이다. 불과 10년 전만 해도 이런 드론들에 들어가는 부품과 기술은 대량 생산이 어려울 정도로 비쌌다.

다만 군에 드론이 대량으로 보급되면서 부작용도 나타나고 있다. 가장 큰 문제가 보안이다. 앞서 언급했듯 세계 최대의 드론 메이커는 중국의 DJI사이고 미군도 그동안 DJI사의 드론을 적잖이 구입해 사용해왔다. 그런데 DJI사의 드론 일부의 운영체계에서 촬영된 사진 데이터 등이 DJI 본사 서버에도 백업될 수 있는 백도어가 발견되면서 미군이 DJI사 드론의 사용을 보다 자제하는 분위기라는 보도가 있다.

또 드론을 사용하면 안 될 군대가 드론을 사용하게 되는 부작용 역시 나타나고 있다. IS가 대표적으로, IS는 DJI사 등의 업체에서 저렴하게 내놓는 드론의 최대 수혜자 중 하나이다. 비싸 봐야 우리 돈 수백만 원 정도면 살 수 있는 데다 수출입 통제도 심하지 않은 민수용 드론은 IS에게 예전의 테러집단이 상상도 못 할 수준의 정찰능력을 발휘할 수 있게 해준다. 또 드론을 이용해 IS는 자신들의 공격이 얼마나 효과적이었는지 보다 쉽게 결과를 확인할 수 있고 홍보용 동영상 촬영에도 드론을 아주 잘 활용하고 있다.

'킬러 드론'의 대두

한편으로, 드론은 공포의 존재가 되기도 한다. 앞서 미국이 프레데터와 리퍼에 무장을 탑재해 무인 공격기로 활용하는 것을 언급했는데, 이들 무인 공격 드론은 미국 입장에서는 '테러와의 전쟁'에 아주 요긴하게 쓰일 수 있는 무기다. 일반 항공기보다 훨씬 오랫동안 떠 있을 수 있는 데다 목표를 훨씬 잘 발견하고 식별할 수 있으며 크기가 작고 조용하기 때문에 지상의 사람들이 그 존재를 눈치 채기도 어렵다. 게다가 무인기라서 설령 적국이나 중립국 등에 추락해도 정치적 부담이 훨씬 적다. 뿐만 아니라 지구 반대편에서도 어떤 목표를 찾았는지 파악하고 공격을 결정할 수 있다. 그러다 보니 미국은 테러와의 전쟁에서 무인기 공격을 적극적으로 활용하고 있다. 특히 파키스탄이나 예멘처럼 미국이 직접 군대를 주둔시키지는 못했지만 알카에다 등의 테러 조직이 영향력을 끼쳐 미국이 공격해야 할 표적이 많은 나라들에서 드론 공격은 일상적으로 이뤄지고 있다.

그러나 이러한 드론 공격은 잦은 만큼 폐해도 많다. 특히 아무리 첨단 정찰장비를 갖추고 있다 해도 수천 미터 상공에서 지상에 있는 사람이 정말 테러리스트인지, 아니면 무고한 민간인인지 확실히 분간해내기란 쉬운 일은 아니다. 그 결과 드론 공격이 자주 벌어지는 나라들에서는 민간인들이 상당히 많은 피해를 입고 있는 것이 사실이다.

대표적인 드론 공격 표적인 파키스탄의 경우 2008년부터 2013년까지 317번의 드론 공격이 벌어져 2160명의 이슬람 과격파 대원들이 목숨을 거뒀지만 67명의 무고한 민간인도 목숨을 거둔 것으로 알려졌다. 예멘에서도 2002년부터 대략 144번의 드론 공격이 벌어져 많게는 1124명, 적게는 470명의 알카에다 대원들이 사망한 것으로 알려졌지만 민간인 피해도 상당해 적게 잡으면 65명, 많게 잡으면 105명의 무고한 시민이 사망한 것으로 추정된다. 특히 예멘에서는 2013년에 미국이 결혼식장을 알카에다의 집회장소로 착각해 드론 공격을 하는 바람에 12명이 숨지고 15명이 다치는 사고가 나기도 했다. 이런 드론 공격이 미국의 전유물만은 아니다. IS 역시 드론을 전쟁에 동원하는 데에는 상당한 창의력을 발휘하고 있다. IS는 중국제 드론에 수류탄 정도의 작은 폭탄을 탑재해 적의 머리 위에 떨어뜨리는 전법으로 만만찮은 성과를 거두고 있다. 사실 정확하게 타격하려면 그야말로 적의 머리 바로 위까지, 아주 낮은 고도로 접근해야 하지만 작은 드론의 접근은 의외로 일찍 알아채기 힘들어 예상 외로 IS와 맞서는 다국적군이 피해를 입은 바 있다. 그나마 위력이 약한 폭탄을 써서 피해는 제한적이지만, 당하는 쪽에서는 피해 그 자체 못잖게 정면뿐 아니라 머리 위까지 신경 써야 한다는 정신적 부담도 더해지므로 IS 입장에서는 안 하는 것보다 훨씬 이익이다(설령 임무 수행에 실패해서 격추당하거나 해도 하나에 비싸야 수백만 원 정도에 불과한 드론은 그다지 부담이 없다). 이스라엘 역시 킬러 드론 개발에 적극적이다. 이스라엘의 경우 소형 드론에 수류탄 정도의 폭탄을 실은 다음 평소에는 정찰 임무에 사용하다가 중요한 표적을 발견하면 그대로 날려 자폭시키는 방법으로 운용한다. 보병 분대나 소대 정도의 부대에게도 과거에는 상상하기 힘든 '원거리 정밀타격' 능력을 제공하는 것이다. 아까운 드론을 그렇게 날려버리는 것이 말이 되느냐고 할 수 있지만, 미사일은 한 발에 몇억 원씩도 쉽게 넘어가는 것을

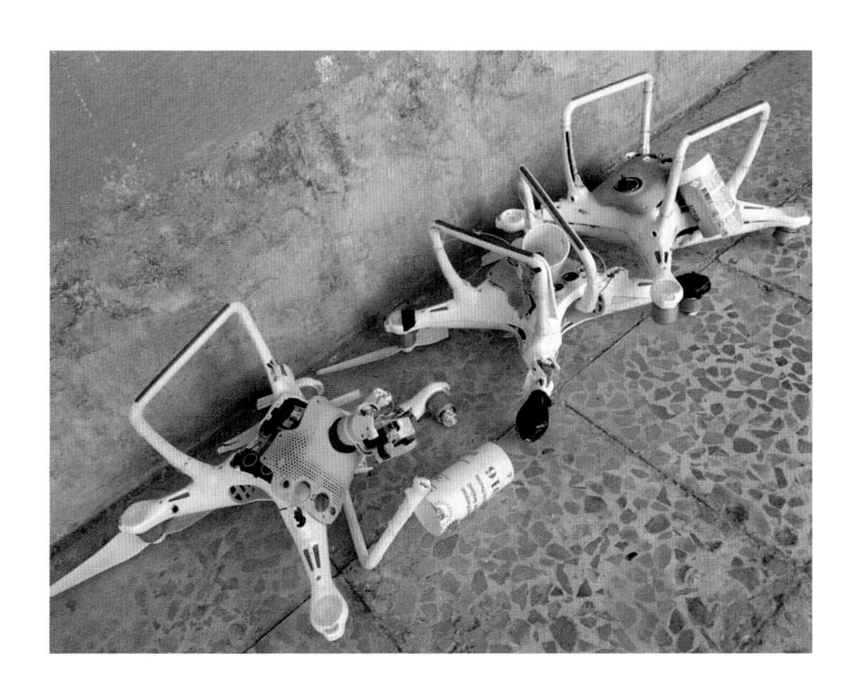

IS에 의해 운용되다 추락한 드론들. 원시적이지만 폭탄을 투하할 수 있는 장치가 갖춰져 있다.

생각하면 단가 수백만 원 정도의 드론은 소모품으로 생각하고 사용해도 전쟁을 치루는 입장에서는 그렇게 부담되는 일은 아닐 것이다.

이처럼 민수용 드론으로도 공격을 가하는 것이 현실이 되자 우려로 다가오는 것이 '드론 테러'다. 그나마 다행인 것은 정말 엄청난 피해를 낼 정도의 위력을 발휘할 수 있는, 즉 상당한 크기나 무게를 실을 수 있는 드론은 그만큼 덩치도 크기 때문에 비교적 일찍 발견하고 격추시킬 수 있다는 것이다. 앞서 언급한 프레데터도 대상국들이 미국의 적국이 아니거나 정상적인 대공방어망이 붕괴된 나라들이기 때문에 안심하고 작전을 진행할 수 있지, 대공방어망이 정상적인 나라들에서는 비교적 쉽게 격추당한다. 이라크의 경우도 2002년까지, 즉 이라크의 대공방어망이 살아 있던 시기에는 세 대나 미사일 등으로 격추당한 바 있다. 하지만 수류탄 하나 정도를 실을 수 있는 작은 드론은 크기도 작고 비행고도 역시 낮아 레이더를 통한 탐지와 요격이 거의 불가능에 가깝고 일반 유인 항공기를 대상으로 만들어진 기존의 대공포나 대공미사일 등도 우리가 흔히 아는 드론을 격추시킬 정도로 섬세하지는 못하다. 따라서 이런 드론을 테러에 쓰는 것 아닌가 하는 불안은 충분히 남아 있다. 다행히 아직까지 눈에 띄는 테러 사례는 찾기 어렵지만 말이다.

하지만 테러까지는 아니더라도 사생활 침해 문제나 '몰카' 문제 등은 확실히 사회문제로 대두되기 시작했다. 고의성은 없더라도 드론을 가지고 항공촬영을 하는 경우가 폭발적으로 늘어나면서 본의 아니게 내 사생활이 침해될 경우가 적지 않게 됐고, 또 리조트나 독신 여성이 사는 주택 등에 드론을 날려 몰카를 찍는 사례까지 보고되고 있다. 문명의 이기인 드론이 문명의 흉기가 될지도 모르는 일이다. 여기에 드론으로 인해 타격을 받는 직업도 생기고 있다. 예전에는 항공촬영을 하려면 사람이 직접 헬리콥터나 비행기에 올라야 했다. 따라서 '항공촬영 전문 사진가'라는 직종이 존재했다. 지금도 모든 항공 촬영을 드론으로 하는 것은 아니지만, 드론으로 인해 과거의 항공촬영 전문가가 필요한 일이 크게 줄어든 것은 사실이다. 만약 드론 배달이 현실화되고 보편화되면 택배

기사들의 숫자도 줄어들지 모를 일이다.

드론 대책은?

그렇다면 과연 어떻게 해야 드론을 막을 수 있을까. 사실 이 문제는 상당히 골치 아픈 부분이다. 오늘날 보급되는 드론의 대부분이 '막기 힘든' 축에 들기 때문이다. 앞서도 언급했듯, 같은 드론이라도 날개폭이 14m가 넘는 프레데터 같은 종류의 큰 무인기는 100kg 이상의 페이로드(탑재량)를 자랑하므로 악용될 경우 상당한 위협이 될 수 있지만, 가격도 비싼 데다 덩치에 걸맞게 탐지와 요격도 그리 어렵지 않아 대처도 상대적으로 쉽다. 물론 이 정도 덩치를 가지면서 레이더에도 잡히지 않는 스텔스 드론이라는 것도 있기는 하지만, 이런 것은 민간인 혹은 테러단체가 맘대로 가질 정도로 값이 싸지도, 만들기가 쉽지도 않다. 어지간한 국가 차원의 개입 없이도 나올 물건이 아닌 만큼 아직 크게 우려할 문제는 아니다. 하지만 민수용의 드론은 이야기가 다르다. 페이로드가 매우 작아 끼칠 수 있는 피해는 매우 적지만 발견과 요격은 정말 힘들다. 대표적인 경우가 최근 수년간 우리나라에서 발견된 북한의 드론이다. 중국에서 민수용 드론을 들여와 개조한 북한의 드론은 잘해야 DSLR 하나를 싣는 정도의 작은 페이로드만을 가졌기 때문에 흔히 우려하는 것처럼 테러나 군사공격 등에 직접 쓰이기에는 한계가 있다. 그러나 이 정도로도 북한의 드론이 서울 상공까지 내려와 청와대 상공을 촬영하고 가는 등의 말썽을 부리는 데에는 충분하다.

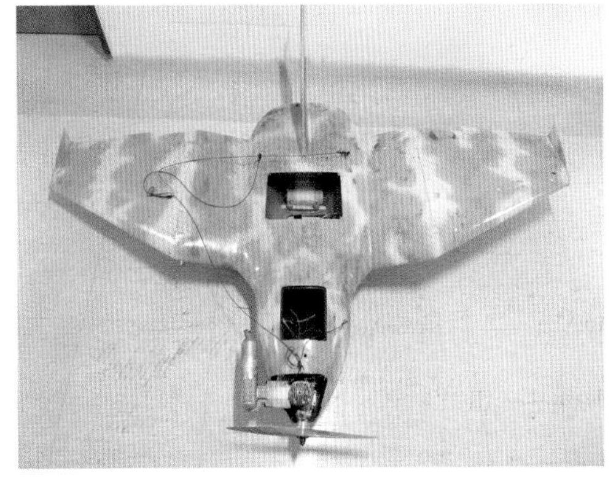

우리나라에 날아와 정찰하다 추락한 북한 드론. 중국제 민간용 드론을 개조한 것이다.

그렇다면 과연 어떻게 해야 드론을 막을 수 있을까. 일단 가장 쉽게 생각할 수 있는 것은 '쏴서 떨어트리는' 것이다. 미사일이나 대공포로 막을 수는 없다지만 일단 눈에 보이면 총으로 쏴서 떨어트리는 것이 불가능한 것은 아니다. 하지만 일반 소총으로 수백 미터 하늘에서 둥둥 떠서 움직이는 사람 머리통 정도밖에 안 되는 작은 물건을 쏴 맞추기란 불가능하지는 않아도 쉬운 것은 아니고, 산탄총의 경우 하늘에서 움직이는 물건을 맞추기는 쉽지만 사거리가 짧아 한계가 있다. 게다가 '총질'은 자칫 드론을 못 맞추면 엉뚱한 추가 피해로 연결될 수도 있다. 이스라엘이 드론을 쏘기 위해 패트리어트 미사일까지 동원하기도 했지만, 설마 그때 요격한 드론이 우리가 흔히 아는 쿼드콥터형 드론 정도였을지는 알 수 없는 노릇이다(만약 그렇다면 몇십만 원, 잘해야 몇백만 원짜리 드론 잡으려고 거의 30억 원에 달하는 미사일을 날려버린 셈이다). 사실 현재 나오는 드론 대책의 대부분은 총이나 미사일 등으로 직접 쏴 맞추는 물리적 방식은 아니다. 가장 흔한 대책이 바로 '에너지 집중'형이다. 말은 쉽지만 간단하게 말해 강력한 방해전파를 쏴서 조종 신호를 못 받게 하고 드론 자신도 원래 가던 경로에서 벗어나 엉뚱한 곳으로 가거나 추락하는 등의 교란을 당하게 하는 것이다. 최근에는 GPS를 이용해 미리 입력된 경로를 비행하는 드론도 꽤 많은 만큼 GPS 방해전파로 드론의 비행을 교란하는 방법도 있다. 또 아예 전파 수준이 아니라 강력한 전자기 펄스, 즉 흔히 말하는 EMP 신호를 쏴서 아예 드론의 전자회로 자체를 무력화해 당장 추락하게 만드는 강경책도 있다.

이런 식의 전파 방해, 혹은 전자 방해는 가장 쉽게 생각할 수 있는 방법이고 실제로 꽤 많이 사용되고 있지만, 단점이 없는 것은 아니다. 강력한 방해 전파는 당연히 다른 전파도 함께 방해한다. 즉 내가 쓰는 데 필요한 각종 통신장비나 전자장비에도 지장이 올 수 있고 주변 지역에 대한 장애도 초래될 수 있다. EMP 신호쯤 되면 그 피해가 더 늘어날 것은 말할 필요도 없다.

또 다른 방식은 해킹이다. 현대의 드론은 단순한 무선조종 장비가 아니라 데이터링크를 통해 비행하는 '날아가는 컴퓨터'다. 따라서 조종 장비와 드론 사이의 통신을 해킹해서 마비시킬 방법이 있다면 부수적 피해를 최소한으로 줄이면서 드론을 억제할 수 있다.

최근 이스라엘에서는 아예 이런 여러 수단들을 조합해서 드론을 방어하는 '드론 돔(Drone Dome)'이라는 방어수단을 내놓았다. 드론 돔은 3.2km 밖에서부터 드론을 탐지할 수 있는 S밴드 레이더와 원거리에서 드론을 추적할 수 있는 전자광학 센서, 그리고 위에 언급한 각종 수단들 중 EMP를 제외한 거의 모든 나머지를 조합한 대응체계를 이용해 드론을 최대 2km 거리부터 막을 수 있다. 특히 드론 돔은 드론을 추락시킬 뿐 아니라 해킹을 통해 미리 지정한 장소로 착륙시켜 드론 본체를 안전하게 회수한 뒤 여기에 담긴 각종 데이터와 정보 등을 입수해 요긴하게 활용할 수 있다.

이처럼 드론은 생각보다 오랜 역사를 가졌으며 최근 우리 생활을 변모시키는 새로운 산업의 하나로 떠오르고 있다. 앞으로 우리 생활에 가해지는 영향이 커질 것만큼은 분명하다.

이스라엘의 복합 드론
방어체계 드론 돔.

ISSUE 2

암호(가상)화폐

이철민

서울대학교 계산통계학과, 듀크(Duke)대학교 MBA 과정을 졸업하고 세계적 경영컨설팅 업체 BCG 수석팀장을 역임했다. 동아일보, 한겨레신문, 씨네21, 동아사이언스 등에 다양한 칼럼을 연재한 바 있다. 현재 국내 사모펀드(PEF) VIG파트너스의 부대표로 재직 중이며, 동아사이언스에 〈돈테크무비〉, 머니투데이 더벨에 〈이철민의 Money-Flix〉 칼럼을 연재 중이다. 저서로는 『인터넷 없이는 영화도 없다』, 『MBA 정글에서 살아남기』 등이 있다.

ISSUE 2

블록체인 기술에 기반한 암호화폐, 투기인가 기회인가?

화폐의 정의

돈 혹은 화폐란 무엇일까? 교과서적으로 설명하면, 화폐는 '물물 교환의 단점을 극복하기 위해 탄생한 발명품'이다. 어떤 목적으로든 자신이 가지고 있지 못한 것을 구해야 했던 우리의 선조들이, 물품들을 직접 교환하는 방식의 불편함을 깨닫고 만들어낸 가치 척도 및 교환의 기준이었다. 처음엔 조개, 보리, 소금 등 다양한 실물의 형태가 사용되었다가, 금이나 은과 같은 귀금속이 활용되었고, 근세부터는 구리와 종이 등으로 그 형태가 변해왔다는 것은 초등학생들도 다 아는 상식이다. 그런데 현대 사회로 들어서면서 화폐는 다시 한 번 변신했다. 눈으로 보고 만질 수 있는 실물 화폐의 비중이 급격히 줄고, 컴퓨터 시스템에 저장된 정보의 형태로 사용되는 화폐의 비중이 크게 높아진 것이다.

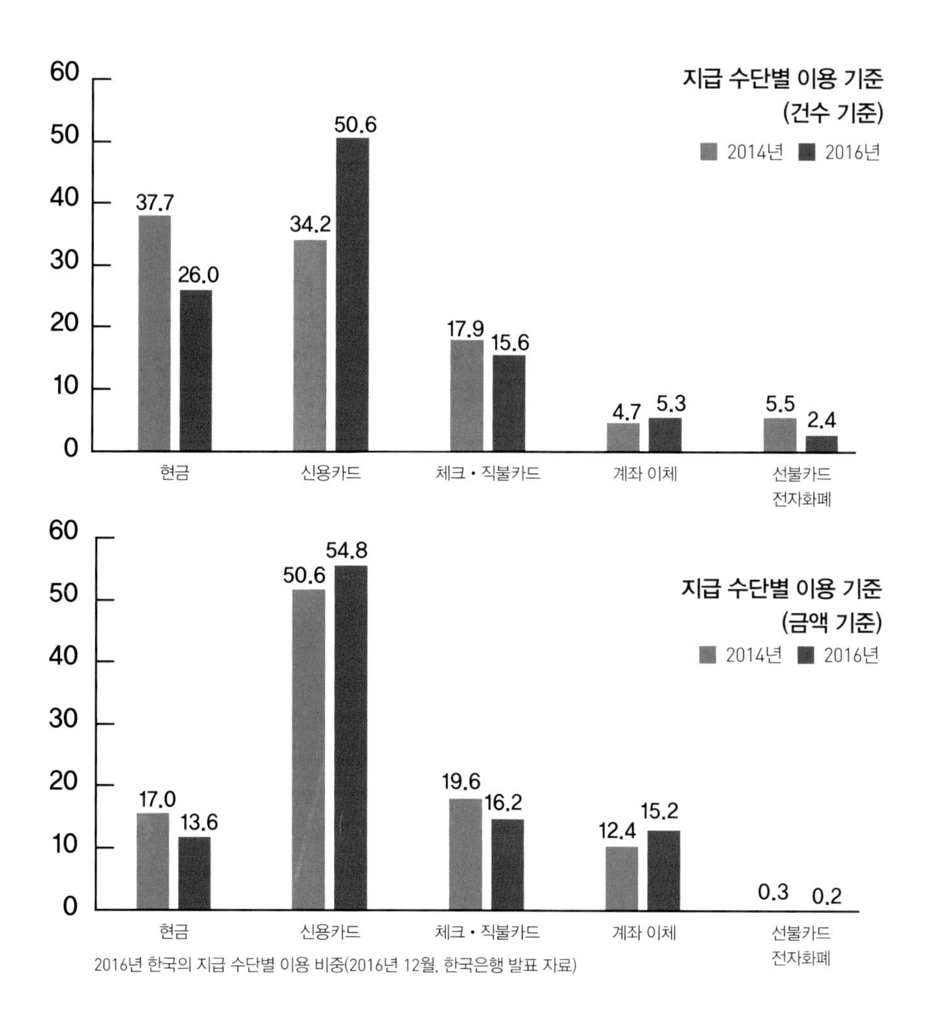

2016년 한국의 지급 수단별 이용 비중(2016년 12월, 한국은행 발표 자료)

실제로 큰 단위의 돈을 거래해야 하는 경제 주체인 기업이나 정부의 경우, 동전이나 지폐 등 실물 화폐를 사용하는 경우는 거의 없다. 그들은 금융회사와 정부기관 등이 공유하고 있는 금융 시스템에 저장된 자신들의 보유 화폐를 가지고 모든 거래를 수행한다. 심지어 개인들마저도 전체 지급 수단 중 실물 화폐를 활용하는 비중은 급격히 줄어들었는데 2016년 한국은행이 발표한 바에 따르면 13.6%밖에 안 된다. 신용카드, 직불카드, 계좌이체 등 비실물 화폐의 활용이 압도적으로 선호되는 것이다.

그러나 그것이 실물이건 정보건, 화폐라면 가지고 있어야 하는 공통적인 특성이 있다. 물품이나 서비스와 즉시 맞바꿀 수 있게 해주는

'교환 매개 기능', 물품이나 서비스의 가치를 표시하고 비교할 수 있게 해주는 '가치 척도 기능', 그리고 사용하지 않고 보유하고 있다가 나중에 언제든 사용할 수 있는 '가치 저장 기능'이 바로 그것이다. 그런 측면에서 조개나 보리 등 초기 화폐들은 이러한 화폐의 기본적인 특성을 가지지 못했었다. 무엇보다 그런 초기 화폐들에게 화폐로서의 권위를 부여한 공신력 있는 주체가 없었기 때문이다. 어떤 동네에선 조개 한 주먹이 쌀 한 가마니의 가치를 가질 수 있지만, 다른 곳에서는 쌀 한 되의 가치밖에 안 됐던 것이다. 그 때문에 초기 화폐들은 점차 사라지고, 어디서든 그 가치를 공통적으로 인정받는 귀금속 특히 금과 은을 기반으로 하는 근대의 화폐 체계가 도입되었다. 그리고 이를 중앙집권적인 권력을 행사하는 국가가 나서서 관리함으로써, 오늘날과 같은 현대적인 의미의 화폐 체계가 만들어질 수 있었다.

기존 화폐의 문제점

그런데 누구나 가치를 인정하는 귀금속을 기반으로 하고 국가에서 공신력까지 부여한 화폐에도 문제점은 많았다. 무엇보다 경제 규모가 커지면서 이에 상응하는 화폐 유통량의 증대도 필요했는데, 귀금속의 매장 및 채굴량에는 한계가 있었기 때문이다. 또한 공신력의 기반이 되는 국가가 위기에 빠지거나 아예 사라지는 일도 빈번히 일어나면서 화폐의 안정성이 의심받는 경우가 많았다.

브레턴우즈 체제가 결정되었던 1944년의 회의 장면.

그래서 급격한 경제 규모의 확장과 함께 귀금속 기반의 화폐는 귀금속으로의 교환을 국가가 보증해주는 증서인 동전이나 지폐로 변모하기 시작했다. 그러다 산업혁명기를 거치고 두 차례 세계대전을 겪으면서, 귀금속으로의 교환이 직접적으로 보장되지는 않지만 가장 안정된 국가가 그 가치를 보전해주는 방식이 자리 잡게 된다. 제2

차 세계대전이 끝난 1944년 44개국의 대표가 모여 회의를 한 결과를 반영한 '브레턴우즈 체제(the Bretton Woods system)'는 그렇게 만들어진 것이다. 미국 달러화를 기준이 되는 통화(기축 통화)로 정하고 금 1온스를 35달러에 고정시킨 후, 이를 기준으로 다른 국가들의 화폐가 고정된 비율로 교환되는 방식이 도입된 것이 그 핵심이다. 그러나 이런 방식으로는 기존 화폐 시스템의 문제를 해결할 수 없었다. 세계대전은 끝났지만 베트남전과 같은 국지성 전쟁이 빈번히 발발했고, 영원히 호황일 것 같던 미국 경제가 전쟁 부담과 오일쇼크 등으로 흔들렸기 때문이다. 결국 미국이 달러를 금으로 교환해주기로 한 약속을 포기하는 결정을 내리게 되면서, 오늘날과 같이 금과의 직접적인 연계가 없는 화폐의 시대가 도래하게 되었다.

그런 역사적 변화를 거치며 만들어진 오늘날의 화폐 체계는, 앞서 언급되었던 과거 화폐들과는 또 다른 형태의 문제점들을 양산하게 되었다. 귀금속 실물로 보장되지 않는 달러가 기축통화 역할을 함에 따라, 경제 상황에 따라 화폐의 상대적 가치가 급격하게 변동할 수 있는 환경이 만들어진 것이다. 그 결과 금융 위기가 부정기적으로 몰아닥쳤고, 그때마다 화폐의 가치가 요동치며 그 안정성에 대한 의심이 더 커지게 되었다.

그렇게 화폐에 대한 신뢰성이 낮아진 상황이었지만, 한 국가 내 경제 주체 사이에서는 물론 국가 간 화폐 교환의 규모가 급격히 증가하는 것을 막을 수는 없었다. 세계화 과정에서 자본의 이동은 급격히 늘어났고, 새로운 가치를 창출할 수 있는 기술이 개발되면서 경제규모도 빠르게 성장했기 때문이다. 그 과정에서 발생할 수 있는 거래의 위험을 최소화하고 금융의 신뢰성을 높이기 위해 각국의 정부 및 금융기관들은 통합된 금융 정보를 수집하고 이를 안전하게 보관하기 위한 각고의 노력을 기울이게 된다. 그리고 그에 따른 비용은 거래 수수료라는 명목으로 송금 등 가장 기본적인 금융 서비스를 이용하는 경제주체들에게 부과되어 부담을 안기는 비효율적인 체계가 나타나기 시작했다.

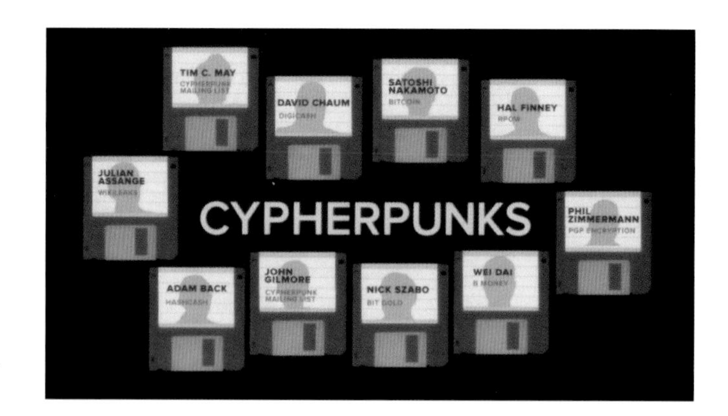

사이퍼펑크의 흐름을 타고 선보였던 다양한 암호화폐와 그 개발자들.

암호화폐의 등장

기존 화폐 체계의 불안정성과 비효율성을 경험한 일군의 소프트웨어 엔지니어와 암호학자들은 1990년대 초반부터 새로운 화폐 체계를 구상하게 된다. 그들은 기존 체계가 가진 문제점의 원인으로 화폐의 발급과 유통을 독점적으로 통제하는 중앙은행이 각 국가별로 존재한다는 것과, 그 중앙은행을 정점으로 모든 화폐 거래가 하나의 장부로 기록되어 보관된다는 사실을 지목한다.

인터넷에 대한 애정과 가능성에 집중했던 그들은 사이버펑크(CyberPunk) 운동에 영감을 받아, '암호에 기반한 하위문화'라는 뜻의 '사이퍼펑크(CypherPunk)'족이 되기를 자처한다. 그리고 익명에 기반한 디지털 화폐의 개발에 몰두하여, 2000년대 중반까지 디지캐시(DigiCash), 빗 골드(Bit Gold), 해시캐시(HashCash) 등 암호학에 기반한 가상의 화폐들을 선보인다. 그 가상의 화폐들은 철저하게 익명성이 보장되는 화폐 시스템을 구축함과 동시에, 정부의 개입을 원천적으로 차단한다는 점에서 동일한 목표를 가지고 있었다. 반면 기반 기술을 무엇으로 할지, 기존 금융 체계와의 협력이 필요한지 등에 대해서는 다양한 이견들이 존재했다. 그 때문에 어떤 하나의 표준이 자리 잡지 못하고 주류의 관심도 끌지 못했다.

그러다가 2008년 미국의 주택담보대출 채권 시장이 붕괴하는 이른바 '서브프라임 모기지 사태'가 발생한다. 그야말로 전 세계 금융시장이 붕괴되는 상황이 온 것이다. 미국의 대형 투자은행들이 문을 닫고, 많은 미국인들이 살던 집에서 쫓겨났으며, 그 여파는 전 세계 모든 국가의 경제에 부정적인 영향을 미쳤다. 우리가 신뢰하던 금융 체계가 붕괴되는 것을 전 세계인이 눈앞에서 목격하기 직전인 2008년 8월 18일, bitcoin.org라는 도메인 네임이 등록된다. 그리고 전 세계가 공황 상태에 빠져 있던 그 해 11월, 그 도메인에 열린 웹사이트에 사토시 나카모토(Satoshi Nakamoto)라는 이름으로 쓰인 논문 한 편이 공개된다. 그 유명한 논문의 제목은 "비트코인: P2P 전자화폐 시스템(Bitcoin: A Peer–to–Peer Electronic Cash System)"이었다.

Bitcoin: A Peer-to-Peer Electronic Cash System

Satoshi Nakamoto
satoshin@gmx.com
www.bitcoin.org

Abstract. A purely peer-to-peer version of electronic cash would allow online payments to be sent directly from one party to another without going through a financial institution. Digital signatures provide part of the solution, but the main benefits are lost if a trusted third party is still required to prevent double-spending. We propose a solution to the double-spending problem using a peer-to-peer network. The network timestamps transactions by hashing them into an ongoing chain of hash-based proof-of-work, forming a record that cannot be changed without redoing the proof-of-work. The longest chain not only serves as proof of the sequence of events witnessed, but proof that it came from the largest pool of CPU power. As long as a majority of CPU power is controlled by nodes that are not cooperating to attack the network, they'll generate the longest chain and outpace attackers. The network itself requires minimal structure. Messages are broadcast on a best effort basis, and nodes can leave and rejoin the network at will, accepting the longest proof-of-work chain as proof of what happened while they were gone.

비트코인을 처음 소개한 논문
"Bitcoin A Peer–to–Peer
Electronic Cash System."

오늘날 암호화폐(또는 가상화폐라고 불리기도 한다)의 대표적인 성공 사례가 된 비트코인은, 그렇게 극적인 시점에 세상에 선보이게 된다. 사토시는 논문에 기반한 오픈 소스를 2009년 초에 공개했고, 이에 열광한 전 세계 많은 엔지니어들이 비트코인 프로젝트에 자발적으로 뛰어들게 된다. 재미있는 것은 사토시 나카모토가 가상의 이름이어서, 아직까지도 개인인지 집단인지, 어느 나라 사람(들)인지 등 아무런 정보도 공식적으로는 확인되지 않았다는 사실이다.

사토시 나카모토가 비트코인을 처음
소개한 bitcoin.org 홈페이지.

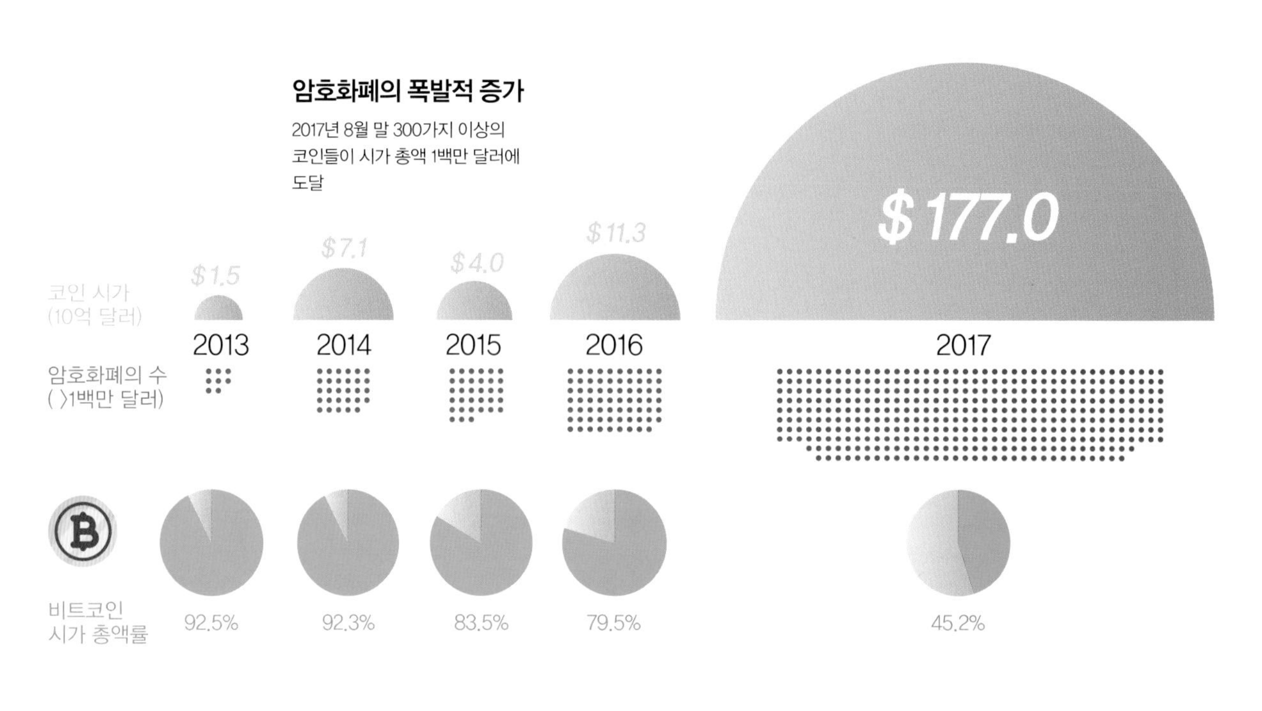

주요 암호화폐의 원화 표시 시가 총액
(2017년 말 기준)

코인	247조 0066억
비트코인	98조 8583억
리플	74조 9009억
이더리움	47조 2637억
비트코인캐시	13조 4102억
대시	8조 8146억
모네로	5조 8752억
이오스	5조 7952억
퀀텀	4조 9956억
비트코인골드	4조 8376억
이더리움클래식	3조 1032억
제트캐시	1조 6573억

비트코인은 간단히 설명해서 '거래 장부를 전 세계 수많은 컴퓨터에 분산하여 저장하고 그 기록을 변경할 수 없도록 암호화해서 관리하는 하나의 프로토콜'이다. 거기서 사용되는 가상의 화폐가 비트코인이

최근 전 세계적인 관심을 끌고 있는 대표적인 암호(가상)화폐 비트코인.

고, 그 비트코인은 거래 장부의 암호화에 참여하는 컴퓨터에 일종의 보상으로 주어지면서 발행된다.

비트코인의 거래 장부를 분산하여 암호화하는 기술은 '블록체인(BlockChain)', 암호화에 참여해 비트코인을 받을 기회를 얻는 것을 '채굴(Mining)'이라고 한다. 핵심은 비트코인의 총 발행량이 마치 금이나 은처럼 채굴할 수 있는 양에 한도(약 2100만 비트코인: 현재 발생량은 약 1660만 비트코인)를 두었다는 것이다. 물론 금이나 은이 작게 잘라질 수 있는 것처럼 비트코인도 작은 단위(1/1000, 1/100000000 등)로 나누어질 수 있게 되어 있다.

처음엔 그간 나왔던 많은 가상의 화폐들과 크게 다르지 않다는 반응이 일반적이었다. 그런데 시간이 지나면서 비트코인 자체보다 그 기반이 된 블록체인 기술이 점차 주목을 받게 된다. 기존 화폐 시스템의 가장 큰 문제점인 거래 정보의 독점 이슈를 완벽히 해결하면서, 화폐뿐만 아니라 다른 정보(예를 들어 부동산 등기 정보 등)를 암호화하여 분산 보관할 수 있는 가능성까지 열어주었기 때문이다.

스타덤에 오른 비트코인

그러나 여전히 몇 년 전까지만 해도, 비트코인은 그저 '가능성을 가진 하나의 대안' 정도로 극히 일부 사람들에게만 받아들여진 것이 사실이다. '특정 소매점 매장에서 비트코인으로 결제가 가능하다', '어떤 온라인 쇼핑몰에서 비트코인을 받는다'는 등의 내용이 뉴스에 나오기는 했지만, 일반인들에겐 여전히 쉽게 접근할 수 있는 대상이 아니었다.

그런데 거래의 익명성이 보장되고, 그 거래 과정에서 환전 등의 수수료가 없으며, 사실상 실시간으로 거래가 가능하다는 점 등이 부각되면서, 비트코인의 수요가 조금씩 늘기 시작했다. 특히 이른바 다크웹(DarkWeb)이라고 불리는 공간에서 범죄자들이 은밀한 거래를 하기 위해 비트코인을 사용하기 시작한 것이 결정적인 영향을 미쳤다.

2010년엔 그렇게 거래한 비트코인을 달러나 유로 등 기존 화폐로 바꿔주는 마운트 곡스(Mt. Gox) 같은 거래소(Exchange)들이 선보이기 시작했다. 그렇게 한 번 비트코인의 장점이 부각되기 시작하자 점점 비트코인에 관심을 보이는 이들이 늘어났고, 2013년 중반부터 비트코인에 대한 수요가 급격히 증가하면서 비트코인의 달러 대비 가격이 급등하는 현상이 발생한다. 2010년 초 0.001달러에서 시작해 2012년 말 13달러까지 나름 완만하게 오르던 비트코인의 가격이, 2013년부터 급격하게 오르기 시작한 것이다. 그리고 1000달러 선까지 오르다가 다시 떨어져 2016년 말에야 1000달러 선을 회복했다. 그사이에 비트코인에 대한 관심이 늘어난 만큼, 전문적으로 채굴을 하는 사업자들이 늘면서 그만큼 빨리 비트코인이 공급되었기 때문에 가격이 안정될 수 있었던 것으로 보인다.

투기의 광풍

그런데 2017년 초부터 비트코인의 가격은 가파른 상승세와 단기

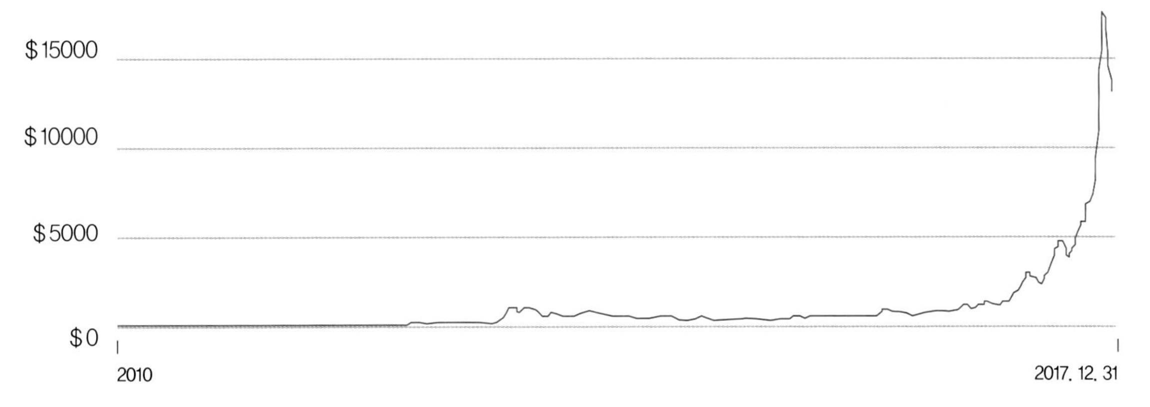

2010년부터 2017년 12월 31일까지 비트코인의 가격 동향.
ⓒ coindesk

적 폭락을 반복하면서 1만 4000달러 선까지 올라가(2017년 말 기준) 전 세계를 투기의 광풍으로 끌어들이게 된다. 그에 따라 투자되는 장비와 전기료 등 비용 대비 수익을 창출할 가능성이 높아지면서 비트코인 채굴 관련 업종이 호황을 누리고 있고, 덩달아 거래소들도 전무후무한 수익을 창출하고 있는 중이다.

그렇게 발행된 비트코인의 총 가치가 250조 원(2017년 말 기준)을 넘어서면서 각국의 정부와 중앙은행들이 비트코인에 대해 다양한 대응을 하기 시작했다. 범죄와 연관될 수 있고 비자금 형성 등에 활용될 수 있으므로 아예 거래를 금지하기도 했고, 비트코인을 통한 수익이 발생하면 세금을 물려야 한다는 논의도 시작되었다. 연일 그 내용들이 미디어에 대서특필되면서, 광풍은 암호화폐를 생각해본 적도 별로 없는 일반인들에게까지 확산되었다. 특히 파생상품 거래 시장이 전 세계적으로 컸던 한국은, 비트코인의 수요가 몰린 중국, 일본과 인접해 있다는 특징 때문에 더 많은 영향을 받았다. 너무 비싸진 비트코인 이외의 다른 암호화폐에 대한 투자까지 덩달아 늘었을 정도다.

비트코인을 포함한 다양한 암호화폐들.

중요한 것은 이러한 광풍을 바라보는 시각이 너무도 다양하다는 것이다. 일각에서는 멀리 튤립으로 시작하여 후추와 차를 거쳐 닷컴주식과 서브프라임모기지까지 이어지는 '묻지 마 투기'의 또 다른 형태라

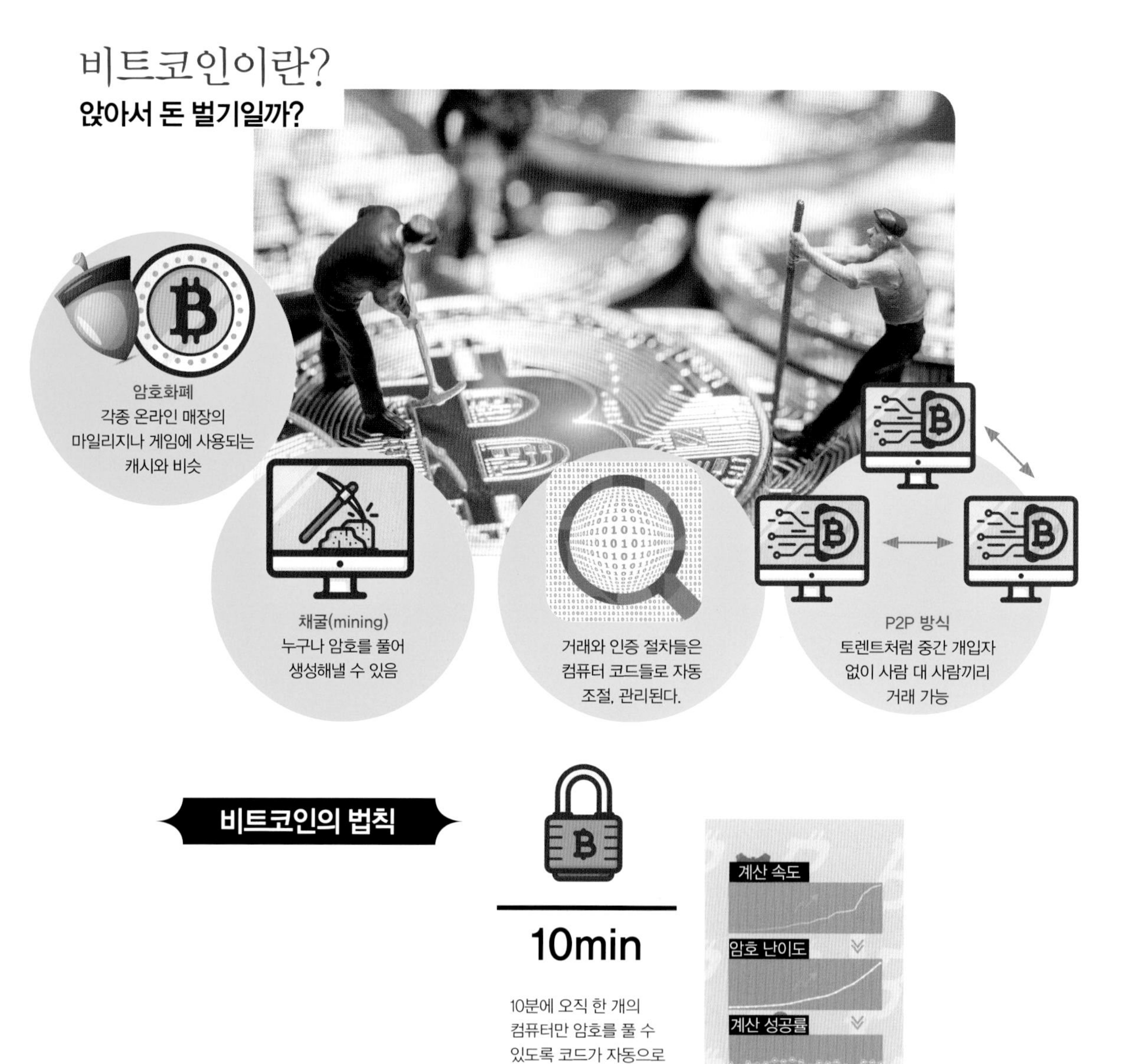
비트코인이란?
앉아서 돈 벌기일까?
암호화폐
각종 온라인 매장의
마일리지나 게임에 사용되는
캐시와 비슷
채굴(mining)
누구나 암호를 풀어
생성해낼 수 있음
거래와 인증 절차들은
컴퓨터 코드들로 자동
조절, 관리된다.
P2P 방식
토렌트처럼 중간 개입자
없이 사람 대 사람끼리
거래 가능
비트코인의 법칙
10min
10분에 오직 한 개의
컴퓨터만 암호를 풀 수
있도록 코드가 자동으로
난이도를 조절한다.
계산 속도
암호 난이도
계산 성공률

고 말한다. 다른 일각에서는 이제야 비트코인의 가치가 주목받기 시작했는데, 그 채굴량의 한도가 얼마 남지 않았기 때문에 비트코인에 대한 수요가 늘면서 가격이 더 오를 것이라고 한다.

물론 이 시점에서 어느 시각이 맞는지는 단언하기 힘들다. 다만

한 가지 명확히 할 것은 비트코인을 위시한 암호화폐들이 일반적인 화폐의 세 가지 기능(교환 매개, 가치 척도, 가치 저장)을 갖고 있는 것은 아니라는 점이다. 실제로 대부분의 비트코인은 투자를 목적으로 구매되고 거래될 뿐, 물건을 사거나 물건의 가치를 표시하는 용도로 사용되지는 않고 있다. 그렇다고 기존 화폐와 차별화되는 몇 가지 특성(익명성, 즉시성, 보안성, 그리고 채굴량의 한도가 있다는 면에서의 희소성)을 무시할 수 없는 것도 분명하다. 급등한 비트코인의 가격이 적정한가를 논하기 이전에, 그 기반이 되는 블록체인 기술이 향후 실물 경제의 변화에 지대한 영향을 미칠 것으로 보는 이들이 차츰 늘어나고 있기 때문이다. 가치 상승에 대한 무리한 전망만을 기반으로 한 사람들의 군중심리가 원인이 된 과거의 투기 사례들과는 달리, IT산업이 만들어내고 있는 새로운 글로벌 경제 시스템의 필수적인 결과물 중 하나로 암호화폐를 주목해야 한다는 주장이 나오는 것도 그 연장선상에 있다. 각국의 정부가 암호화폐의 규제에 대하여 서로 다른 입장을 보이는 것도 같은 이유다. 여하튼 현재 시점에서 보면 단기적으로 엄청난 부침을 보이고 있는 암호화폐에 대하여, 조급하게 단정하기보다는 좀 더 긴 안목에서 모든 가능성을 열어두고 판단하려는 자세가 필요해 보인다. 애초에 화폐 시스템이라는 것 자체가 사람들 사이에서 자연스럽게 형성된 암묵적 합의에 기반한 것이므로, 빠르게 변화하는 경제 체계 안에서 이와 같은 합의는 언제든 변할 수 있기 때문이다.

남은 이슈들

앞서 살펴본 것처럼, 비트코인을 포함한 암호화폐가 5년 후 혹은 10년 후 어떤 위상을 갖게 될 것인지, 그리고 그 결과로 우리의 삶을 어떻게 바꿀 것인지는 예단하기 힘들다. 다만 현재의 암호화폐들이 가진 여러 문제점들이 그 과정에서 해결되어야만, 주류 경제 체계 내에서 안정적인 위상을 가지게 될 것이라는 점은 명확하다.

그 첫 번째는 각국 정부의 일관되지 않은 규제 상황에 대한 정리가 필요하다는 점이다. 통제되지 않는 금융 거래에 민감할 수밖에 없는 많은 정부들이 비트코인 등 암호화폐를 정상적인 화폐로 인정하지 않고 있다. 영국 등 몇몇 나라에서 인정을 고려하고 있다고는 하나, 국제 금융시장에서 통용되기 위해서는 모든 국가가 이를 인정해야만 한다. 익명성에 기반한 범죄와의 연계성도 반드시 해결이 필요한 이슈다. 불법적으로 축적한 현금을 돈세탁한다거나 뇌물로 제공할 때 비트코인이 유용할 수밖에 없고, 도박, 마약, 무기 거래 등에 있어 가장 환영받는 수단이 되어 있기 때문이다. 이란이 미국의 금융제재를 받을 때, 이란의 기업이 비트코인을 이용해 미국의 감시망을 우회했던 사례는 잘 알려져 있다.

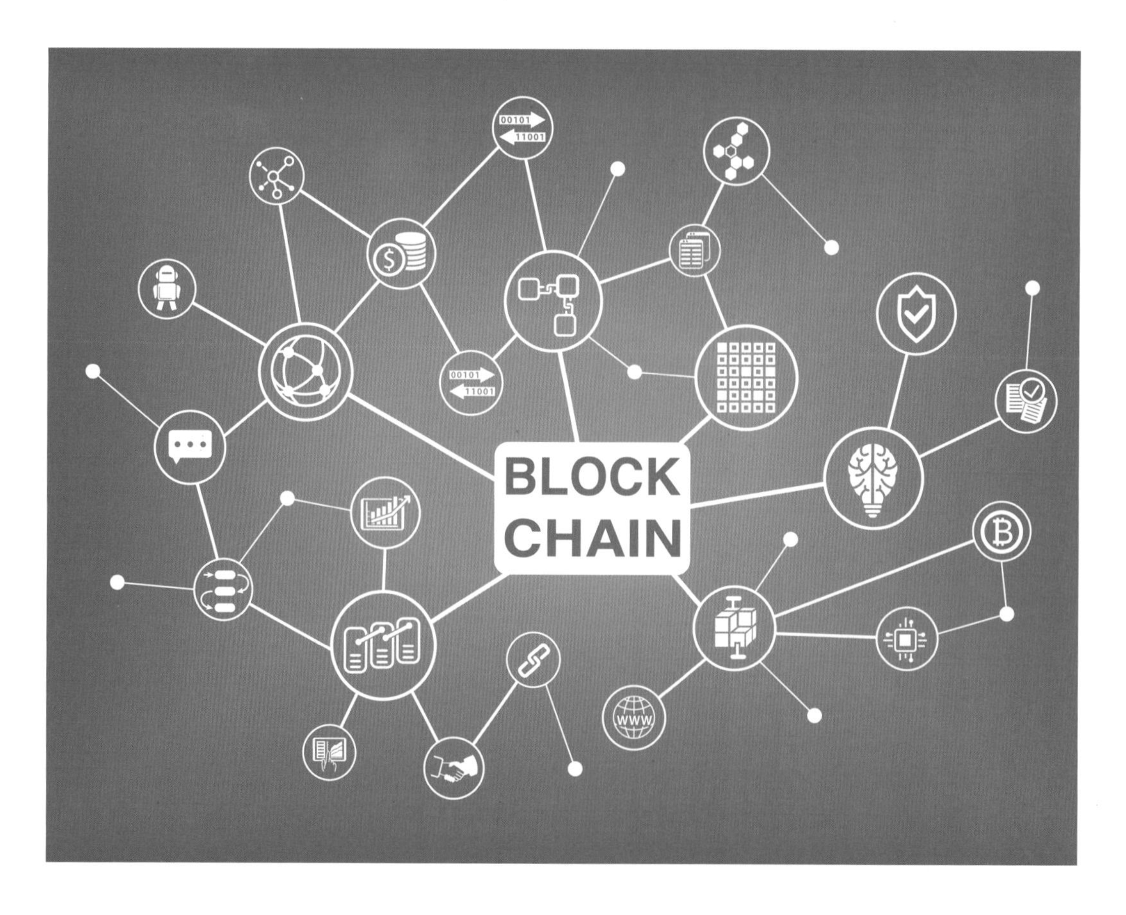

한편 비트코인 광풍 이후 무려 800종류가 넘어가는 다양한 암호화폐가 만들어지면서, 일부가 일종의 사기로 밝혀지는 사례도 적절한 대응방안이 필요하다. 새로운 암호화폐를 개발해 발행하는 과정을 '암호화폐공개(ICO, Initial Coin Offering)'라고 하는데, 그 과정에서 일부 암호화폐 개발자들이 기술적 지식이 전무한 투자자들을 모집해 돈을 갈취하는 사례가 종종 있기 때문이다. 하지만 가장 중요한 문제는 그 자체가 정보인, 그리고 그 정보에 대한 보안이 가장 큰 가치인 암호화폐에 대한 해킹 가능성이다. 암호화폐 자체는 블록체인 기술을 기반으로 해 해킹이 거의 불가능하지만, 거래소들의 경우 열악한 보안 인프라로 인해 종종 해킹의 대상이 되어 큰 문제가 되고 있기 때문이다.

이러한 이슈들이 어느 정도 해결된다면, 암호화폐는 주류 경제 체계 내에서 분명한 역할을 가지게 될 것이 분명하다. 그리고 그 기반 기술인 블록체인 역시, 다양한 분야에서 적극적으로 활용될 수 있을 것이다.

최지원

서강대학교에서 컴퓨터공학과 신문방송학을 공부했으며, 한양대에서 과학정책을 공부하고 있다. 과학전문 잡지 《과학동아》에서 3년간 과학기자로 활동하고 있으며, 『빅 히스토리』의 번역에 참여했다.

ISSUE 3 랜섬웨어

ISSUE 3

전 세계를 뒤흔든 랜섬웨어, 원인과 해결방법은?

"1단계는 교통 시스템, 2단계는 금융과 통신, 3단계는 가스, 전기, 수도, 원자력. 컴퓨터로 운영되는 건 완전히 초토화시킬 거예요. 불태워 없애듯이 말이에요."

–〈다이하드 4.0〉 중에서

2007년에 개봉한 영화 〈다이하드 4.0〉의 테러리스트는 공항에 폭탄을 설치하거나, 총으로 사람을 쏘지 않는다. '달칵, 달칵.' 클릭 몇 번으로 미국의 모든 네트워크를 마비시킨다. 21세기형 전쟁영화인 셈이다. 총성이 울리는 물리적 전쟁에서 가장 '센' 무기는 단연코 핵무기다. 사이버 전쟁에서 가장 유력한 핵무기 후보는 '랜섬웨어(Ransomware)'다. 실제 2017년 5월 12일 '워너크라이'라는 이름의 랜섬웨어가 전 세계 150여 개국, 23만 대 이상의 컴퓨터를 공격했다. 영국의 국민건강서비

2017년 5월, 워너크라이의 공격으로 국내에서는 총 21곳의 기업 및 기관들이 피해를 입었다. CJ CGV 일부 상영관의 화면에 '비트코인을 지불하라'는 랜섬노트가 등장했다.

스(NHS), 러시아 내무부 및 방위부, 글로벌 유통업체인 페덱스(FedEx) 등 여러 의료기관, 정부기관, 대기업이 큰 피해를 입었다. 테레사 메이 영국 총리는 워너크라이 공격에 대해 "이번 공격은 단순히 NHS를 목표로 한 것이 아니다. 수많은 국가와 기관이 영향을 받았다"며 워너크라이가 전 세계를 대상으로 한 사이버 공격이었음을 시사했다. 전 세계를 혼란에 빠뜨린 랜섬웨어는 과연 무엇일까.

해커들이 변했다, 재미가 아닌 돈이 목적

사이버 범죄도 과거하고는 많이 달라졌다. 이전의 사이버 범죄들은 목표나 목적이 뚜렷하지 않았다. '재미있으니까' 혹은 '내가 이 정도 능력이 있어'라는 식의 과시용 공격이 많았다. 하지만 최근 몇 년간 일어난 사이버 범죄는 '금전적인 이익'이라는 뚜렷한 목표가 있다. 그만큼 해킹 기술 역시 더 정교해졌다. 랜섬웨어는 이러한 흐름의 중심에 있다.

몸값을 의미하는 랜섬(ransom)과 제품이라는 뜻의 웨어(ware)가 합쳐져 만들어진 랜섬웨어는 사용자의 컴퓨터를 인질 삼아 몸값을 요구하는 인질범이다. 워너크라이를 유포한 해커들은 컴퓨터를 원상복구하는 대가로 300~600달러(약 34~68만 원)를 요구했다.

컴퓨터가 랜섬웨어에 감염되면 모든 파일이 암호화돼 제 기능을

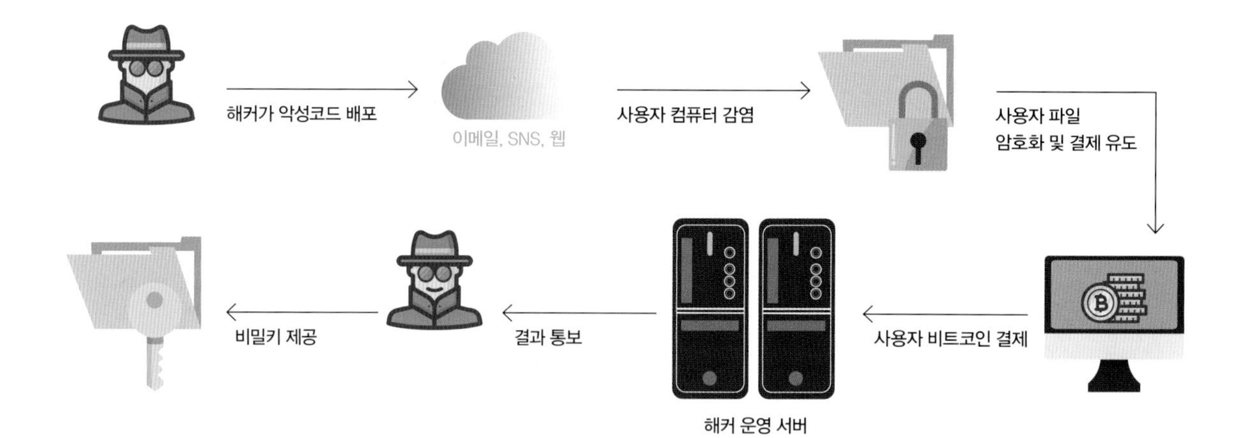

랜섬웨어 확산 과정

랜섬웨어에 의해 컴퓨터의 파일들이 암호화되면, 해커들은 암호를 풀 수 있는 비밀키를 인질 삼아 돈을 요구한다. 결제수단인 비트코인으로 거래가 성립돼도, 비밀키를 받을 확률은 50%밖에 되지 않는다.

하지 못한다. 만약 암호화된 파일이 중요한 한글 문서라면, 사용자는 알 수 없는 기호로 가득 찬 문서를 마주하게 된다. 정상적으로 되돌리기 위해서는 암호를 풀 수 있는 일종의 '열쇠'가 필요하다. 암호화된 파일이 컴퓨터 구동과 관련된 것이라면 전체 시스템이 작동하지 않고, 경고창만 뜬다.

"당신의 컴퓨터에 저장된 모든 사진, 비디오, 문서는 암호화됐다. 이 암호를 풀 수 있는 열쇠는 우리가 가지고 있으며, 열쇠를 받기 위해서는 0.1비트코인(약 50만 원)을 지불해야 한다. 72시간 안에 지불하지 않으면 이 열쇠는 폐기된다."

이런 인질극으로 해커들이 벌어들이는 돈은 수억 원 규모다. 사이버위협연합(CTA, Cyber Threat Alliance)이 2015년 10월에 발표한 자료에 따르면 '크립토월'이라는 랜섬웨어가 2015년 1월부터 10월까지 거둬들인 수익은 325억 달러(약 3900억 원)에 이른다. 컴퓨터 한 대당 요구하는 몸값 역시 점점 오르고 있다.

2014년에 평균 372달러(약 43만 원)이던 몸값은 2016년에는 679달러(약 77만 원)로 약 1.8배 증가했다. 심지어 2017년 6월, 국내 웹 호

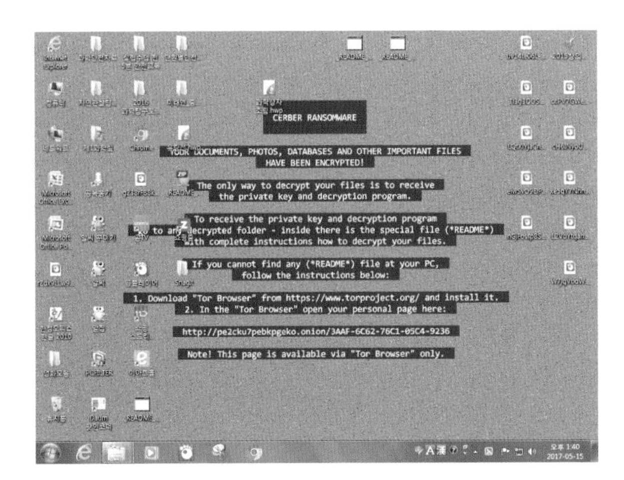

랜섬웨어에 감염된 컴퓨터의 바탕화면.

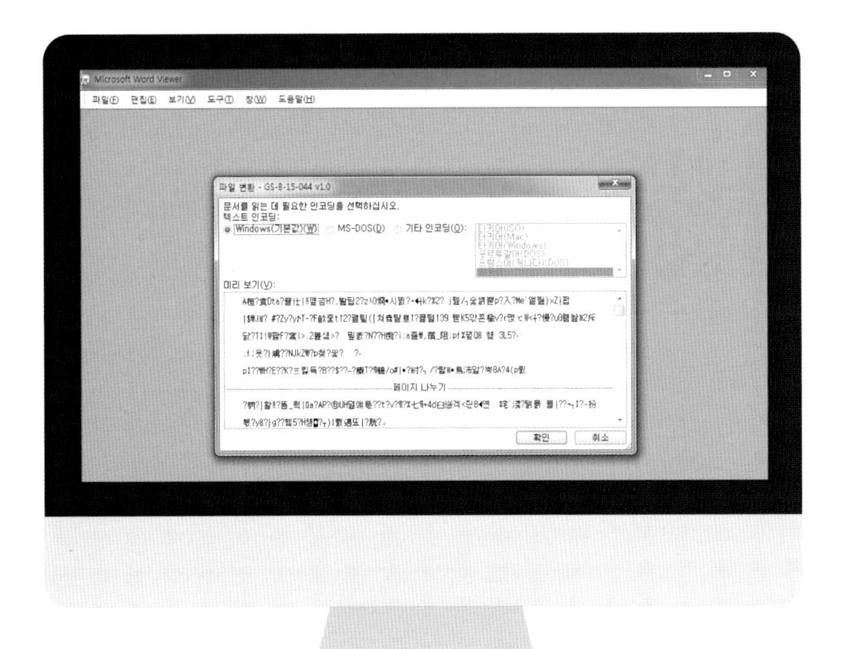

랜섬웨어에 감염된 문서.
ⓒ 랜섬웨어침해대응센터

랜섬웨어의 숨은 공로자 비트코인.

스팅 기업인 '인터넷나야나'는 암호화된 서버를 정상복구하기 위해 13억 원의 돈을 지불하기도 했다. 이런 랜섬웨어 공격은 국가적 손실을 야기한다. 영국의 언론매체 가트너는 컴퓨터 네트워크가 한 시간 정지하면 시간당 평균 4만 2000달러(약 4800만 원)의 손실이 발생한다고 밝혔다. 랜섬웨어로 인해 네트워크를 이용한 업무가 딱 하루 마비된다고 해도 100만 8000달러(약 11억 5500만 원)의 손해를 입게 된다.

해커들이 수익을 올릴 수 있었던 건 비트코인 덕분

해커들이 이런 엄청난 수익을 올릴 수 있었던 데에는 숨겨진 공로자가 있다. 바로 비트코인이다. 2009년 일본의 컴퓨터 프로그램 개발자 나카모토 사토시가 처음 제안한 암호(가상)화폐인 비트코인은 현재 금융 거래의 한 축을 담당하고 있다.

비트코인의 가장 큰 특징은 돈 거래를 중개하는 은행이나 금융감독원 같은 금융기관이 필요 없다는 점이다. 다시 말해 누가 얼마만큼의 돈을 보냈는지 기록된 거래 장부를 관리하는 기관이 없다. 금융기관이 없어도 돈 거래가 가능한 것은 비트코인의 특이한 구조 덕분이다. 비트코인에서는 거래 내용이 담긴 장부를 '블록'에 저장한다. 10분에 한 개씩 생성되는 이 블록에는 10분간 이뤄진 거래의 내용이 담겨 있고, 이 블록의 정보(해시 값)는 그다음에 만들어지는 새로운 블록에 저장된다. 이렇게 모든 블록은 서로 체인처럼 연결된다.

블록 안에 저장된 정보가 바뀌면 블록의 해시 값 역시 바뀌기 때문에, 하나의 정보를 수정하기 위해서는 그 이후에 만들어진 모든 블록의 정보를 모두 바꿔야 한다. 여기엔 엄청난 컴퓨팅 파워가 필요하다. 블록을 네모난 레고라고 가정해보자. 쌓아 올린 네모난 레고 중 하나를 빼서 동그란 레고로 바꾼다면, 그 위에 쌓아 올린 레고는 모두 무너져 버린다. 이전처럼 제대로 쌓기 위해서는 이후에 올려놓은 모든 레고 조각들을 동그랗게 바꿔야 한다.

돈 거래에 금융 기관이 개입하지 않는 데다, 돈을 보낸 송금자와 수신자, 금액 등의 정보는 모두 암호화된 상태로 저장하기 때문에 누가 얼마만큼의 돈을 받았는지를 추적하기 어렵다. 해커의 입장에서는 자신의 존재를 숨길 수 있는 더없이 좋은 거래 수단인 것이다. 실제 비트코인이 개발된 이후 대다수의 랜섬웨어는 통용 화폐 대신 비트코인을 요구한다.

암호가 발전하면 랜섬웨어도 발전한다

해가 갈수록 인질범들의 수익이 많아지는 이유는 랜섬웨어의 기술이 그만큼 정교해지고 있기 때문이다. 랜섬웨어의 수익은 사용자의 파일을 얼마나 풀기 어렵게 암호화하느냐에 달려 있다. 때문에 아이러니하게도 랜섬웨어는 암호의 발달과 궤를 같이한다.

사용자의 컴퓨터를 암호화하는 방법은 크게 두 가지다. 대칭키 방식과 비대칭키 방식이다. 대칭키 방식은 암호화하는 데 사용하는 열쇠와 암호를 푸는 데 필요한 복호화(암호화의 반대 과정) 열쇠가 동일하다. 비대칭키 방식은 두 열쇠의 종류가 다르다. 서로 다른 두 개의 열쇠를 사용하는 비대칭키 방식이 훨씬 더 정교하다.

실제 초기 랜섬웨어들의 대다수는 대칭키를 이용한 랜섬웨어였다. 최초의 랜섬웨어로 알려진 '에이즈 트로이안(Aids Trojan, 이하 에이즈)' 역시 대칭키 방식을 이용했다. 에이즈는 하드디스크에 저장된 모든 파일을 암호화했고, 암호를 푸는 열쇠를 제공하는 대가로 189달러(약 22만 원)를 요구했다. 대칭키 암호는 알고리즘이 간단하고 작동이 빠르다는 장점이 있지만, 키가 한 번 노출되면 바로 암호가 풀려버린다는 단점이 있다. 곧 여러 연구자들은 대칭키 암호의 취약점을 분석했고, 에이즈 역시 금세 사그라들었다.

반면 2013년에 처음 등장해 현재까지도 왕성한 활동을 하고 있는 '크립토락커(Cryptolocker)'는 비대칭키 방식을 이용한다. 크립토락커는 사용자 컴퓨터에 저장돼 있는 파일들을 'RSA 공개키' 방식으로 암호화했다. RSA는 1977년 로널드 리베스트(Ronald Rivest), 아디 셰미르(Adi shmir), 레오나르드 아델만(Leonard Adleman) 세 명의 수학자가 개발한 암호 알고리즘이다. 등장한 지 30년이 지났지만 여전히 가장 강력한 암호화 알고리즘으로, 대부분의 금융사가 사용하고 있는 암호화 방식이다. 우리가 쓰고 있는 공인인증서도, 개인정보도 모두 RSA 공개키 방식으로 암호화돼 저장된다. 암호화하는 키와 복호화하는 키가 서로 다른 비대칭키 방식인 RSA에는 '공개키'와 '개인키'라는 두 개의 키가 존재한다. 공개키는 파일을 암호화하는 키로, 이름처럼 해커와 피해자 모두가 가지고 있는 '공개된' 키다. 하지만 복호화하는 데 필요한 개인키는 해커만 가지고 있다. 이 키가 없으면 암호화된 파일을 풀 수 없다.

RSA를 개발한 로널드 리베스트(위)와 아디 셰미르(아래)

RSA는 큰 수를 소인수분해하는 데에는 천문학적인 시간이 걸린다는 수학적 난제를 기반으로 한다. 크립토락커는 2048자리의 아주 큰 소인수를 이용해 파일을 암호화하기 때문에, 키 없이 암호를 풀려면 수십 년이 걸린다. 크립토락커를 개발한 해커들은 9개월 만에 300만 달러(약 33억 8000만 원)를 벌어들였다.

처음에는 이메일에 크립토락커를 첨부해 유포했지만, 최근에는 인터넷 익스플로러, 어도비 플래시 등 다양한 응용프로그램의 취약점을 이용해 '드라이브 바이 다운로드(DBD, Drive By Download)' 방식으로 퍼뜨리고 있다. DBD는 공격자가 특정 웹사이트에서 보안이 취약한 점을 노려 악성코드를 숨긴 뒤, 사용자가 자신도 모르는 사이에 악성 프로그램을 다운받아 실행하게끔 하는 방식이다. 우리나라에서는 2015년 4월 21일, IT 커뮤니티인 '클리앙'에서 DBD 방식의 크립토락커가 유포되는 대규모 피해사례가 있었다. 해커는 관리자 계정을 해킹해 메인페이지에 노출되는 광고에 악성코드를 삽입해 접속자들이 자신도 모르는 사이에 크립토락커를 다운받게 했다. 크립토락커의 한글버전이 최초로

RSA 알고리즘
양방향 통신에서 메시지를 보낼 때 송신자는 수신자의 공개키를 가지고 있어야 하고, 수신자는 본인의 비밀키를 가지고 있어야 한다. 송신자가 수신자의 공개키로 암호화한 메시지를 보내면 수신자는 자신의 비밀키로 암호를 풀어 메시지를 확인한다.

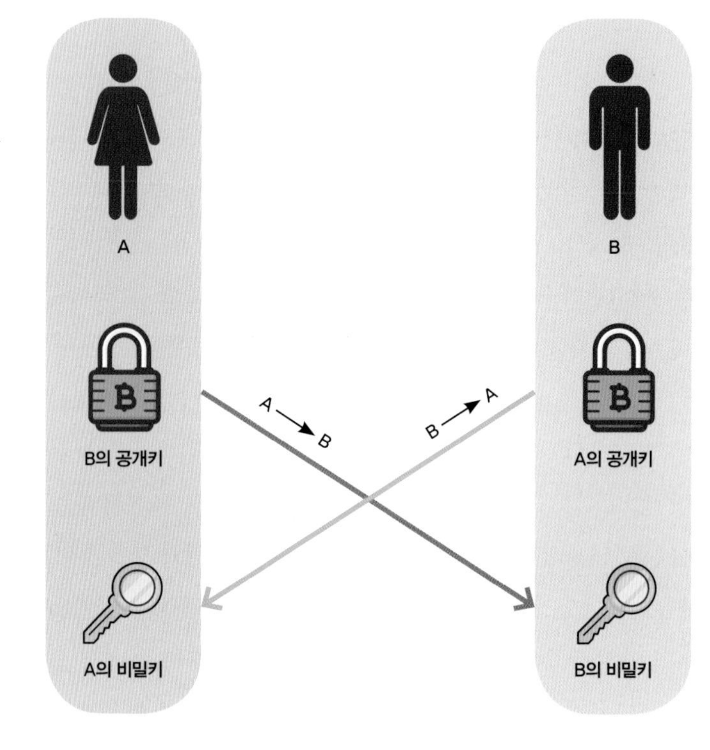

암호화

복호화

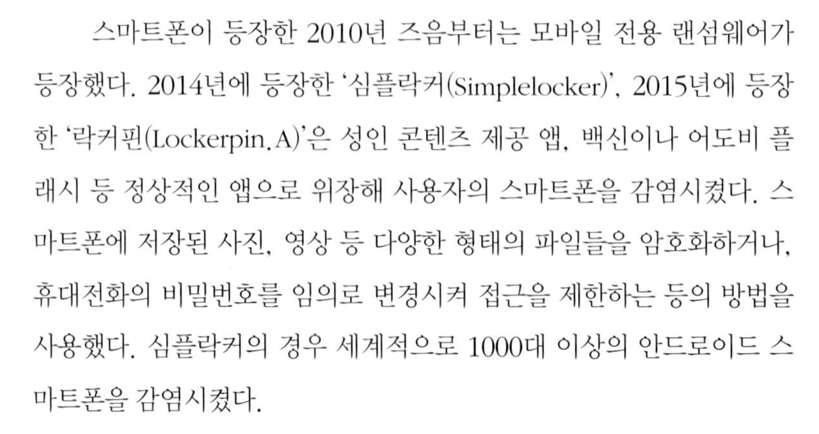

등장한 데다 기존의 이메일 유포 방식이 아닌 웹 기반 유포 방식이어서 많은 이들에게 충격을 안긴 사건이었다.

모바일용, 서비스용 랜섬웨어… 랜섬웨어 다양해져

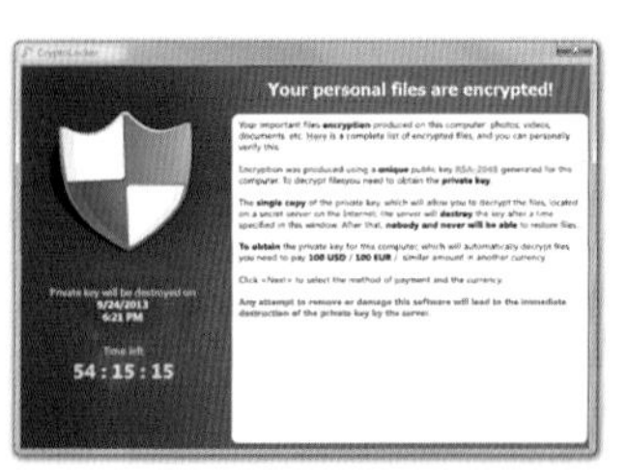

크립토락커에 감염된 화면. RSA-2048 암호를 사용해 사용자 컴퓨터의 파일을 암호화했다. 왼쪽은 제한시간을 나타낸다.

스마트폰이 등장한 2010년 즈음부터는 모바일 전용 랜섬웨어가 등장했다. 2014년에 등장한 '심플락커(Simplelocker)', 2015년에 등장한 '락커핀(Lockerpin.A)'은 성인 콘텐츠 제공 앱, 백신이나 어도비 플래시 등 정상적인 앱으로 위장해 사용자의 스마트폰을 감염시켰다. 스마트폰에 저장된 사진, 영상 등 다양한 형태의 파일들을 암호화하거나, 휴대전화의 비밀번호를 임의로 변경시켜 접근을 제한하는 등의 방법을 사용했다. 심플락커의 경우 세계적으로 1000대 이상의 안드로이드 스마트폰을 감염시켰다.

최근에는 랜섬웨어를 대행해주는 업체들까지 등장하기 시작했다.

바로 '서비스형 랜섬웨어(RaaS, Ransomeware as a Service)'다. 랜섬웨어를 이용해 돈을 벌고 싶지만, 제작할 능력이 안 되는 이들이 랜섬웨어 제작자에게 돈을 주고 랜섬웨어를 의뢰하면 원하는 조건을 갖춘 랜섬웨어를 만들 수 있다. 이 랜섬웨어로 공격해 얻은 이익은 제작자와 의뢰자가 나눠 갖는다. '케르베르', '록키' 등이 이 서비스로 퍼지게 된 대표적인 랜섬웨어다. 2016년 아시아 지역에서 처음으로 퍼지기 시작한 케르베르는 제작자가 처음부터 서비스형 랜섬웨어로 개발해, 막대한 이익을 올렸다. 한국인터넷진흥원에서 발표한 자료에 따르면 2016년 하반기에 접수된 랜섬웨어 피해사례의 52%가 바로 이 케르베르에 의한 것이었다. 이제는 랜섬웨어를 제작할 능력이 없는 사람들도 마음만 먹으면 누구든 유포할 수 있게 됐다. 그만큼 피해사례는 더 늘어날 수밖에 없다.

모바일 랜섬웨어에 감염된 화면. 카드 번호를 입력하지 않으면 화면을 이동할 수 없다.

랜섬웨어, 해결할 방법은 없을까

그렇다면 손 놓고 앉아만 있어야 하는 걸까. 해결할 방법은 없을까. 안타깝게도 지금으로서는 예방이 가장 좋은 해결 방법이다. 한국인터넷진흥원(KISA)은 랜섬웨어로 인한 피해가 커지자 5대 예방 수칙을 발표했다. "모든 소프트웨어는 최신 버전으로 업데이트해 사용한다",

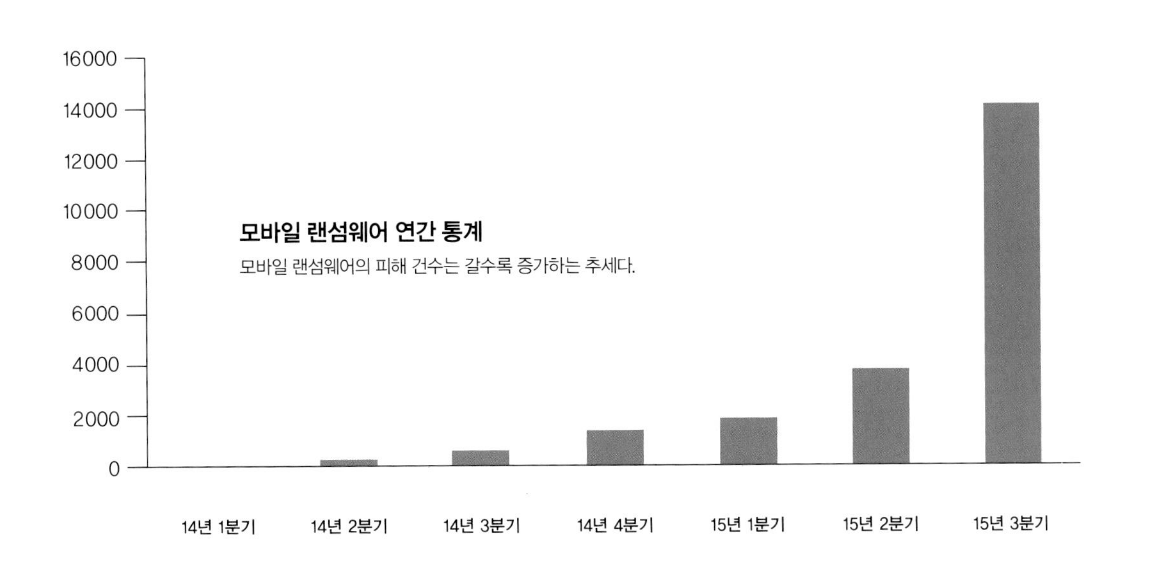

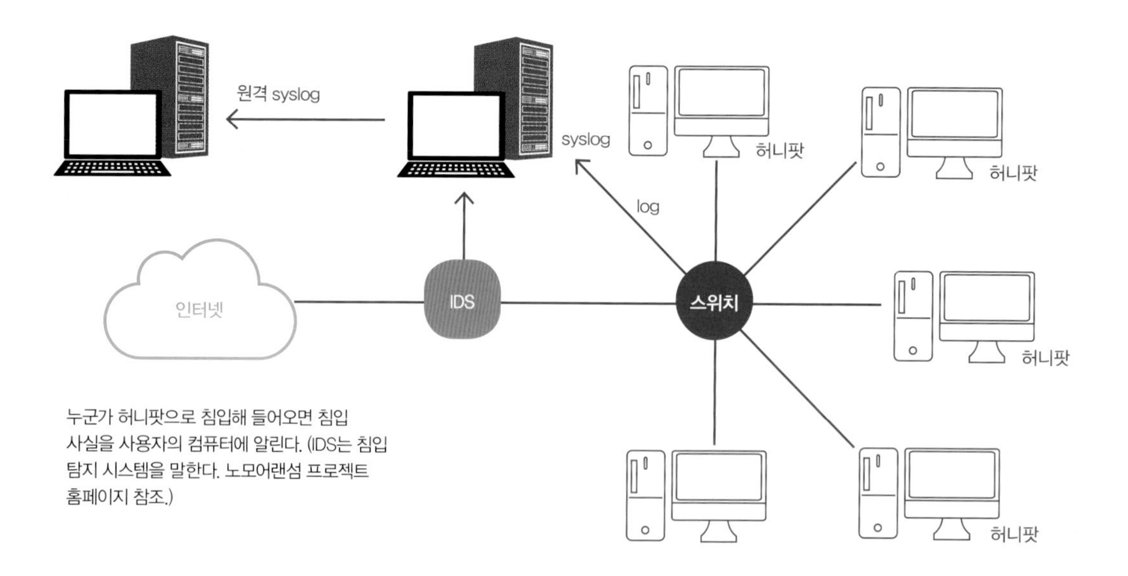

누군가 허니팟으로 침입해 들어오면 침입 사실을 사용자의 컴퓨터에 알린다. (IDS는 침입 탐지 시스템을 말한다. 노모어랜섬 프로젝트 홈페이지 참조.)

"백신 소프트웨어를 설치하고, 최신 버전으로 업데이트를 한다", "출처가 불명확한 이메일과 URL 링크는 실행하지 않는다", "파일 공유 사이트 등에서 파일 다운로드 및 실행에 주의한다", "중요한 자료는 정기적으로 백업한다" 등이다.

랜섬웨어가 컴퓨터에 접근했을 때 이를 감지하는 '허니팟'이라는 도구도 있다. 허니팟은 공격자의 관심을 끌 수 있는 가짜 서버로, 일종의 속임수다. 가령 신용카드 정보가 수천 만 건 저장돼 있거나, 군사 기밀로 보이는 사진을 잔뜩 모아놓거나 하는 식이다. 공격자가 이를 중요한 서버라고 판단해서 접근하게 되면 진짜 내 컴퓨터에 이 소식을 알려준다. 이형택 한국랜섬웨어침해대응센터장은 "예방하는 것 이외에 더 적극적인 대응을 하고자 하는 이들이 많이 찾는다"며 "허니팟에 들어오는 악성 트래픽이나 유입 경로를 분석하면, 최근 유행하는 렌섬웨어에 대한 정보도 알 수 있어 여러모로 유용한 시스템"이라고 말했다.

최근에는 전 세계 법집행기관 및 IT 보안 업체들이 랜섬웨어 해결에 발 벗고 나섰다. 네덜란드 경찰청, 유로폴, 글로벌 보안 업체인 카스퍼스키랩, 인텔시큐리티 등이 모여 '노모어랜섬 프로젝트(No more ransome project)'를 설립했다. 암호화된 데이터를 복원하는 방법을 연구하는 것이 주된 목적이다. 현재 홈페이지를 통해 '네무코드(NemucodAES)', '맥랜섬(MACRANSOM)', '암네시아(AMNESIA)' 등 12개 랜섬웨어의 복호화 도구를 무료로 제공하고 있다. 한국인터넷진흥원(KISA) 역시 2017년 6월 랜섬웨어가 사용하는 암호 기술의 취약성을 연구해, 사후 복구 대책에 활용한다는 계획과 함께 노모어랜섬 프로젝트에 참여할 의사를 밝혔다.

법 구축까지 아직 갈 길 멀어

기술적으로 랜섬웨어를 극복하려는 시도들이 많지만, 법적인 대처는 아직도 갈 길이 멀다. 아직까지 전 세계적으로 랜섬웨어를 처벌하기 위한 법안이 마련된 나라는 없다. 모두 사이버 범죄에 대한 규제를 적용해야 하는 실정이다. 미국의 경우 컴퓨터 사기와 남용에 관한 법률(CFAA, Computer Fraud and Abuse Act, 18USC 1030조)이 있다. 네트워크 보안에 관련된 연방법으로, 허가받지 않은 접근, 컴퓨터에 피해를 주는 프로그램을 전송하는 행위 등을 금지한다. 이 법안이 적용되는 대상은 보호 컴퓨터(Protected Computer)로 제한돼 있다. 보호 컴퓨터는 정부, 금융기관, 국제 통신이나 상업에 이용되는 시스템을 말한다.

이 말만 보면 주요 기관에 속해 있지 않은 일반 피해자들은 보호 대상이 아닌 것처럼 보인다. 하지만 이 대상을 좀 더 확장할 수 있는 조항이 추가됐다. 미국 애국법(USA Patriot Act)에 의해 개정된 법안의 내용은 다음과 같다.

"보호 컴퓨터에는 미국 국내 및 국제 상업, 통신과 관련된다면 미국 밖 컴퓨터까지 모두 포함된다."

인터넷 상거래가 활성화된 요즘 사실상 대다수의 컴퓨터가 미국의 상업과 관련돼 있는 데다, 미국 밖에서 사이버 범죄를 일으키더라도 기소를 할 수 있게 됐다. 사이버 범죄엔 국경이 없는 만큼 범죄에 적용되는 법 역시 국경이 필요 없어진 셈이다.

랜섬웨어는 허가받지 않은 네트워크 접근을 통해 부당한 이익을 취하고 있기 때문에, 미국 연방법에 따르면 해커에게 10년 이하의 징역뿐 아니라 25만 달러(약 2억 8660만 원) 이하의 벌금을 부과할 수 있다.

미국은 여기서 더 나아가 사이버 보안에 대해 처벌을 강화하는 법안을 2013년 발의했다. 바로 사이버 보안 강화법(CSEA, Cyber Security Enhancement Act)으로, 사이버 범죄로 인해 누군가 신체적 상해를 입었거나 사망한 경우 가해자에게 종신형까지 선고할 수 있다. 매우 드물 것 같지만 의외로 쉽게 일어날 수 있는 일이다. 가령 신호등의 시스템을 관장하는 컴퓨터나 항공관제 컴퓨터를 암호화했다면, 엄청난 인명피해가 발생할 수 있다. 매일매일 위급한 환자의 기록을 암호화하는 것 역시 마찬가지다. 최근 영국의 국민건강서비스(NHS)를 마비시킨 랜섬웨어 역시 큰 인명피해를 발생시킬 수 있었다. NHS 산하 병원인 바츠 헬스의 대변인은 "암 치료에 필요한 화학 요법들은 컴퓨터에 저장된 환자의 정보가 반드시 필요해 치료에 어려움을 겪고 있다"고 밝히기도 했다.

국내 랜섬웨어 특별법, 언제쯤 통과될까

우리나라는 어떨까. 우리나라 역시 랜섬웨어에 대한 명확한 법이 마련돼 있지는 않다. 하지만 미국과 유사하게 정보통신망 이용촉진 및 정보보호 등에 관한 법률(정보통신망법) 제48조 제2항을 적용할 수 있다.

"누구든지 정당한 사유 없이 정보통신시스템, 데이터 또는 프로그램 등을 훼손 · 멸실 · 변경 · 위조하거나 그 운용을 방해할 수 있는 프로그램(이하 '악성프로그램'이라 한다)을 전달 또는 유포하여서는 아니 된다." 이를 위반하는 사람은 7년 이하의 징역 또는 7000만 원 이하의 벌금을 물어야 한다.

최근에는 랜섬웨어 피해가 급증하면서 '랜섬웨어 특별법'이 발의돼 현재 국회에서 계류 중이다. 랜섬웨어의 개념이 구체적으로 명시된 "누구든지 정보통신망에 무단으로 침입하여 데이터 또는 프로그램 등을 암호화해서는 아니 된다"는 내용이 포함된다. 또한 랜섬웨어로 얻은 이익의 10~30배 범위에서 과징금을 부과할 수 있고, 피해자에게 최대 3배의 손해배상을 해야 하는 등 강화된 처벌도 눈에 띈다. 하지만 좀 더 적극적인 대응이 필요할 것으로 보인다. 랜섬웨어의 위험 수위가 갈수록 높아지고 있기 때문이다. 해커들의 표적이 일반 사용자에서 빨리 돈을 지불할 수밖에 없는 일부 기관들로 옮겨가고 있는 것이다. 컴퓨터가 마비되면 환자의 목숨이 위태로워질 수 있는 의료기관이나 많은 사람들에게 피해가 갈 수 있는 철도, 교통과 같은 사회기반시설이 대표적이다. NTT 그룹이 조사한 2017년 글로벌 위협 정보 보고서(2017 Global Threat Intelligence Report)에 따르면, 전 세계적으로 탐지된 랜섬웨어 중 77%가 비즈니스(28%), 정부 서비스 부문(19%), 보건의료(15%), 소매(15%) 등 4개의 주요 분야에 집중된 것으로 나타났다.

실제 2016년 11월 27일 미국 샌프란시스코에서는 랜섬웨어로 인해 시내 열차 시스템의 발권 및 배차 시스템이 완전히 마비된 일이 있었다. 2000대 이상의 열차가 제 시간에 출발하지 못했다. 해커들은 이를 복구하는 대가로 7만 3000달러(약 8500만 원)를 요구했다. 샌프란시스코 교통국에서 안전 운행 시스템은 정상적으로 가동됐다고 밝혔지만, 만약 랜섬웨어가 안전 운행에 영향을 줬다면 큰 사상자를 낼 수 있는 위험한 상황이었다. 이형택 한국랜섬웨어침해대응센터장은 "뚜렷한 처벌이 없으니 갈수록 해커들의 범행이 대범해지고 있다"며 "랜섬웨어에 대한 정부의 강경한 대응이 필요하다"고 말했다.

미래의 랜섬웨어는 어떤 모습일까

미래의 랜섬웨어에 대한 대비가 필요하다는 의견도 있다. 최근 5년간 양자컴퓨터에 대한 연구가 급물살을 타고 있다. 양자컴퓨터는 양자의 중첩, 얽힘 등의 고유한 특성을 이용해 연산하는 컴퓨터로 기존의 컴퓨터에 비해 훨씬 많은 양의 연산을 처리할 수 있다.

양자컴퓨터가 개발되면 현재 가장 강력하다고 알려진 RSA 공개키 암호방식은 무용지물이 된다. 1994년 미국의 이론 컴퓨터과학자인 피터 쇼어가 양자의 특성을 이용해 빠른 시간에 소인수 분해를 할 수 있는 '쇼어 알고리즘'을 제안했기 때문이다. 이 알고리즘을 이용하면 RSA 공

IBM이 개발한 양자컴퓨터 'Q시스템'이다. 2017년 10월, IBM은 양자컴퓨터의 기본 연산 단위인 큐비트를 49개 구현했다고 밝혔다. 현재 이를 상용화하려는 연구를 하고 있다.
ⓒ IBM

개키 암호도 수 분 안에 풀리고 만다. 전문가들은 이 시점을 향후 5~10년 사이로 보고 있다. 이를 랜섬웨어의 관점에서 보면 RSA를 이용해 사용자의 컴퓨터를 암호화하는 것이 아무런 의미가 없어지게 된다. 김성원 한국인터넷진흥원(KISA) 선임연구원은 "양자컴퓨터가 상용화되는 단계가 되면, 거기에 맞는 암호가 개발될 것"이라며 "랜섬웨어 역시 그 암호를 이용하는 방향으로 발전할 것"이라고 말했다.

KISA에서는 현재 양자컴퓨터에 대응할 양자내성암호를 개발하고 있다. 대표적인 것이 격자 이론을 이용한 공개키 암호다. 격자 이론(lattice theory)이란 n차원 실공간에 있는 점들의 일정한 배열에 관한 이론이다. 아르젠 렌스트라(Arjen Lenstra), 헨드릭 렌스트라(Hendrik Lenstra), 로바스 라슬로(László Lovász) 등 세 명의 수학자가 이 이론을 토대로 한 '격자 축소 알고리즘'을 발표하면서 암호학에서 주목을 받기 시작했다. 격자암호를 효율적으로 풀 수 있는 양자 알고리즘은 아직 등장하지 않았다. 알고리즘이 개발되지 않는 이상, 양자컴퓨터의 연산이 아무리 빠르다 해도 암호를 원천적으로 무력화시킬 수는 없다. 현재 KISA는 이런 양자내성암호들의 안전성을 검증하는 단계다. 김 선임연구원은 "이 과정에서 양자내성암호들의 여러 취약점들이 드러난다"며 "이 정보는 향후 양자내성암호를 활용한 랜섬웨어가 등장할 경우, 유용하게 사용할 수 있을 것"이라며 연구의 중요성을 강조했다.

ISSUE 4 알파고 제로

권예슬

한양대 분자시스템공학과를 졸업하고 서강대 일반대학원 과학커뮤니케이션 협동과정에서 석사학위를 받았다. 한국원자력연구원에서 원자력정책분야 연구원으로 근무하다, 꿈을 이루기 위해 동아사이언스로 이직해 기자 생활을 시작했다. 동아일보의 과학기사를 담당하는 〈데일리뉴스팀〉을 거쳐 현재는 《과학동아》의 기자로 있다.

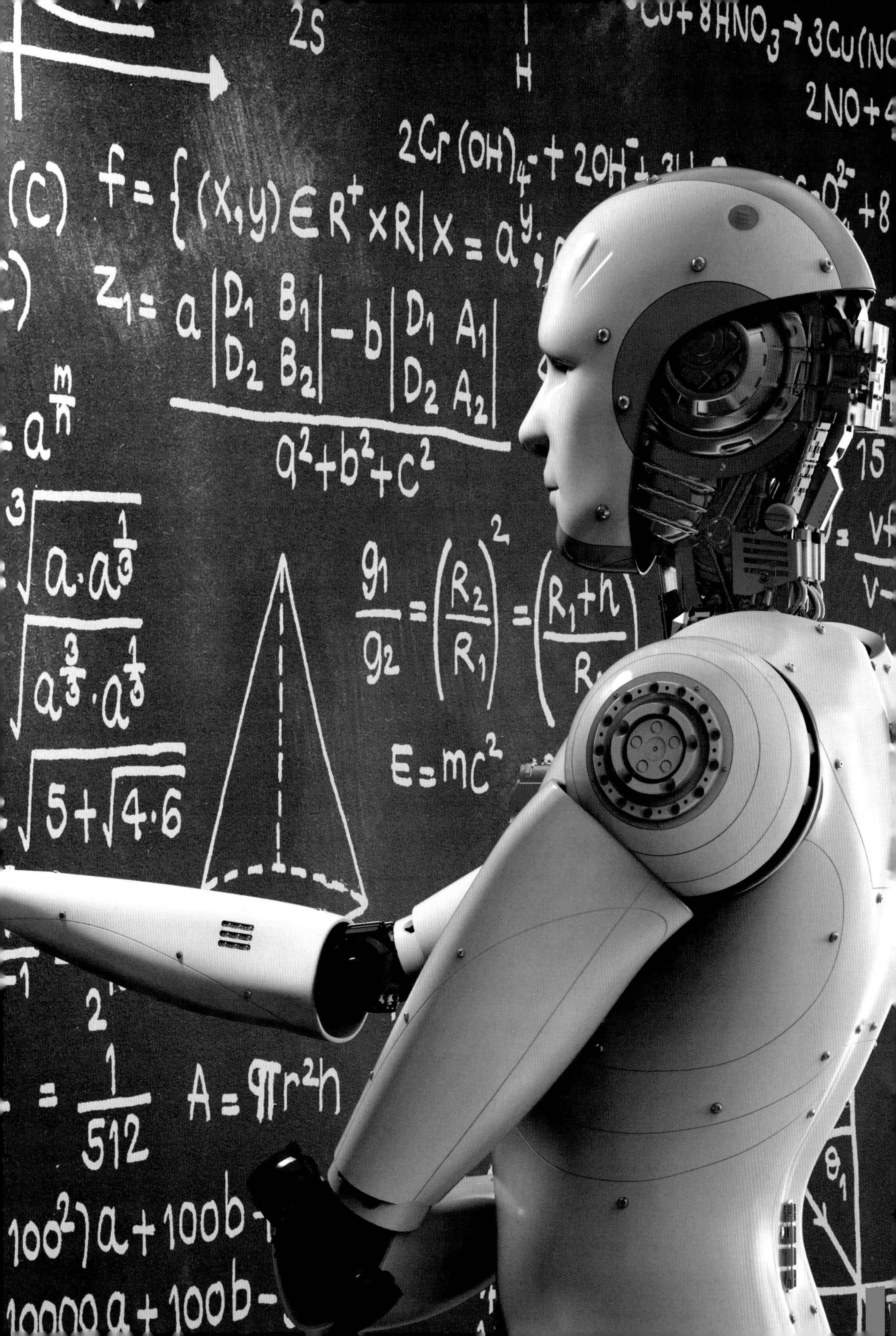
2S
2Cr (OH)4 + 2OH
2NO+
E=mc²
A=πr²h
= 1/512
a²+b²+c²

ISSUE 4

'알파고 제로', 인간의 도움 필요 없는 초지능 나올까?

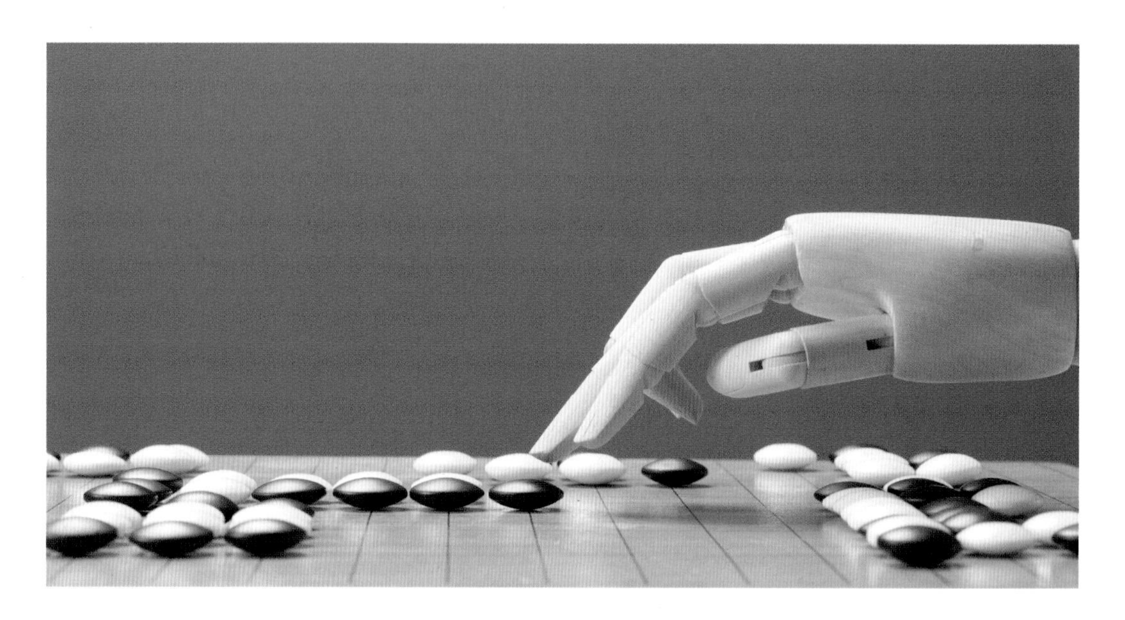

낫닝겐 '알파고 제로'에 돌을 던지다

'낫닝겐'

영어의 낫(not)과 일본어로 '인간'을 의미하는 '닝겐'을 붙여 만든 단어 '낫닝겐'은 인간이 아니라는 뜻의 신조어다. 해석하자면 아주 멋지거나 훌륭해 사람이 아닌 것만 같다는 존경의 의미가 담긴 말. 주로 외모가 출중한 사람, 비범한 능력을 가진 사람들을 수식할 때 쓰인다. 2015년 10월 컴퓨터 프로그램인 바둑 인공지능(AI, Artificial Intelligence) '알파고(Alpha Go)'가 세상에 등장했다. 알파고는 인간계의 내로라하는 바둑 고수와의 대국에서 차례로 승리를 거머쥐었다. 실체도 없는 프로그램에 인간계 바둑 최고수가 모두 패배를 인정하는 바둑돌을 던졌다. 인간 고유의 영역이었던 바둑을 인간도 아닌 컴퓨터 프로그램이 제패하더니, 태어난 지 2년이 채 안 된 2017년 5월 말 은퇴를 선언했다. 더 이상 올라갈 곳이 없는 '낫닝겐'의 경지에 올랐다는 판단에서다.

2017년 10월 18일, 알파고의 개발사인 구글 딥마인드는 '역사상 가장 강력한 바둑 기사' 개발 소식을 뒤늦게 알렸다. 이름하여 '알파고 제로(Alphago Zero)'다. 알파고 제로는 기존 개발된 버전과 달리 인간의 바둑 지식을 전혀 배우지 않았다. 독학을 통해 스스로 바둑을 익혔다. 제로라는 이름 역시 인간이 만든 자료나 조언, 지식의 도움을 전혀 받지 않은 백지 상태(zero base)에서 시작했다는 의미에서 붙었다. 알파고 제로는 인간 바둑 기사와 대국을 펼치지 않았다. 더 이상 인간과의 대국은 의미가 없다는 판단에서다. 스스로 학습하는 능력을 두고 '소름끼친다'는 반응이 나오기도 했다. 인류가 수천 년에 걸쳐 축적한 바둑 실력을 스스로 돌파한 지능은 과연 어느 정도로 똑똑할까.

인간 지식 없이 바둑을 마스터하기

알파고 제로는 구글 딥마인드에서 개발됐다. 데미스 허사비스 공동창업자는 세계 최고 권위의 국제학술지 '네이처(Nature)' 2017년 10월 19일자에 알파고 제로의 개발 소식을 알리며 "알파고 시리즈 중 가장 강력한 버전"이라고 소개했다. 알파고 제로는 단 36시간의 학습만으로 2016년 3월 이세돌 9단을 물리친 버전의 알파고(알파고 리, AlphaGo Lee)를 넘어서는 실력을 갖췄고, 72시간 뒤 펼친 대국에서는 100 대 0 압승을 거뒀다. 국제 대회에서 우승을 하는 인간 프로 바둑기사들이 최소 4년 정도의 훈련기간을 거친다는 점을 고려하면 어마어마한 학습속도다.

구글 딥 마인드의 공동 창업자 데미스 허사비스. ⓒ 딥마인드

인공지능 화가, 소설가, 의사 등 매일 새로운 인공지능이 개발되는 상황에서 알파고 제로를 유독 돋보이게 만드는 것은 스스로 바둑을 배워 최강자의 자리에 올랐다는 점이다. 네이처에 공개된 논문 제

목 역시 '인간 지식 없이 바둑을 마스터하기(Mastering the game of Go without human knowledge)'다.

알파고 리는 인간 바둑기사들의 기보(바둑을 두는 법을 적은 기록) 데이터 16만 건을 학습하는 '딥러닝'과 스스로 바둑을 두며 실력을 쌓는 '강화 학습'을 통해 바둑을 배웠다. 기보를 익혀 이세돌을 이기기까지 12개월이란 긴 학습시간을 보냈다. 반면 알파고 제로는 딥러닝을 완전히 생략했다. 바둑 규칙 말고는 아무런 지식이 없는 상태에서 출발해 '셀프 바둑'을 두며 바둑의 이치를 스스로 터득했다. 승기를 잡기 좋은 수가 무엇인지 깨닫고, 이 정보를 축적해가며 바둑 실력을 키운 것. 학습 시작 3시간 뒤엔 초심자처럼 '집(한 색의 바둑돌로 둘러싼 영역)'을 지어 상대의 돌을 가두기 시작했고, 19시간 뒤엔 바둑의 사활을 이해했다. 72시간 동안 알파고 제로는 한 수에 0.4초가 걸리는 속도로 490만 판의 바둑을 뒀다. 21일 학습한 뒤에는 2017년 5월 세계 랭킹 1위 바둑 기사인 중국의 커제 9단을 3 대 0으로 꺾은 '알파고 마스터(AlphaGo Master, 바둑을 마스터했다는 의미에서 이름 붙였다)'의 실력도 넘어섰다. 2900만 판의 셀프 바둑을 둔 학습 40일째 펼친 알파고 마스터와의 대국에서 알파고 제로는 100전 89승 11패의 성적으로 승리를 거뒀다.

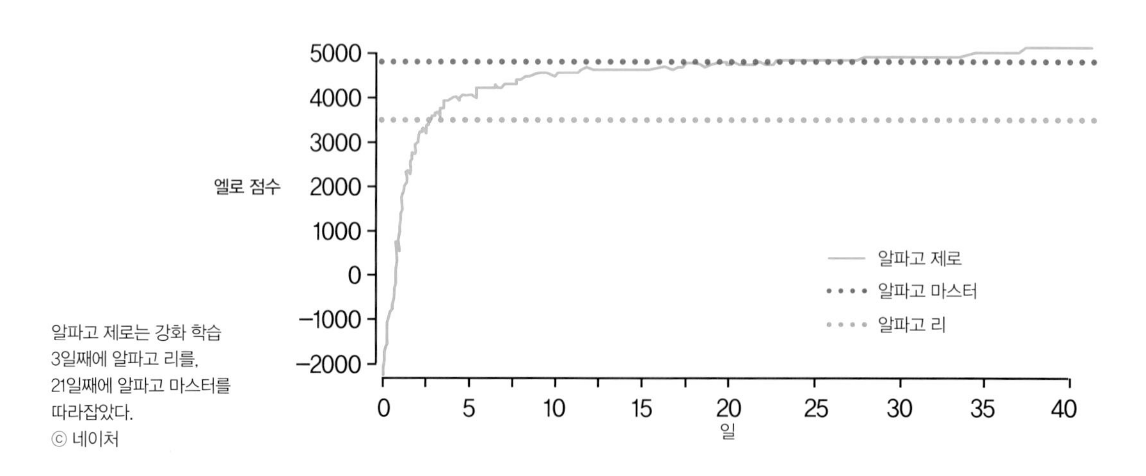

알파고 제로는 강화 학습 3일째에 알파고 리를, 21일째에 알파고 마스터를 따라잡았다.
ⓒ 네이처

알파고 제로가 보다 강력해진 이유에 대해 알파고 시리즈의 개발자 중 한 명인 데이비드 실버는 "인간의 지식에 속박되지 않았기 때문"이라고 설명했다. 알파고 리를 비롯한 기존 알파고 버전들은 인간으로부터 바둑의 정석을 배웠다. 바둑을 마스터했다는 알파고 마스터 역시 학습 시간을 3분의 1 수준으로 대폭 줄였을 뿐, 기보를 통해 학습하는 과정을 거쳤다. 적어도 바둑에 있어선 인간의 지식을 가르쳐주지 않아도 스스로 인간을 넘어선 수준의 지능을 구현할 수 있음이 확인된 것이다. 이 과정에서 알파고 제로는 외목, 고목, 날일자, 삼삼, 작은 밀어붙이기 등 익히 알려진 바둑 정석을 스스로 깨달았다. 동시에 인간이 생각지 못했던 독특한 정석을 개발하기도 했다. 이정원 한국전자통신연구원(ETRI) 선임연구원은 "인간이 만든 기존 바둑 이론을 버렸기 때문에 알파고 제로가 오히려 똑똑해졌다. 인간과 함께 쌓여온 바둑 이론이 오히려 창의적인 새로운 '수'의 탄생을 막았을 수도 있다는 것이 알파고 제로를 통해 증명된 셈"이라고 설명했다.

알파고 시리즈의 개발자 중 한 명인 데이비드 실버. ⓒ 딥마인드

'알파고 판'에서 '알파고 제로'까지

알파고 제로는 인간의 도움 없이 새로운 지식을 발견하고, 통상적이지 않은 전략을 개발해냈다. 알파고 개발 고작 2년 만에 나온 성과다. 지금까지 개발된 알파고는 총 4가지다. 2015년 10월 중국의 판 후

알파고 시리즈 성능 비교

	공개 시점	전적	엘로(ELo)	학습법	하드웨어
알파고 판	2015. 10	판 후이 2단에게 5-0 승리	3144	딥러닝, 강화학습	GPU 176개 TPU 4개
알파고 리	2016. 3	이세돌 9단에게 4-1 승리	3739	딥러닝, 강화학습	GPU 176개 TPU 4개
알파고 마스터	2017. 5	커제 9단에게 3-0 승리	4858	딥러닝, 강화학습	TPU 4개
알파고 제로	2017. 10	알파고 리에 100-0, 알파고 마스터에게 89-11 승리	5185	강화학습	TPU 4개

알파고가 데뷔한 네이처 논문 표지. 알파고는 2015년 10월 판 후이와 대국을 펼친 뒤, 2016년 1월 세계적 권위지인 '네이처'를 통해 화려하게 데뷔했다.

이 2단을 이기고, 2016년 1월 '네이처' 논문을 통해 정식 데뷔한 '알파고 판(AlphaGo Fan)', 2016년 3월 이세돌 9단을 4 대 1로 이긴 '알파고 리(AlphaGo Lee)', 2017년 5월 커제 9단을 3 대 0으로 이긴 '알파고 마스터(AlphaGo Master)' 그리고 이번에 개발된 '알파고 제로'다.

딥마인드는 논문을 통해 현재까지 개발한 알파고 시리즈의 '엘로(ELO) 점수'를 공개했다. 엘로는 바둑 실력을 수치화한 점수로 기본 1500점에서 시작해 이기면 점수를 더하고 지면 빼는 식으로 정한다. 알파고 제로는 5185점, 알파고 마스터는 4858점, 알파고 리는 3739점, 알파고 판은 3144점 받았다. 점수가 800점 이상 차이 나면 승률은 100%, 366점이면 90%, 200점이면 75% 승리한다는 의미다. 알파고 제로는 1446점 엘로 점수 차이의 알파고 리에게는 100전 100승을, 327점 차이 나는 알파고 마스터에게 100전 89승을 거뒀다.

알파고 제로는 이전 버전들에 비해 학습 효율성이 확연히 높아졌다. 이세돌과의 대국에서 알파고 리가 소비한 전력은 약 1MW(메가와트)다. 이는 여의도 절반 넓이에 해당하는 방대한 부지에 태양광 발전소를 설치해야 얻을 수 있는 전력으로, 이세돌의 뇌(20W)보다 5만 배 이상 많은 에너지를 사용했다. 알파고 리의 '두뇌'엔 48개의 TPU(텐서프로세싱유닛, Tensor Processing Unit) 칩이 사용됐다. TPU는 구글이 만든 인공지능 전용 칩으로 최신식 GPU(그래픽처리장치), CPU(중앙처리장치)보다 15배~30배 빠르고, 연산 성능도 30~80배 향상된 칩이다. 알파고 리보다 앞선 버전인 알파고 판은 176개의 GPU와 4개의 TPU로 구동됐다. 반면 알파고 제로는 훨씬 가벼워졌다. 단 4개의 TPU 칩만으로 사흘 만에 알파고 리를 넘어선 실력을 얻었다. 소비 전력도 알파고 리의 10분의 1 수준으로 대폭 줄었다. 고성능 컴퓨터가 필수 요건으로 여겨졌던 인공지능 시장에 새로운 돌파구를 연 셈이다. 그렇다면 알파고 제로를 최강자로 만든 비결은 무엇일까. 딥마인드는 공식 블로그를 통해 알파고 시리즈 중 가장 유명세를 탔던 알파고 리와 이번에 개발된 알파고 제로의 비교를 통해 알파고 제로의 비결을 세 가지로 설명했다.

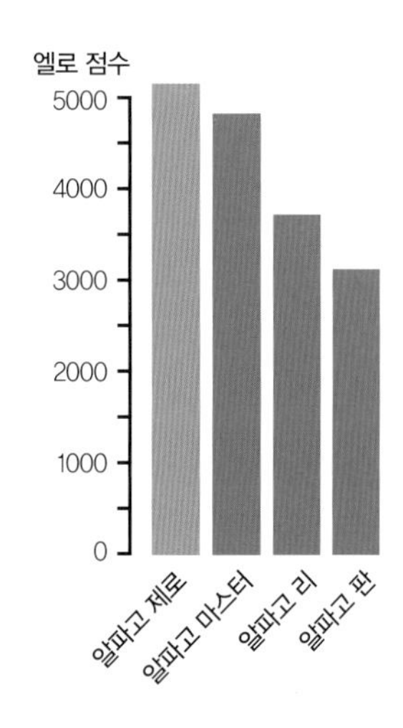

알파고 시리즈 엘로 점수 비교.
ⓒ 네이처

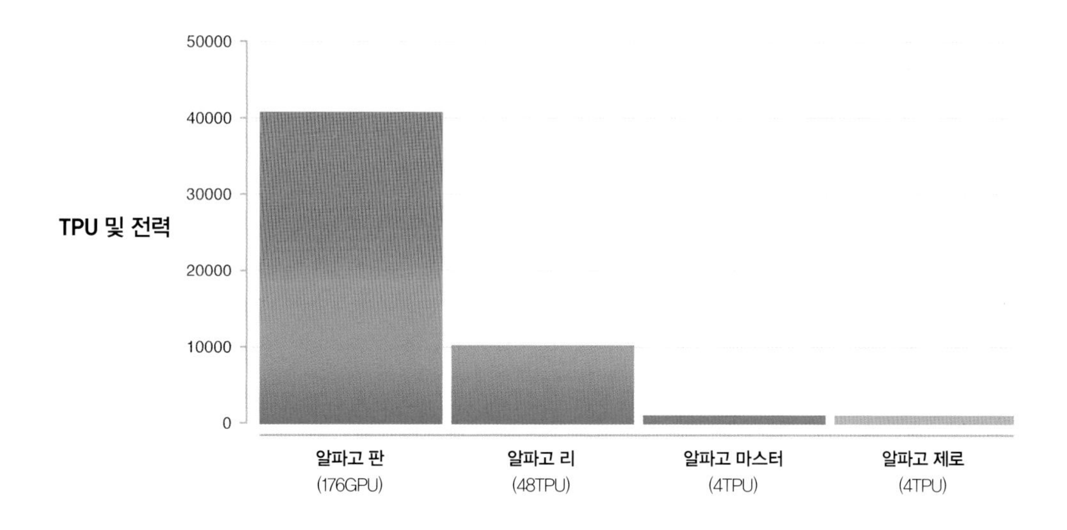

알파고 TPU 및 전력

알파고 제로는 전작인 '알파고 판', '알파고 리'에 비해 '두뇌'가 훨씬 가벼워졌다. 알파고 판은 176개의 GPU, 알파고 리는 48개의 TPU로 구동된 반면 알파고 제로는 4개의 TPU만으로 구동된다. 소비 전력도 대폭 줄었다.
ⓒ 네이처

① 바둑돌의 위치를 직접 입력

알파고는 바둑 경기에서 승리하기 위한 최적의 수를 찾아내는 컴퓨터 프로그램이다. 기본 원리는 간단하다. 현재 바둑판 위 흑백 돌의 상태(χ)를 입력해 승률을 가장 높게 만든 다음 돌의 위치(y)를 계산하는 것이다. 알파고 제로의 첫 번째 차이는 이 계산을 위해 사용된 입력 값에 있다. 알파고 리는 활로(돌이 움직일 수 있는 위치)의 수, 사석(어떤 수를 두어도 잡히는 돌)의 수 등 사람이 따져 놓은 특징을 입력해 계산에 활용했다. 반면 알파고 제로는 흑돌과 백돌의 위치를 그대로 입력 값으로 사용한다. 정석을 통해 학습하지 않고 스스로 전략을 짜야 하는 알파고 제로의 계산 과정에서 인간의 개입으로 인한 오류가 발생하지 않도록 하기 위함이다. 이를 위해 알파고 제로엔 최신 '컨벌루션 신경망(CNN, Convolutional Neural Network)'이 도입됐다. 컨벌루션 신경망은 소셜네트워크서비스(SNS)인 페이스북에 사진을 올렸을 때 자동으로 얼굴을 인식해 사진 속 인물이 누군지 알아내는 데 사용된 기술로 유명세를 탔다. 인공지능이 직접 사진을 관찰한 뒤 눈, 코, 입 등 부분적 특징을 인식하고 이를 결합해 전체(얼굴)를 인식하는 기법이다.

알파고 제로는 더 정확한 계산 결과를 내기 위해 '레즈넷(Res-Net, Residual Networks)'이라는 신경망을 더했다. 부분을 인식해 취합

하고, 이를 또다시 부분으로 반복 인식하는 식으로 신경망 층을 촘촘히 쌓아 정확한 결과를 낼 수 있게 한 것이다. 이 과정을 통해 알파고 제로는 알파고 리와 바둑 실력 차이를 600엘로 점수가량 벌렸다.

바둑의 경우의 수는 10의 170승으로 무한에 가깝다. 바둑돌 하나를 두면서 우주에 있는 원자의 수보다 많은 수에 대해 고려해야 한다는 의미다.
ⓒ 딥마인드

② 통합된 신경망

사람보다 빠르고 정확한 계산능력을 갖춘 컴퓨터가 바둑에서 승리하는 법은 간단하다. 가능한 모든 수에 대해 끝까지 경기를 둬보는 시뮬레이션을 통해 '필승의 수'를 따지면 된다. 문제는 바둑이 꽤나 복잡한 게임이란 점이다. 바둑의 경우의 수는 10의 170제곱으로 우주의 원자 수보다 많다. 고성능 컴퓨터라 해도 제한된 시간 내 모든 경우의 수를 일일이 따져보는 일은 사실상 불가능하다. 이 때문에 알파고 리는 두 가지의 신경망을 도입했다. 하나는 온라인 바둑 사이트에서 다운받

알파고 제로가 스스로 학습하는 과정

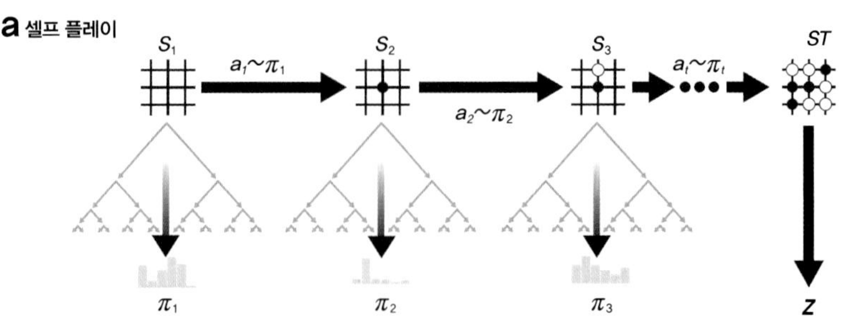

(a) 셀프 플레이
알파고는 현재 바둑돌의 위치(s)를 몬테카를로 트리탐색 알고리즘에 넣어 해당 위치의 승률(파이)을 계산한다. 이에 따라 다음 수의 위치를 정하고, 다시 승률을 계산하고, 위치를 정하는 것을 계산한다. 알고리즘엔 기존 알파고 리의 정책망과 가치망이 통합돼 있다.

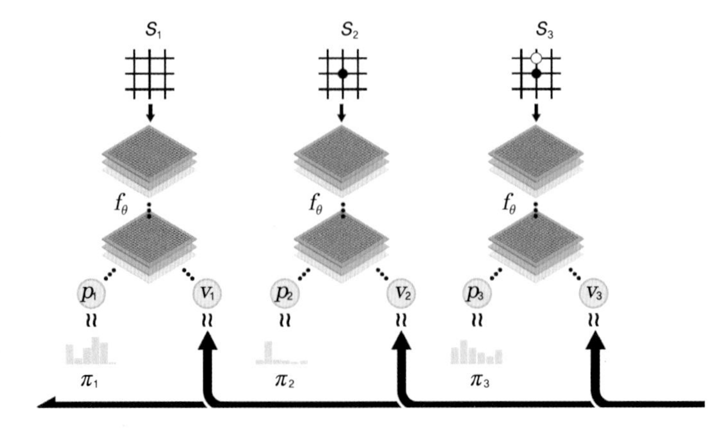

(b) 심층신경망 강화학습
현재 바둑돌의 위치(s)를 여러 층으로 이뤄진 바둑 프로그램에 통과시켜 다음 수의 위치(p)와 이길 확률(v)을 출력한다. 출력된 다음 수의 위치(p)가 셀프 플레이에서 몬테카를로 트리 탐색 알고리즘을 통해 계산한 결과와 유사해지도록 바둑 프로그램을 업데이트한다.

은 16만 건의 기보를 분석하고, 3000만 개 착수점을 추려 인간 고수들의 수를 예측하는 '정책망(Policy Network)'이다. 여기에 알파고끼리 100만 번의 대국을 시켜 개발한 또 다른 신경망을 함께 사용했다. 대국을 통해 현재 바둑판의 상황을 분석하고, 위치별 승률을 계산할 수 있는 '가치망(Value Network)'을 도입한 것.

계산해야 할 경우의 수를 더 줄이기 위해 알파고 리는 두 가지 신경망에 '몬테카를로 트리 탐색(MCTS, Monte Carlo Tree Search)'이라는 알고리즘을 더했다. 몬테카를로 트리 탐색은 가능한 모든 경우의 수를 계산하는 대신 확률적으로 일부만 따져보는 계산법이다. 즉, 알파고 리는 정책망을 통해 인간 고수가 둘 법한 바둑돌의 위치를 추론하고, 가치망을 통해 승률을 계산하는 과정을 향후 20수 정도에 대해 따져보는 방식이었다. 반면 알파고 제로는 정책망과 가치망이라는 두 가지의 망을 하나로 합친 심층신경망을 구현해 계산의 효율성을 높였다. 정리하자면 바둑 프로그램 F(χ)를 f(p(χ), v(χ))라는 하나의 함수로 만들었다. 여기서 f는 몬테카를로 트리 탐색 알고리즘, p는 정책망, v는 가치망, χ는 바둑판 위 바둑돌의 위치다. 함수를 단순화한 알파고 제로는 계산의 속도를 높이고 오류를 줄였다. 알파고 제로와의 엘로 점수 차이를 추가 600점 정도 더 벌렸다.

③ 독학

알파고 리와 알파고 제로의 가장 큰 차이는 '족보의 존재 여부'다. 앞서 언급했지만, 알파고 리는 바둑을 두는 알고리즘을 만들기 위해 콘볼루션 신경망을 통해 인간 바둑 고수의 기보 16만 개를 학습했다. 이 정보는 'KGS GO'라는 온라인 바둑 사이트에서 얻었다. 하지만 이는 완벽한 함수가 아니었다. 방대한 양의 데이터 속엔 아마추어 기사들의 바둑 기보, 실수 등 질 낮은 데이터도 포함돼 있다. 프로 바둑기사의 기보만으로 학습했다면 다를 수도 있지만, 프로기사 간의 대국은 2~3만 건 내외로 딥러닝을 시키기엔 정보가 부족하다. 이를 감안해 추가 도입된 기술이 강화학습이다. 두 개의 알파고 리가 각각 흑돌과 백돌을 두며 게

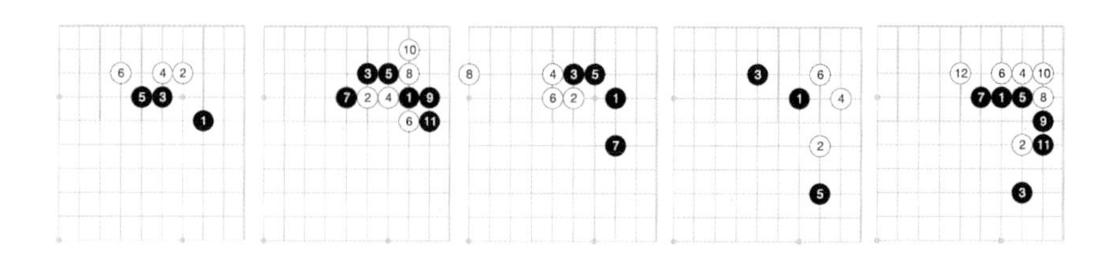

알파고가 스스로 터득한 기보. 알파고는 '독학'을 통해 바둑을 배우는 과정에서 스스로 인간들에게도 알려진 바둑의 정석을 깨닫기도 했다.
ⓒ 네이처

임을 펼치고, 이긴 신경망의 가중치를 올려주는 식으로 조정하는 과정을 거쳤다. 즉, 알파고 리는 바둑을 두는 함수를 가진 신경망(F0)→16만 개 기보를 학습한 신경망(F1)→강화학습을 통해 조정한 신경망(F*)의 순으로 순차적으로 진화했다.

반면 알파고 제로는 기보학습(F1)을 완전히 생략했다. 바둑에 대해 아무것도 모르는 백지장 상태의 신경망(F0)에서 두 개의 알파고 제로가 대국을 반복하고, 조정을 거쳐 최종 신경망(F*)을 만들었다. 이 때문에 알파고 제로의 초반 학습 효율성은 알파고 리보다는 떨어진다. '족보'가 없기 때문이다. 초반 학습 효율성을 포기한 대신 부적절한 값(아마추어, 실수 등)에 의한 왜곡 위험을 없앴다. 학습 중간에 몬테카를로 트리 탐색 방식으로 승률을 미리 보여줄 수 있도록 개선하면 더 빠르고, 정확하고, 안정적인 학습이 가능하다. 게임을 할수록 수의 이동과 게임

쮜이

딥젠고

한-중-일, 바둑 인공지능 삼국지

알파고의 등장 이후 바둑 종주국인 중국은 발등에 불이 떨어졌다. 중국 정부가 적극적으로 바둑 인공지능을 개발하라는 지시를 내렸고, IT기업인 텐센트(QQ)가 '쮜이(絕藝 · FineArt)'를 내놨다. 쮜이라는 이름은 '뛰어난 기예'라는 의미다. 쮜이는 온라인 바둑 사이트 '한큐바둑'에서 프로선수들을 상대로 경기를 펼치고 실력을 쌓았다. 맹훈련 끝에 1년 만에 커제 9단과는 승패를 주고받으며 인간과 어깨를 나란히 할 만한 수준이 됐다. 일본 역시 지지 않고 개발에 나섰다. IT기업 드왕고와 도쿄대 연구진은 공동으로 '딥젠고(DeepZenGo)'를 개발했다. 딥젠고는 본래 바둑 게임을 목표로 개발된 프로그램 '젠(Zen)'에 딥러닝을 도입해 업그레이드한 결과물이다. CPU 2개, GPU 4개만으로 가동돼 알파고에 비해 가성비는 높다. 실력에서는 쮜이가 한 수 위다. 인간과의 대국성적에서도 앞서고, 2017년 3월 일본에서 열린 '전기통신대학(UEC) 배 컴퓨터 바둑대회'에서도 쮜이에게 우승자의 자리를 내어줬다.

이에 비하면 한국의 인공지능 바둑기사들은 실력은 다소 뒤처진다. 돌바람 네트워크가 개발한 인공지능 '돌바람'은 여러 국제대회에 한국을 대표해 출전해왔다. 앞서 말한 UEC 대회에선 9위라는 나쁘지 않은 성적을 냈다. 한편, 카카오는 공개연구를 통한 인공지능 개발로 최강자의 자리를 빼앗아보겠다는 야심찬 계획을 세웠다. 카카오의 인공지능 기술 연구 자회사인 카카오브레인은 한국기원과 공동으로 협업을 위한 플랫폼을 세우기로 했다. 카카오브레인이 플랫폼을 만들면, 한국기원이 그동안 쌓아둔 160만 건의 기보데이터를 제공해 인공지능 학습에 활용토록 할 계획이다. 현재 카카오브레인 연구진이 바둑 인공지능 알고리즘을 개발해, 학습을 시키고 있다.

의 승률을 예측하는 신경망이 정확해지고 능력이 향상된다.

전문가들이 알파고 리보다 알파고 제로의 탄생에 더 찬사를 보낸 것 역시 이 때문이다. 알파고 리가 방대한 양의 데이터를 입력하고 반복 학습시켜 공식을 만들어내는 고성능 컴퓨터라면 알파고 제로는 사람과 닮은 직관을 갖춘 컴퓨터다. 이정원 한국전자통신연구원(ETRI) 선임연구원은 "알파고 제로는 한 수를 둘 때 10만 번씩 시뮬레이션하던 기존 알파고 리의 방식을 버렸다. 독학을 통해 스스로 바둑의 이론을 만들고, 이를 토대로 인간처럼 신중하게 한 가지의 수를 둔다"고 말했다.

인간 도움 필요 없는 초지능 나올까

알파고 제로의 놀라움은 인간 지식의 도움 없이 스스로 더 나은 결과를 창출했다는 데 있다. 일각에서는 알파고 제로의 탄생을 보고 인간 지식 한계에 속하지 않는 '범용 인공지능'이 탄생했다고 말한다. 알파고 제로 개발의 의미는 무엇일까. 알파고 제로 이후, 우리의 삶은 어떻게 달라질까. 인공지능, 스마트시티, 사물인터넷(IoT) 등 4차 산업혁명 시대를 이끌어가는 대표 기술의 핵심은 데이터다. 데이터는 현대 사회에서 금싸라기 같은 대접을 받았다. 인공지능을 만들려는 다수 기업들이 개방된 플랫폼을 만드는 것 역시 더 많은 데이터를 확보하기 위함이다. 인공지능을 학습시킬 빅데이터가 없었다면 초기 알파고가 기보를 통한 바둑 학습에 실패했을지도 모를 일이다. 반면 알고리즘은 데이터를 분석해 일종의 결론을 내리기 위한 도구로 여겨졌다. 초기 IT기업들이 우수한 인공지능 구축 과정에서 느끼는 가장 큰 장애물 역시 데이터의 확보였다. 하지만 알파고 제로가 데이터 없이 문제를 해결하면서 관계가 역전됐다. 인공지능 연구가 데이터 중심에서 알고리즘 중심으로 이동함을 알리는 신호탄이 된 것이다. 알고리즘 중심 사회에서는 데이터를 입력하며 인공지능의 스승을 자처하던 인간의 역할이 무의미해진다. 인공지능이 잘 구성된 알고리즘만으로 데이터가 전혀 없는 영역에서 해결

책을 낼 수 있는 것이다. 인간도 실체를 알지 못하던 영역에서 인간 지식으로 풀 수 없던 난제를 인공지능이 해결할 수 있으리란 기대다.

알파고 제로, 무엇을 할 수 있나

단백질의 구조.
알파고 제로의 알고리즘은 단백질의 3차원 구조를 파악해, 신약 개발 효율성을 높이는 데도 활용할 수 있다.
ⓒ Flickr

알파고 제로는 '바둑의 신'이 된 채 홀연히 바둑계를 은퇴했다. 바둑은 인공지능의 개발 정도를 눈으로 파악할 수 있는 테스트베드가 됐다. 하지만 바둑판은 실생활과는 거리가 먼 공간이다. 알파고 제로의 뛰어난 성능과 학습법을 다른 영역에는 어떻게 활용할 수 있을까. 딥마인드는 공식 블로그를 통해 "알파고 제로와 유사한 기술들은 향후 단백질 구조 파악, 에너지 절감 등 복잡한 실생활의 문제를 해결하는 데 기여할 것"이라고 말했다. 우리 신체의 세포나 효소는 모두 단백질이다. 이 단백질이 손상되면 질환으로 이어진다. 단백질의 구조를 파악해, 손상을 바로잡을 수 있는 분자 구조의 약을 찾는다면 신약 개발에 드는 시간과 비용을 줄일 수 있다. 하지만 단백질의 3차원적 구조에 대해서는 많이 알려지지 않았다. (2017 노벨 화학상 역시 단백질의 3차원적 구조를 밝히기 위한 도구를 개발한 과학자들에게 돌아갔다.) 인간이 가진 데이터가 한정적인 것이다. 전문가들은 알파고 제로가 바둑에서처럼 무(無)의 공간에서 단백질의 3차원적 구조를 밝히는 일이 가능할 것으로 예상하고 있다. 에너지를 효율적으로 관리하는 일에도 제격이다. 딥마인드는 2016년 기존 알파고 버전의 알고리즘으로 자사 데이터센터 냉각장치의 구동 비용을 40% 절감했다. 데이터센터 내 수천 개의 센서에서 나온 온도, 전력량 등의 데이터를 인공신경망에 학습시켰다. 이후 개발된 알고리즘으로 장비의 구동, 날씨 등 120개 변수를 조정해 데이터센터의 에너지를 관리했다. 하지만 알파고 제로가 이 일에 뛰어든다면, 데이터를 입력하지 않아도 알고리즘만으로 스스로 구동할 수 있다. 건물이나 공장의 전력 효율을 획기적으로 높일 수 있게 된다.

환자를 위한 인공 팔다리, 재난현장이나 공사현장에 쓰이는 로봇 팔 등 로보틱스 분야에도 적용할 수 있다. 구글은 2016년 로봇 팔이 문을 여는 법을 데이터 없이 학습하게 하는 실험을 진행했다. 강화 학습을 통해 문고리를 잡고 여는 실험을 했고, 이에 성공하면 보상을 줬다. 수많은 시행착오 끝에 로봇은 결국 스스로 문을 여는 법을 터득했다. 더 나아가 생전 처음 본 손잡이가 달린 문을 여는 데도 성공했다. 로봇이 새로운 환경에 맞춰 스스로 터득하며 알아낸 것이다.

구글의 데이터센터. 구글은 알파고의 알고리즘을 접목시켜, 자사 데이터센터를 구동하기 위한 비용을 40% 감축했다.
ⓒ 구글

구글은 최근 인공지능 알고리즘을 이용해 로봇 팔이 스스로 문고리를 잡아 돌려 문을 열고 닫는 법을 학습하도록 했다.
ⓒ 구글

만능 인공지능 개발까진 아직 멀었다

알파고 제로는 명실상부 '바둑의 신'으로 자리매김했다. 이 때문에 많은 사람들이 경외심을 표현하기도, 두려움을 표하기도 했다. 인간보다 똑똑한 '초지능'을 가진 인공지능이 탄생하지 않을까 하는 우려에서다. 하지만 알파고 제로가 섭렵한 분야는 아직 바둑뿐. 게임처럼 명백한 규칙이 있는 분야와 달리 운이 작용하거나 변수가 많은 현실세계에선 알파고 제로가 예측하기 힘든 일들이 발생한다. 인간의 행동, 심리, 의지 등 인간 삶의 대부분의 영역에서 인공지능이 '신과 같은' 능력을 내긴 불가능하다는 것이 전문가들의 의견이다. 딥마인드 역시 알파고 제로가 사람 손 없이 모든 문제를 해결할 수 있는 '만능 인공지능'이라 보긴 어렵다는 점에 동의했다. 딥마인드의 다음 목표는 컴퓨터게임 '스타크래프트'에 도전하는 것. 무수한 수가 존재하는 상황에서도 상대방의 패가 모두 공개된 바둑과 달리, 스타크래프트는 상대방의 상황을 볼 수 없다. 정찰대를 상대방의 영토로 보내 확인하기 전까지는 상대의 땅이 몇 시 방향에 위치하는지, 저그인지, 테란인지, 프로토스인지 전혀 알 수 없다. 결국 상대방을 이길 수 있는 수를 선택하는 과정에서 '확률'과 '운'이 개입되므로 완벽한 승리를 장담하긴 어려울 것으로 전문가들은 예상

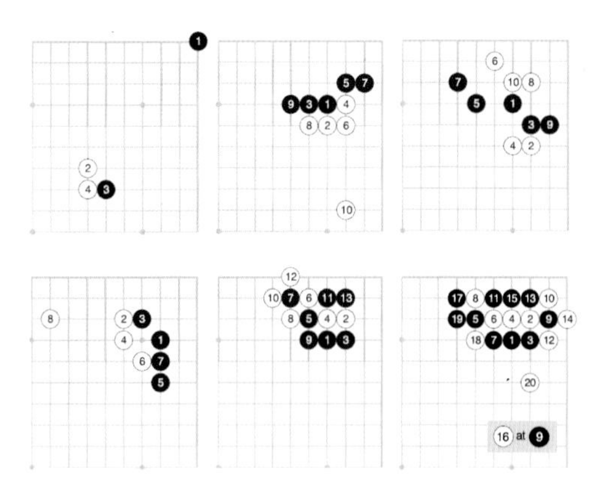

알파고가 자체 개발한 정석. 알파고는 바둑의 정석을 깨닫는 것은 물론, 이제껏 잘 알려지지 않은 자신만의 창의적인 전략도 개발해냈다.
ⓒ 네이처

한다. 최근 구글은 '자동화 머신러닝(AutoML)'에 도전하겠다는 계획을 밝혔다. 자동화 머신러닝은 기존 머신러닝(기계학습)에서 더 나아가 컴퓨터가 직접 새로운 머신러닝 알고리즘을 개발하는 일이다. 즉, 인공지능이 다른 인공지능을 만든다는 것. 자동화 머신러닝이 가능해지면 복잡하고, 많은 시행착오를 겪어야 하는 알고리즘 개발 과정 전체를 인공지능이 대신할 수 있다. 인공지능이 직접 개발한 인공지능이 어떤 창의적인 결과물을 만들어낼지는 예상할 수 없는 일이다. 알파고 제로처럼 인간의 편견, 축적된 지식이 전혀 없는 상태에서 새로이 만든 인공지능을 만든다면 말이다.

인간과 인공지능, 협업의 시대를 기대하며

2017년 5월. 세간의 주목을 받은 바둑 경기가 하나 더 펼쳐졌다. 알파고가 중국의 정상급 프로기사 5명과 '상담기'를 벌인 것이다. 상담기란 한 팀을 이룬 기사들이 서로 상의하며 수를 둘 수 있는 경기다. 결과는 역시 알파고의 승리였다. 하지만 프로기사들은 경기 후 "알파고의 기보를 보며 새로운 전략을 배웠다"고 말했다. 역설적이게도 인간이 기계를 통해 학습하는 일이 벌어졌다. 일각에서는 2년 만에 급격한 발전을 이룬 인공지능들을 보며 인공지능이 인간을 넘어 먹이사슬의 꼭대기로 올라가진 않을까 두려움을 표한다. 하지만 현실은 이런 막연한 두려움보다는 인간과 기계가 함께 문제를 해결하는 '다중성(Multiplicity)'의 시대가 될 가능성이 높다.

타인과의 협력은 혼자서는 생각하지 못했던 새로운 결론을 도출하는 데 유리하다. 인공지능끼리 협력할 수 있도록 만드는 프로그램도 이미 개발됐다. 미국 버클리캘리포니아대(UC버클리) 연구진은 여러 알고리즘의 협력을 통해 한 가지 결과를 내도록 하는 '랜덤 포리스트'를 개발했다. 여러 인공지능이 모였을 때 단일 알고리즘으로 생각지 못했던 창의적인 결과를 얻으리란 기대다. 물론 인간과의 협력도 가능하다. 미국 예일대 네트워크과학연구소(YINS) 연구진은 허술한 인공지능이라도 인간과의 협업에선 생산성을 증가시키는 역할을 한다는 연구결과를 발표했다. 연구진은 간단한 색 맞추기 게임을 진행했다. 가상의 공간에서 각자의 땅에 색을 칠하되, 옆 사람의 땅과 서로 다른 색으로 칠해야 하는 미션이다. 20명의 사람들로 구성된 팀은 232초 걸려 이 미션을 완수했다. 반면 17명의 사람과 3명의 '봇'으로 구성된 팀은 103초 걸려 미션 완수 시간을 절반 이상 단축했다. 사람들이 팀원 중에 인공지능의 존재를 알거나 모르는 것과 관계없이 동일한 효과가 나타났다.

멍청한 인공지능과의 협업 논문 표지. 2017년 5월 학술지 '네이처' 표지 논문으로 실린 연구에서는 다소 허술한 인공지능일지라도 인간과 협업하면 업무의 효율성을 높인다는 연구결과가 나왔다.

흥미로운 점은 이 실험에 사용된 인공지능이 다소 '멍청한(dumb)' 인공지능이었다는 점이다. 이들은 10번 중 1번꼴로 실수를 저질렀지만 그럼에도 더 우수한 결과물을 냈다. (반면 10번 중 3번 이상 오류를 내는 '정말 멍청한' 인공지능과의 협업은 오히려 효율을 낮췄다.) 단순한 인공지능도 인간과의 협업을 통해 생산성을 높이는 데 도움이 된다는 것을 보여준 사례다. 다중성 시대의 개막을 앞둔 현재, 인공지능이 인간을 능가할 것을 두려워하기보다는 어떤 방식으로 협력할 수 있을지에 대한 고민이 필요할 것 같다. 알파고 시리즈의 아버지인 딥마인드 역시 "알파고 제로의 개발은 인공지능이 인간의 천재성을 높이는 데 도움을 줄 것이란 가능성을 확인한 계기가 됐다"고 말했다.

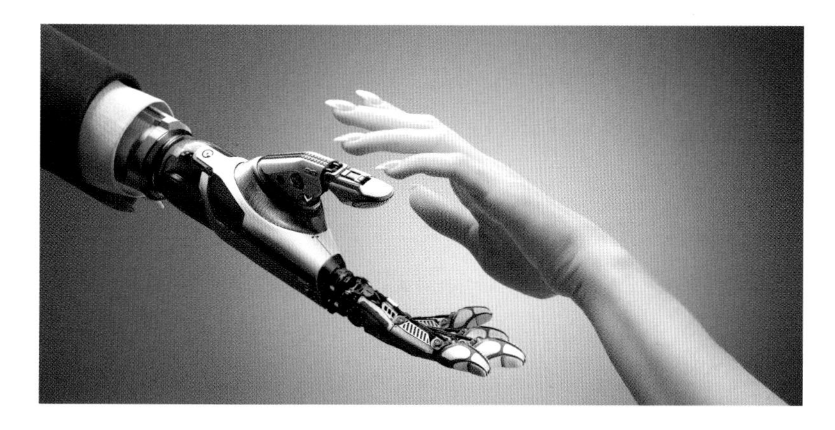

최호섭

월간 《PC사랑》을 시작으로 IT와 관련된 글쓰기를 시작해 블로터앤미디어까지 15년 동안 IT 분야만 다루는 기자로 살아왔다. 현재는 회사에 속하지 않는 프리랜서 IT 전문 칼럼니스트로 활동하며 동아사이언스, 아레나 옴므, 바이라인네트워크 등에 자유롭게 글을 쓰고, 방송과 강연 활동을 하고 있다. 『샤오미』, 『화웨이』, 『손에 잡히는 4차 산업혁명』 등의 책을 썼다.

ISSUE 5 코딩

ISSUE 5

2018 코딩 의무교육 시대, 이제는 선택이 아닌 필수!

2018년부터 소프트웨어 교육이 공교육에 도입된다. 학교 수업 시간에 소프트웨어를 배우게 된다는 이야기다. 2018년 먼저 시행되는 중학교는 1년에 34시간이 교과 과정으로 잡혔고, 2019년부터 시작되는 초등학교에서 17시간을 배우게 된다. 그 교육 과정과 결과에 대해 벌써부터 많은 기대와 우려가 공존하고 있다. 소프트웨어 교육은 세계적인 추세다. 미국은 일찌감치 컴퓨터를 교육 시장에 받아들였다. 아이패드와 크롬북 등의 컴퓨터가 목표로 하는 시장의 한 축이 교육 분야다. 특히 실리콘밸리를 중심으로 소프트웨어 엔지니어의 수요가 급격하게 늘어나고, 성공한 스타트업 CEO들의 인기가 높아지면서 전통적인 과학, 기술, 공학, 수학을 일컫는 STEM(Science, Technology, Engineering, Mathematics)의 중요성이 커지고 있다. 학교에서도 소프트웨어 교육이 시작됐고, 사교육도 활발하게 이뤄지고 있다. 영국의 경우도 소프트웨어 교육에 적극적이다. 특히 영국은 내부적으로 디지털과 관련된 기술에서 뒤처지고 있다는 위기의식이 높다. 동시에 불확실성과 높아지는 실업률에 대한 해결책으로 테크시티와 금융가를 중심으로 한 스타트업이 자리를 잡고 있다. 새로운 인재들을 키워내기 위한 소프트웨어 교육이 국가적으로 고민되고 있다. 교육 현장에 디지털이 쓰이는 에드테크(EdTech) 분야에서도 영국은 가장 적극적인 국가 중 하나다.

우리나라의 소프트웨어 교육 역시 세계적인 흐름을 따른다는 점을 부정할 수는 없다. 하지만 단순한 코딩 능력을 전 국민에게 가르치겠다는 의미는 아니다. 한때 우리나라를 대표하던 'IT 강국'이라는 수식어가 무색해지는 요즘이다. 대표적인 원인이 소프트웨어와 창의력 부족으로, 입시 위주의 경쟁식 교육에서 소프트웨어와 창의력이 끼어들 자리는 늘 부족했다. 소프트웨어 교육의 효과가 세계적으로 논의되면서 공교육이 나서는 것은 지극히 당연한 수순이었다. 정부는 2014년부터 1천여 개 학교를 통해 소프트웨어 교육 시범 사업을 시작했고, 2018년을 목표로 소프트웨어 의무 교육 과정 시행을 앞두고 있다. 하지만 아직도 학교와 학부모, 사교육 시장은 꽤 혼란스럽다. 교육 과정에 대한 목표와 목적, 교육방법 등을 서로 다르게 받아들이고 있기 때문이다. 소프트웨어 교육은 이제까지의 교육과 지향점이 다르고, 교육이 진행되는 과정도 새롭다. 단순히 교과 과정이 하나 늘어난 것이 아니라 다음 세대를 위한 미래 교육의 출발점이 소프트웨어 교육의 역할이다. 지금의 혼란과 논란은 당연하지만 꼭 거쳐 가야 할 과정이기도 하다.

소프트웨어 교육, 무엇을 배우나

소프트웨어 교육의 목표는 무엇일까? 이 문제는 교육과정이 처음 생겨날 때부터 나오던 숙제다. 하지만 그 메시지가 잘 전달되지 않은 것도 사실이다. '프로그램 잘 짜는 기술'이라고 받아들이는 것도 무리는 아니다. 정부가 생각하는 소프트웨어 교육의 목표는 '코딩'으로 통하는 소프트웨어 개발 언어가 아니다. 이 교육 과정은 애초 교육부보다도 과학기술정보통신부(전 미래창조과학부)가 주도했다. 현장에서 창의성과 문제 해결 능력이 요구되는 요즘의 산업계 현실을 반영하고자 한 것이 목적이다. 당연히 소프트웨어 교육 과정의 목표는 창의성과 논리적 사고 능력을 키우는 데에 있다. 우리 교육은 지난 수십 년 동안 주입식 교육, 줄 세우기식 경쟁 교육 등의 콤플렉스를 떠안아 왔다. 교육과 시험의 목적은 학생들에게 가치를 만들어주는 것이 아니라 경쟁을 통해 더 나은 자리를 차지하기 위한 일종의 권력 다툼과 같았다. 떨어뜨리기 위한 시험은 지금도 우리 사회에 뿌리 깊게 박혀 있다.

학교는 입시 학원의 틀에서 벗어나지 못하고 진학률과 취업률로 학교 스스로가 다시 평가되는 악순환이 반복된다. 하지만 이런 입시 중심의 교육 제도가 옳지 않다는 문제 제기는 오랫동안 이어져 왔다. 다만 이를 어떻게 해결할 것인가에 대한 답을 뚜렷이 내지 못했다. 이 때문에 수학능력시험과 본고사, 논술, 면접 등 온갖 형태의 시험들이 등장했고, 이러한 입시 제도는 거의 매년 혼란 속에 뜯어고치기를 반복하고 있다. 과연 어떤 목표를 위해 입시 제도가 변화하고 있을까? 언제나 빠지지 않는 공통적인 교육 과정의 열쇠는 창의력이었다. 소프트웨어 교육은 창의성을 높일 수 있는 한 가지 방법으로 꼽힌다. 물론 소프트웨어가 창의성에 대한 만능 해답은 아니다. 소프트웨어에는 정답이 없기 때문이다. 똑같은 문제를 풀더라도 저마다 생각과 풀이 과정이 다를 수밖에 없다. 같은 답을 내더라도 생각의 갈래를 여러 가지로 뻗어나갈 수 있는 여지가 있다.

21세기형 인재의 필요성

소프트웨어 교육은 우리나라에서만 일어나는 단순한 유행은 아니다. 이미 세계적으로 여러 가지 목적을 둔 교육이 진행되고 있다. 국적을 불문하고 가장 많이 나오는 말은 역시 '21세기형 인재'다. 21세기에는 어떤 일이 벌어지고 있는 걸까.

지금 정규 교육 과정을 받고 있는 학생들은 대체로 2000년 이후, 그러니까 21세기에 태어났다. 흔히 '밀레니얼(Millennials)'로 부르는 세대다. 이 아이들은 인터넷과 PC의 보급이 가속화되고, 휴대전화가 대중화되던 시대에 성장했다. 인터넷과 휴대전화 없는 세상을 겪어 보지 못했다는 이야기다. 세상도 그만큼 달라졌다. 이제 더 이상 머릿속에 외워서 담아두는 지식만이 정보의 가치를 갖지 않는다. 인터넷은 많은 정보를 제공하기 때문에 필요한 내용을 찾아내고 이를 문제 풀이에 적용하는 능력이 요구된다. 암기와 주입식 교육으로 인한 폐해는 오랫동안 우리 교육계의 고질병으로 꼽혀 왔지만 달리 대책도 없었다. 하지만 인터넷은 결국 사고방식의 변화를 요구하기 때문에 교육이 달라져야 할 가장 큰 당위성으로 꼽히고 있다. 이를 위해 소프트웨어 교육 외에도 거꾸로 교실(Flipped Learning) 등 수업 자체에 인터넷과 컴퓨팅 기기들이 적극적으로 활용되고 있다.

마이크로소프트 교육 담당 부사장 안토니 살시토.

소프트웨어 교육도 21세기 인재를 위한 방향으로 흘러가고 있다. 마이크로소프트에서 교육 분야를 맡고 있는 안토니 살시토 부사장은 논리적 사고와 문제 해결 능력, 협업, 커뮤니케이션 등을 21세기형 인재의 기본 조건으로 설명한다. "소프트웨어와 디지털 교육의 목표는 결코 컴퓨터 그 자체에 있지 않습니다. 컴퓨터를 다루는 것은 공교육에서 그렇게 중요하지 않습니다. 교사가 일방적으로 지식을 전달하는 것은 의미가 없고, 학생들이 스스로 고민하고 협력해서 답을 찾아가는 프로젝트 교육이 중요해지고 있습니다."

단순히 머릿속에 더 많은 지식을 세세하게 기억하는 것보다, 기본 원리를 이해하고 논리적 사고를 쌓으면 나머지는 인터넷에서, 또 책에서 찾을 수 있다. 지식의 양은 협력할 때 더 효과가 폭발적으로 커지게 마련이다. 그동안 칸막이 속에 혼자 갇혀서 경쟁이라는 목표 아래에서 삭막하게 공부하던 환경이 바뀌어야 한다는 것이다.

소프트웨어 교육, 무엇을 배우나

먼저 프로그램을 짜는 '코딩'의 역할이 정리될 필요가 있다. 가장 큰 오해는 소프트웨어 교육이 '개발 언어를 익히는 교육'으로 인식된다는 것이다. 벌써부터 사교육 현장에서는 피아노를 '바이엘', '체르니' 등으로 배우던 것처럼, 학생들의 필요나 적성과는 관계없이 스크래치, 파이썬, 자바 등을 '떼는' 교육이 등장하고 있다. 정부나 학교, 그리고 전문가들은 스크래치나 엔트리로도 충분히 성과를 얻을 수 있다고 설명한다. 교육의 목적은 생각과 협업 등에 있기 때문이다.

코딩은 문제를 해결하는 과정을 결과물로 풀어내는 도구다. 코드 한 줄 한 줄이 생각의 단계고, 이 단계들이 모여서 문제를 해결해내는 요소들이 된다. 그 결과물은 수학 연산이 되기도 하고, 게임이나 워드프로세서로 만들어지기도 하는 것이다. 하지만 이것 자체만으로 코딩 전문가가 되는 것은 아니다. 한 줄 한 줄 코드를 통해 문제를 단순화하고, 논리적으로 사고하며 답을 찾는 사고 과정을 배우는 것이 소프트웨어 교육이 바라보는 목표다. 그 결과를 바로 확인할 수 있는 것이 컴퓨터와 스크래치, 파이썬 등의 개발 언어다. 이 때문에 소프트웨어 교육은 꼭 컴퓨터 앞에 앉지 않아도 할 수 있다. 문제 해결의 알고리즘을 짜내고, 이를 그림으로 그리는 순서도는 중요한 사고 과정이다. 또한 블록으로 된 명령어들을 조립하는 언플러그드(Unpluged) 코딩도 교육 현장에서 고민된다. 코딩 역시 중요하지만 많은 언어를 완벽하게 사용하는 과정에 집중하지는 않는다. 교과 과정도 기초적인 명령어들을 조합해서 풀어낼 수 있는 문제들이 주로 주어진다. 물론 코딩에 정답이 한 가지만 있는 것은 아니므로 필요에 따라 고급 함수를 이용하거나 복잡한 알고리즘을 끌어다 쓰는 것도 문제없다. 하지만 모두에게 고급 언어를 가르칠 필요는 없다. 국민대 소프트웨어융합대학 이민석 교수는 학생들에게 동기를 부여하는 것이 중요하다고 말한다.

"개발 언어는 무엇이 필요한지 깨닫게 되면 스스로 찾아서 배우게 된다. 그때 적절하게 배울 수 있는 기회를 주면 교육 효과가 크다. 소프트웨어 개발에 필요한 수학과 과학 등 배경지식도 빠른 시간에 받아들이게 된다. 재미와 동기 부여를 충분히 조성해주는 것이 매우 중요하다."

지향점 1 컴퓨터적 사고

소프트웨어 교육과 컴퓨터적 사고(Computational thinking)의 연결에 대한 이야기가 요새 부쩍 많이 등장한다. 컴퓨터적 사고는 소프트웨어 교육의 가장 큰 목표점 중 하나다. 컴퓨터는 논리적으로 움직이는 기계다. 명령이 주어진 대로 순서에 따라서 컨디션이나 주변 상황의 변화에 영향받지 않고 고른 결과물을 만들어준다. 중요한 것은 과정의 단계다. 학교가 소프트웨어 교육으로 만들어주고자 하는 것은 결국 문제풀이 능력이다. 문제의 정답을 맞히는 게 아니라 주어진 상황에서 효과적인 답을 이끌어내기 위해 단계별로 생각의 흐름을 만들어내는 것이다. 마치 컴퓨터가 변수 하나하나를 명령어에 따라 함수에 집어넣는 것처럼 생각의 흐름을 순서에 맞춰 따라가는 게 컴퓨터적 사고다. 우리는 이미 감각적으로 목적지를 향해 걷고 물건을 집어 들지만, 로봇에게 명령을 내린다고 가정했을 때 걸음을 한 발씩 내딛는 것부터 손을 어느 위치에 내밀어 사물을 잡는지 등 하나하나 거쳐 가야 하는 것과 같다.

이는 곧 복잡한 문제를 단순화하는 것으로 연결된다. 문제를 주먹구구식으로 부딪쳐서 푸는 대신 과정과 절차의 역할을 인지하고, 불필요한 과정을 줄이면서 효과적으로 답에 접근하는 법을 배우는 것이다. 이 때문에 코딩 그 자체의 실력보다도 순서도를 짜고, 알고리즘을 만들어 문제를 푸는 사고력이 요구된다. 그 답을 찾아가는 과정도 자연스럽게 많아질 수밖에 없다. 구구단을 컴퓨터 화면에 보여주는 문제만 해도, 누군가는 2단부터 9단까지 직접 키보드로 입력해서 결과물을 보여줄 수 있지만 누군가는 구구단의 원리인 반복되는 더하기의 결과를 반복 함수를 이용해 뽑아낼 수 있다. 어느 것도 '틀린 것'은 없다. 다만 효율성에 대해 더 많이 고민하고, 원리를 결과로 표현해내는 사고를 도출할 수 있는 것이다.

국민대학교 소프트웨어융합대학 이민석 교수는 "과거 우리가 과학 실험을 교과서로 간접 체험하고 머릿속으로 외우던 것을 실제 행동으로 옮겨볼 수 있는 게 소프트웨어 교육"이라고 정의한다. 이는 곧 프로젝트식의 교육이 중요하다는 설명으로 이어진다.

"소프트웨어 교육은 그 자체로 교과 과정의 전부가 아니다. 과학이나 수학, 음악 등 학교 안에서 배우는 모든 교과 과정에 융합될 수 있는 도구다. 많은 과목에서 소프트웨어를 이용한 프로젝트를 병행하면 소프트웨어 도구로서의 실질적인 의미를 이해할 수 있고, 협업과 커뮤니케이션, 그리고 재미와 성취를 느낄 수도 있다."

지향점 2 협업과 커뮤니케이션

경쟁은 자본주의와 급격한 산업화에서 가장 중요한 요소로, 가정환경이나 학군, 사교육 등 다양한 요소와 맞물리면서 오히려 교육의 차

별을 극대화하고 있다. 결국 교육도 부모의 능력에 따라 대물림된다는 인식이 사회에 깊이 깔린 게 우리의 현실이다.

이 때문에 학교에서 옆자리의 친구와도 경쟁해야 하고, 기업에서도 혼자만의 능력과 성과 쌓기에 급급하게 마련이다. 사실 세상에는 혼자 할 수 있는 일이 별로 없다. 하지만 우리 사회 및 공교육에는 형식적으로 묶인 조별 과제 외에는 협업에 대해 진지하게 가르쳐주는 시스템이 없다. 경쟁은 결국 동료들과 담을 쌓게 하고, 서로에 대한 견제가 자연스러워지면서 기업이나 조직에서도 부정적인 역할을 하게 마련이다. 모든 기업이 안고 있는 커뮤니케이션의 문제 역시 근본은 이 경쟁적인 사회 구조에 있다. 이는 비단 우리나라만의 문제는 아니다. 소프트웨어 교육은 전 세계의 공교육이 고민하는 협업과 커뮤니케이션 교육의 대표적인 도구로 꼽힌다.

소프트웨어 개발은 혼자 풀어낼 수도 있지만 대체로 다양한 능력이 요구된다. 코딩, 디자인, 기획, 사용자 경험, 심지어 그 뒤에 숨어 있는 과학이나 수학, 예술적 사고도 도움이 된다. 프로젝트식의 소프트웨어 교육은 오랜 시간 동안 서로 협업하는 방법을 익히기에 좋다. 협업이 자연스럽게 이뤄지려면 서로 간의 대화도 필요하다. 커뮤니케이션 방법을 책으로 익히는 게 아니라 직접 동료들과 마주하며 자연스럽게 익히는 것이다. 소프트웨어 교육을 통해 얻어지는 가치 중에 '성공이라는 경험'도 있다. 시간이 걸려도 나만의 답을 찾아내는 것에 대한 성취감이 있다. 실패해도 부정적으로 볼 필요가 없다. 다른 사람들이 어떻게 답을 생각했는지 이야기하고, 개발 코드를 읽으면서 자연스럽게 생각을 공감하며, 스스로의 생각과 비교해볼 수도 있다. 성공과 실패의 또 다른 의미를 되짚어볼 수 있는 기회가 되는 것이다.

개발 언어의 중요성 어떻게 볼까

"우리 아이가 스크래치를 뗐는데 다음은 파이썬을 배워야 하나요,

코딩의 역사

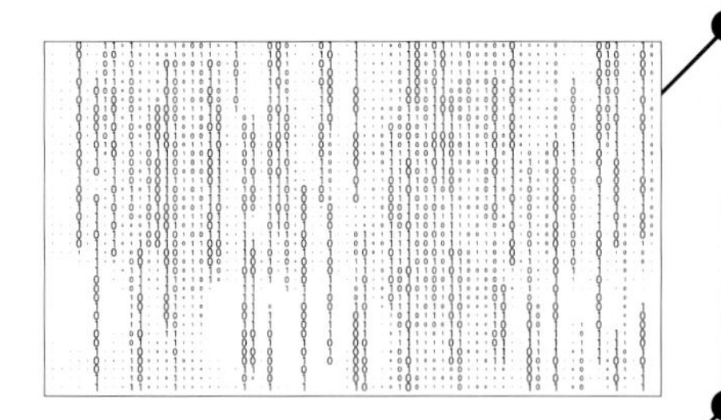

1940~50년대
배선으로 이루어진 프로그래밍 사용
(전선들을 조작해 연결된 곳은 1, 연결 안 된 곳은 0으로
나타나게 하여 이진수에 기초한 비트 연산을 진행)

1950~60년대
비트 패턴 대신 move 등과 같은 기계어를 통해 축약어로
이루어진 언어를 사용

1954년
IBM 704에서 과학적인 계산을 하기 위해 컴퓨터 프로그램 언어
포트란(FORTRAN) 개발

1960~70년대
저레벨의 언어인 어셈블리어(Assembly language, 기계어와
1 대 1로 대응하는 언어로 문자가 아닌 영문, 숫자를 조합한
기호)가 개발됨

1979년
AT&Bell 연구소에서 유닉스 운영체제 개발

어셈블리어 화면

데니스 리치

1970~80년대
1971년 미국의 데니스 리치가 C언어 개발
절차 지향언어인 C언어, 파스칼이 개발되어
데이터 형을 하나의 구조로 통합한 다음
어디서든 손쉽게 참조할 수 있게 됨

1980년
객체지향형 언어인 C^{++} 개발

1991년
네덜란드의 귀도 반 로섬이 파이썬(Python) 개발

1995년 선마이크로시스템즈에서 자바(JAVA) 개발

다양한 컴퓨터 언어

컴퓨터 언어의 시초가 된 천공카드(Punched Card)

종이에 구멍을 뚫어서 컴퓨터와 대화를 나눔. 구멍을 하나라도 잘못 뚫으면 수백 장의 종이가 필요하고, 하나라도 잘못 뚫으면 처음부터 다시 뚫어야 하는 단점이 있음.

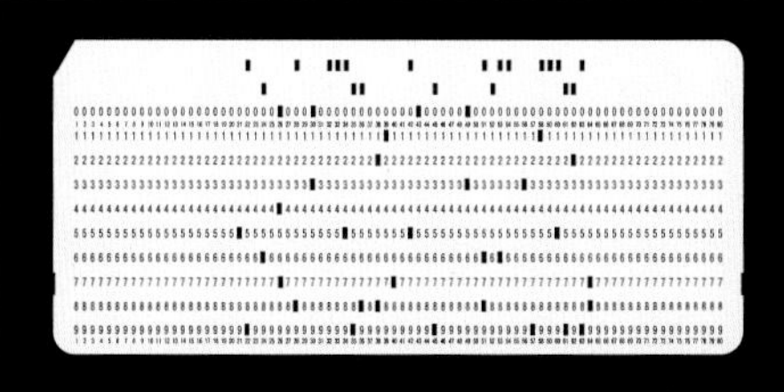

프로그래머의 기본 언어, C 언어(C language)

인간이 사용하는 언어와 많이 유사한 C 언어의 개발 덕분에 프로그래밍이 훨씬 쉽고 편리해짐(윈도우즈, IOS 등도 C 언어를 기반으로 만들어짐)

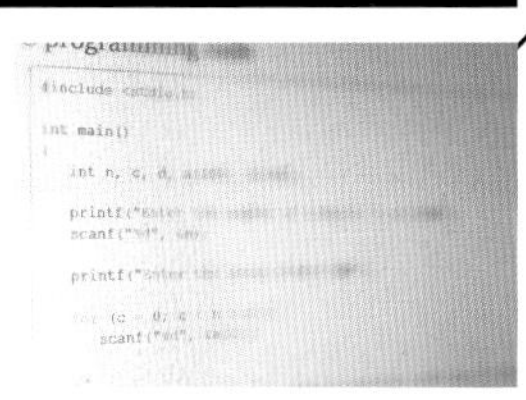

자바(JAVA)

누구나 쉽게 배울 수 있어 대중적으로 널리 사용되는 언어. 운영체제의 종류와 상관없이 대부분의 시스템에서 실행 가능해 스마트폰 게임, 애플리케이션 등을 만들 때 주로 사용됨

파이썬(Python)

1991년 네덜란드의 귀도 반 로섬이 개발한 언어. 문법이 쉬울 뿐만 아니라 사람이 대화하는 구조로 짜여 있어 초보자가 배우기 쉬운 프로그래밍 언어다. 2016년 프로그래밍 인기 순위 1위로 꼽히기도 했다. 세계적인 IT 기업 구글에서 많이 사용하는 언어이기도 하다.

스크래치(Scratch)

MIT(메사추세츠 공과대학) 미디어랩에서 어린이에게 코딩 교육을 제공하기 위해 제작한 프로그래밍 언어. 레고처럼 여러 가지 모양의 블록을 연결해서 손쉽게 게임과 애니메이션을 만들 수 있다.

엔트리(Entry)

우리나라에서 만든 어린이 교육용 언어. 스크래치처럼 마우스로 블록을 드래그하고 클릭하여 간단하게 프로그램을 제작할 수 있다.

엔트리
엔트리는 비영리 소프트웨어 교육 플랫폼입니다.
playentry.org

C나 자바를 배워야 하나요?”

실제로 소프트웨어 교육과 관련된 현장에서 흔히 나오는 질문이다. 소프트웨어 교육을 코딩 기술에 대한 접근으로 인식하기 때문에 생기는 고민이기도 하다. 새로운 교육 환경을 이야기하지만 소프트웨어 교육을 바라보는 시각은 아직도 성적 위주의 가치관을 벗어나지 못하고 있다. 소프트웨어 교육이 코앞에 다가오자 벌써부터 사교육 시장이 들썩이고 입시와 연결 짓는다. 물론 아직 국 · 영 · 수로 대변되는 주요 교과와 비교할 수는 없지만 개발 언어에 익숙해지는 교육이 먼저 움직이고 있다. 사실 소프트웨어 교육과 관련된 현장에서는 특정 개발 언어를 잘 이용하는 것에 큰 비중을 두지 않는다. 쓰기 쉽고 손에 익숙한 언어를 고르는 것이 더 낫다는 말이다. 스크래치는 아주 쉽고 간단해보이지만 스크래치로도 뛰어난 결과물들을 만들 수 있다.

물론 더 고도화된 개발 언어 교육도 필요하다. 하지만 공교육이 그 모든 것을 책임질 필요는 없다. 방과후 학교나 특별활동 등을 통해서 관심 있는 학생들에게 더 높은 수준의 코딩 기술을 교육하는 것이 해결책으로 꼽힌다. 하지만 이 경우에도 기초적인 언어를 통해 컴퓨터적 사고나 알고리즘 등의 소양이 갖춰진 학생들이 더 나은 성과를 얻는 경우가 많다. 공교육의 소프트웨어 교육 목표 역시 이 기본 능력을 키우는 데에 집중하고자 한다.

교사 부족, 평가는 아직 풀리지 않은 숙제

소프트웨어 교육이 안정적으로 자리 잡으려면 무엇보다 교사들의 역할이 중요하다. 하지만 현장에서는 인력 부족이 가장 큰 걱정거리다. 당장의 전문성은 두 번째 문제다. 일단은 교육 과정에 맞춰 교사 인력을 배치하는 것이 가장 시급한 문제로 꼽힌다. 학교에서는 정보 과목을 위한 교사들을 뽑기도 하고, 기존 교사들이 소프트웨어 교육 과정을 따로 익히기도 한다. 하지만 학교 입장에서는 1년에 17~34시간의 교육 시간으로 전문 교사를 따로 뽑는 게 쉽지 않다. 충분한 교육 시간이 확보되지 않기 때문에 정규직 교사보다 파견 형태의 임시직 교사 채용을 검토하는 경우도 많다. 심지어 교사 한 명이 두 학교의 소프트웨어 교육을 동시에 맡는 방안도 검토될 정도다. 더구나 초등학교의 경우 한 교사가 모든 과목을 가르치는 수업 방식이 일반적이다. 하지만 전국의 모든 초등학교 교사가 소프트웨어 교육을 처음부터 배워서 학생들을 가르치는 것은 쉽지 않다. 나이나 성별을 떠나 단기적으로 교과 과정을 익혀서는 밀레니얼 세대를 교육하는 데에 교사로서 부담을 느낄 수밖에 없다. 이미 일부 학생들은 스스로 코딩을 익히고 있는 상황이고, 컴퓨터와 소통하는 데 익숙해져 있기 때문이다. 자칫 교사들이 학생들에게 무시당할 수 있다는 우려도 나오고 있다. 이는 뒤집어서 생각해 보면 소프트웨어 교육이 이전의 교육 과정과 다르다는 것을 잘 보여주는 예다. 실제로 소프트웨어 교육이 이뤄지고 있는 시범학교에서도 교사들보다 더 소프트웨어에 익숙한 학생들이 적지 않다. 학생들이 교사보다 더 잘할 수 있는 가능성이 높은 것이 바로 소프트웨어 교육의 특성이기도 하다.

소프트웨어 교육 시범학교인 안산 선부초등학교의 김슬기 교사는 "교사 입장에서 잘해야 한다는 부담이 있지만 반대로 이 학생들이 교사들의 가장 큰 도우미가 되기도 한다"고 설명한다. "그 자리에서 답하지 못하는 질문도 있지만 문제의 해결 방법이 한 가지만 있지 않다는 것을 아이들이 받아들이도록 안내해주는 것으로 아이들에게 충분한 메시지를 전달할 수 있다"는 것이 현장의 목소리다. 어려운 질문에 대해서 교사를 비롯해 여러 사람이 함께 머리를 맞대고 풀어내는 것이 바로 협업과 커뮤니케이션의 한 과정이라는 이야기다.

서울 마포고등학교 서성원 교사는 "기존 지식을 떠나 소프트웨어

교육에 참여해본 경험이 있는 교사와 그렇지 않은 교사 사이의 차이가 크다"고 말한다. 소프트웨어 교육이 주는 가치와 중요성을 몸으로 느낄 수 있기 때문이다. 당장은 왜 해야 하냐는 목소리가 교사들 사이에서도 나오는데, 이는 교육에 대한 막연함 때문이다. "첫 해의 교육 과정이 그만큼 중요하고 학교의 역할이 큰 가치를 만들어낸다"는 게 서성원 교사의 의견이다. 입시와 평가에 대한 문제도 지적된다. 창의력과 경쟁에서 벗어난 협업을 목표로 하는 과목에 경쟁적인 시험을 붙이는 것에 대한 우려부터 무엇을 평가해 성적에 반영할 것인가에 대한 고민도 있다. 성적을 내는 기준에 따라 교육 방향과 목표는 큰 영향을 받게 마련이다.

교사의 역량에 따라 시험 문제와 평가 기준이 달라질 수도 있다. 당장 필기형 시험에는 교과 과정을 이루는 요소 중에서 '보안'이나 '컴퓨터의 구조', '윤리' 등 빈칸을 채우기 쉬운 부분에 집중될 가능성도 있다. 자칫 교육 과정의 목표 따로, 평가 기준 따로인 상황이 벌어질 수도 있다. 이는 직접 문제를 풀어내는 프로젝트의 중요성이 꾸준히 지적되는 이유이기도 하다. 한 번의 시험으로 평가하는 것이 아니라 학기 단위로 이뤄지는 긴 호흡의 프로젝트를 통해 소프트웨어 교육의 효과를 극대화하고, 평가의 기준도 다각화할 수 있다는 것이다. 물론 이는 아직까지 소프트웨어 교육이 대학 입시에 직접적인 영향을 끼치지 않는 과목이 될 가능성이 높기 때문에 할 수 있는 이야기이기도 하다. 상대적으로 대입과 직접적인 관계가 줄어들면 여느 예체능 과목들처럼 유명무실해질 가능성도 있다. 소프트웨어 교육이 실질적인 성과를 거두려면 수학능력시험이나 논술 평가처럼 입시와 연결고리를 두어야 한다는 목소리도 있다. 전반적으로 소프트웨어 교육이 성과를 거두려면 평가 기준이 명확해져야 한다. 이는 새로운 교육 환경에 대한 평가 기준이 필요하다는 말로 연결되기도 한다.

또 다른 부작용으로 사교육이 꼽힌다. 소프트웨어 교육에 대한 관심이 높아지다 보니 벌써부터 고가의 사교육이 입에 오르내린다. 또한 우리 사회에는 소프트웨어를 제대로 배울 수 있는 환경이 잘 갖춰져 있지 않다. 특히 초·중·고등학교 학생들은 소프트웨어를 체계적으로 배울 수 있는 기회가 부족한데, 동아리 활동을 통해 소프트웨어 개발을 스스로 배우는 경우가 많다. "학교에서 친구들과 코딩에 대해서 이야기 나누고 싶은데 기회가 없다"는 이야기가 학생들 사이에서 흘러나오는 게 현실이다.

이 때문에 사교육에 대한 긍정적인 시각도 있다. 사교육은 단순히 입시 및 시험을 잘 보기 위한 기술의 역할이 아니라 체계적이고 전문적으로 소프트웨어 개발을 배울 수 있는 교육의 장으로 자리 잡을 수 있다는 기대의 목소리도 나온다. 공교육에서 코딩을 비롯한 소프트웨어 개발 능력을 익혀야 한다는 목소리도 많다. 하지만 공교육의 기본 목표는 전 국민을 개발자로 만드는 것이 아니다. 소프트웨어와 관련된 프로세스를 경험하고, 그 안에서 교육적 가치를 얻고자 하는 것이 목표다. 그 안에는 소프트웨어 개발에 대한 기회를 제공하고 장래 직업으로 선택할 수 있는 간접 경험의 역할도 있다. 학교에서 미술을 배운다고 모두가 화가에 버금가는 능력을 익힐 필요가 없는 것처럼 공교육의 소프트웨어 과정 역시 직업 교육이 되어야 할 이유는 없다.

소프트웨어, 21세기 교육 환경의 디딤돌 되어야

소프트웨어 교육은 이제 본격적인 시작을 코앞에 두고 있다. 일부 교사들을 통해 IT가 교실에 도구로서 접근되는 시도들이 늘어나고 있는 상황에서 소프트웨어 교육이 정규 과정으로 들어오는 것은 큰 기회다. 교육 현장에는 "19세기 교실에서 20세기 교사들이 21세기 아이들을 가르치고 있다"는 이야기가 있다. 시대가 달라지고 있고, 그에 맞는 교육 방법들이 다각도로 연구되고 있는 게 요즘의 교실이다. 소프트웨어는 그 기본적인 도구를 경험해보는 기회다. 과거에도 학교에서 정보나 컴퓨터 관련 교육에 대한 다양한 시도가 있었다. 하지만 컴퓨터의 역사를 배운다거나 윈도우와 워드프로세서 사용법을 배우는 등 사용 방법 자체에 집중하는 경우가 많았다. 지금 교실에 앉아 있는 학생들은 컴퓨터와 인터넷, 모바일을 공기처럼 함께하며 커 왔다. 일상이 온라인과 연결되는 시대다. 하지만 정작 이들이 가장 중요한 시간을 보내는 학교에서는 인터넷과 단절하고, 책 안으로 들어오기만을 바라는 게 지금의 교육 환경이다. 현실과 학교 교육 사이의 괴리가 커지는 것도 바로 이 세대를 이해하지 못하기 때문이다. 지금도 학교에서 컴퓨터를 만지는 것에 대해 거부감을 갖는 교사나 학부모들이 많다. 컴퓨터에 빠져 성적이 떨어지거나, 게임 중독을 유발할 수 있다는 우려 때문이다. 모든 지식은 책 안에서만 나오고, 그 많은 지식을 머릿속에 일단 집어넣어야 응용할 수 있다는 게 현재 교육 현장의 가치관이기도 하다. 하지만 동시에 세상은 식상할 정도로 인공지능을 앞세운 4차 산업혁명을 이야기한다. '역설'이라는 단어가 딱 어울리는 상황이다.

4차 산업혁명의 핵심은 인공지능이나 로봇 등으로 비춰지지만 그 본질은 '사람의 역할'에 있다. 변화는 사람이 잘하는 일과 컴퓨터와 기계가 더 잘하는 일을 구분하는 데에서 시작된다. 그 중심에는 데이터가 있고, 이를 다루는 네트워크와 하드웨어, 소프트웨어가 결합되는 것이다. 돌아보면 우리는 교육을 통해 지식을 머릿속에 넣는 데에만 집중해

왔다. 많이 알고 있는 것은 '유식'이라는 말로 포장되지만 정작 그 지식을 머리 밖으로 끄집어내는 것에는 지독할 정도로 깊은 콤플렉스를 갖는 게 우리 사회다. 실리콘밸리의 천재들이나 유대인의 교육 방법을 부러워하지만 여전히 기존의 교육 과정을 벗어나는 데에는 두려움을 갖고 있다. 세상은 이전보다 더 빨리 달라진다. 스마트폰과 모바일 인터넷이 없던 지난 10년 전과 지금은 전혀 다른 세상이 됐다. 지식을 저장하고 찾는 일, 분석하는 일은 그 누구도 컴퓨터를 이길 수 없다. 사람의 역할은 결국 이 컴퓨터를 잘 다루는 데에 있다. 이제는 가족의 전화번호도 외우지 못하는 세상이라고 한탄할 수도 있지만, 이는 곧 사람이 전화번호를 하나하나 외울 필요가 없는 세상이 됐다는 이야기이기도 하다.

컴퓨터를 잘 다룬다는 말은 기계나 개발 언어에 대한 이해도 필요하지만 문제를 어떻게 해결할 것인가에 대해 큰 그림을 그릴 수 있어야 한다는 말로도 풀이할 수 있다. 적절한 정보를 찾고, 다양한 경험을 쌓고, 다른 사람과 협업하면서 논리적으로 상황을 풀어내는 이른바 '21세기 인재'상은 이제 학교가 다음 세대에게 주는 가치이자 책임이기도 하다. 소프트웨어는 그 일부이자 출발점일 뿐이다.

ISSUE 6 지구공학

이충환

서울대 대학원에서 천문학 석사학위를 받고, 고려대 과학기술학 협동과정에서 언론학 박사학위를 받았다. 천문학 잡지 《별과 우주》에서 기자 생활을 시작했고 동아사이언스에서 《과학동아》, 《수학동아》 편집장을 역임했으며, 현재는 과학 콘텐츠 기획 · 제작사 동아에스앤씨의 편집위원으로 있다. 옮긴 책으로 『상대적으로 쉬운 상대성이론』, 『빛의 제국』, 『보이드』, 『버드 브레인』 등이 있고 지은 책으로는 『블랙홀』, 『재미있는 별자리와 우주 이야기』, 『재미있는 화산과 지진 이야기』 등이 있다.

ISSUE 6

지구공학은 기후변화의 열쇠일까 재앙일까?

2017년 여름에도 한반도는 물론 지구촌 곳곳이 폭염에 시달렸다. 2017년 7월 13일에는 경북 경주의 수은주가 39.7℃까지 치솟으면서 한국 7월의 역대 최고기온을 기록했으며, 2017년 7월 8일 미국 로스앤젤레스는 도심 기온이 36.7℃까지 오르며 131년 만에 최고기온 기록을 경신했다.

사실 2016년은 세계 관측 이래 가장 뜨거운 해로 기록됐고, 지구 평균 온도는 산업화 이전에 비해 이미 1℃ 정도 상승한 것으로 밝혀졌다. 파리기후협정에서 2100년까지 지구 평균 온도를 산업화 이전에 비해 2℃ 아래로 낮추되 1.5℃까지 낮추기로 한 목표도 달성하기 힘들어 보인다. 미래에 인류를 위협할 가장 큰 문제가 바로 지구온난화라는 기후변화 문제이다. 최근 과학기술로 기후변화 문제를 해결하려는 지구공학이 주목받고 있다.

지구공학은 과학기술로 대기, 바다 등 지구환경에 개입해 기후변화를 막으려는 움직임이다. 사진은 국제우주정거장에서 내려다본 지구의 모습이다. ⓒ NASA

기후 조작, 어디까지 가능할까

2017년 10월 19일 국내에서 개봉된 할리우드 영화 〈지오스톰(Geostorm)〉에서는 인간이 첨단 과학기술을 활용해 기후변화에 맞선다는 시나리오가 그려진다. 세계 각국은 인공위성 조직망을 구성해 기후를 통제하는 '더치보이 프로그램'을 개발하는데, 이를 이용해 태풍(허리케인), 가뭄, 홍수 등 자연재해를 막는다.

영화의 내용은 현실에서 가능한 것일까. 실제로 가뭄이 심각한 지역에서는 항공기를 동원해 상공에 요오드화은 같은 구름씨(응결핵)를 뿌려 비를 만들기도 한다. 이를 인공강우라고 하는데, 인공강우도 기후 조작의 사례다. 인공강우는 응결핵이나 빙정핵이 부족해 구름입자가 빗방울로 성장하지 못하는 구름에 응결핵을 뿌려 구름입자가 인공적으로 뭉치도록 하는 방법이다. 인공강우 실험은 1946년에 처음 성공했다. 제

인공강우 실험 중인 빈센트 섀퍼. ⓒ Encyclopaedia Britannica

인간이 첨단 과학기술을 활용해 기후변화에 맞서는 내용의 영화 〈지오스톰〉에서 인공위성을 이용해 기후를 조작하는 장면.
© Warner Brothers Pictures Inc.

너럴일렉트릭(GE)사의 빈센트 섀퍼가 항공기를 타고 양떼구름에 드라이아이스를 뿌려 눈을 내리게 하는 데 성공한 것이다. 같은 원리로 인공 비뿐 아니라 인공 눈도 내리게 할 수 있다. 우리나라도 평창동계올림픽을 앞두고 기상 항공기를 이용해 인공 눈을 만들려고 했다.

영화 〈지오스톰〉에는 미사일처럼 작은 로켓으로 먹구름을 없애는 장면이 나온다. 이 역시 일종의 기후 조작으로, 실제 가능하다. 1961년 미국 국립해양대기국(NOAA)은 허리케인을 인위적으로 없애는 스톰퓨리(Stormfury) 프로젝트를 가동했고, 약 20년간 수백만 달러를 들여 실험을 진행했다. 방법은 항공기를 활용해 허리케인의 눈에 요오드화은 같은 미세한 입자를 뿌리는 것인데, 요오드화은 입자는 허리케인의 수분과 결합해 얼음 결정을 형성하고 이로 인해 구름이 만들어지면 허리케인의 위력이 약해진다. NOAA는 1969년 허리케인 '데비'에 나흘간 요오드화은을 살포해 그 위력을 30% 정도 약하게 만드는 데 성공하기도 했다. 문제는 비용에 비해 효과가 확실하지 않은 데다 실험 자체가 위험하다는 점이다. 항공기가 강력한 허리케인의 눈까지 접근해서 미세한 입자를 뿌려야 하는데, 조종사가 목숨을 걸고 접근해야 하니 무척 어려운 실험인 셈이다. 스톰퓨리 프로젝트는 1983년 중단됐다. 이후 허리케인을 없애려는 여러 방법이 제시됐지만, 모두 한계가 있었다.

지구공학? 기후공학!

지구공학 연구를
후원해온 빌 게이츠.

그렇다면 인간이 기후를 조작해서 바꾼다는 것은 실제로 불가능한 것일까. 인류는 각종 과학기술을 동원해 대기, 바다 등 지구 환경에 적극적으로 개입함으로써 지구온난화와 같은 기후변화를 막으려고 연구하고 있다. 이 분야가 바로 지구공학(geoengineering)인데, 기후공학(climate engineering)이라고도 한다. 이와 관련해 1965년 미국 대통령 과학자문위원회가 '지구 환경의 질을 회복하기'라는 제목의 획기적인 보고서를 내놓았다. 이 보고서에서는 화석연료 방출의 악영향을 경고했을 뿐만 아니라 지구의 반사도를 올리는 방법을 포함해 기후변화를 의도적으로 상쇄시킬 수 있는 방법도 함께 제시했다.

이렇게 제안된 지구공학 아이디어는 당시만 해도 큰 관심을 받지 못했다. 그러다가 미국과 영국을 중심으로 지구공학의 가능성을 평가하고자 지구공학을 조사하기에 이르렀다. 미국 의회, 미국 국립과학아카데미, 영국 의회, 영국 왕립협회 등이 이 작업을 주도해 왔다. 2009년 영국 왕립협회에서는 당시까지 나온 지구공학 기술의 효과, 비용, 시간, 안전성을 분석하고 서로 비교하는 보고서를 발표했다. '과학, 정책, 그리고 불확실성'이란 이 보고서의 책임을 맡은 존 셰퍼드 교수는 SF와 과학을 구별하고, 진지하게 고려할 필요가 있을 때 충분한 정보를 제공하기 위해 보고서를 만들었다고 밝혔다. 이는 지구공학의 가능성과 효과를 염두에 두고 진행한 작업이다.

빌 게이츠 마이크로소프트 공동 창업자도 지구공학 연구를 적극적으로 지지해왔다. 그는 지구공학 연구에 사비를 털어 450만 달러(50억 원)를 지원한 적이 있다. 2008년에는 허리케인을 통제하고 예방하는 기술에 대한 특허 신청서를 미국 특허청에 제출할 때 발명가 중 하나로 참여했다. 또한 해수면 온도를 낮춰 허리케인의 에너지 공급원을 막는 기술을 연구해온 한 업체에 투자하기도 했다. 빌 게이츠는 세계 각지에서 열리는 지구공학 콘퍼런스를 수년째 후원해 왔다.

기후변화에 관한 정부간 패널(IPCC)에서도 지구공학을 신중하게 검토하겠다는 입장을 내놓은 바 있다. 2014년 5차 평가보고서가 나오기 3년 전에 라젠드라 파차우리(Rajendra Pachauri) 당시 IPCC 의장은 지구공학과 재생에너지, 해수면의 변화, 극한 기후 등을 중점적으로 다루기로 했다고 밝히기도 했다. 지구공학은 국제 협약이나 국가 정책에 영향을 미치는 IPCC 보고서에서 집중 분석할 만큼 위상이 바뀌었다는 뜻이다. 사실 미국에서 지구공학은 지구온난화를 막기 위해 온실가스 감축이 중요하다는 입장을 보였던 오바마 정부 시절에 홀대를 받았지만, 최근 트럼프 정부에 들어서면서 위치가 달라졌다. 화석연료를 사용하는 산업의 부흥을 주장하며 파리기후협정의 탈퇴를 선언하기도 한 트럼프 정부는 2017년 초 발표한 연례보고서에 지구공학에 의한 '기후 개입'을 추가하기도 했다. 트럼프 정부는 온실가스를 감축하려는 노력보다 지구공학에 의한 기술적 해결을 더 중요시하는 셈이다.

지구공학의 두 가지 유형

지구공학에 포함되는 기술에는 어떤 것이 있을까. 미국 하버드대 데이비드 키스(David Keith) 교수는 지구공학 분야의 최고 권위자로 꼽히는데, 그는 지구공학을 의도적으로 그리고 대규모로 환경을 조작하는 것이라고 정의를 내린다. 여기서 핵심은 의도와 대규모에 있다. 예를 들어 댐 건설은 지구공학에 포함되지 않는다. 댐의 규모가 커지면 국지적으로 기후 양상이 변할 수 있지만, 본래 댐을 건설한 의도가 기후를 조절하려는 것이 아니기 때문이다. 한편 정원을 가꾸는 작업은 의도적으로 자연을 변형하는 일이지만, 기후를 바꿀 만큼 큰 규모가 아니기 때문에 지구공학에 속한다고 보지 않는다.

지구공학이 부상하고 있는 이유는 급속도로 더워지고 있는 지구를 단순하게 이산화탄소와 같은 온실가스의 배출을 줄이는 노력만으로는 온난화 속도를 따라잡을 수 없다고 판단했기 때문이다. 지구공학의

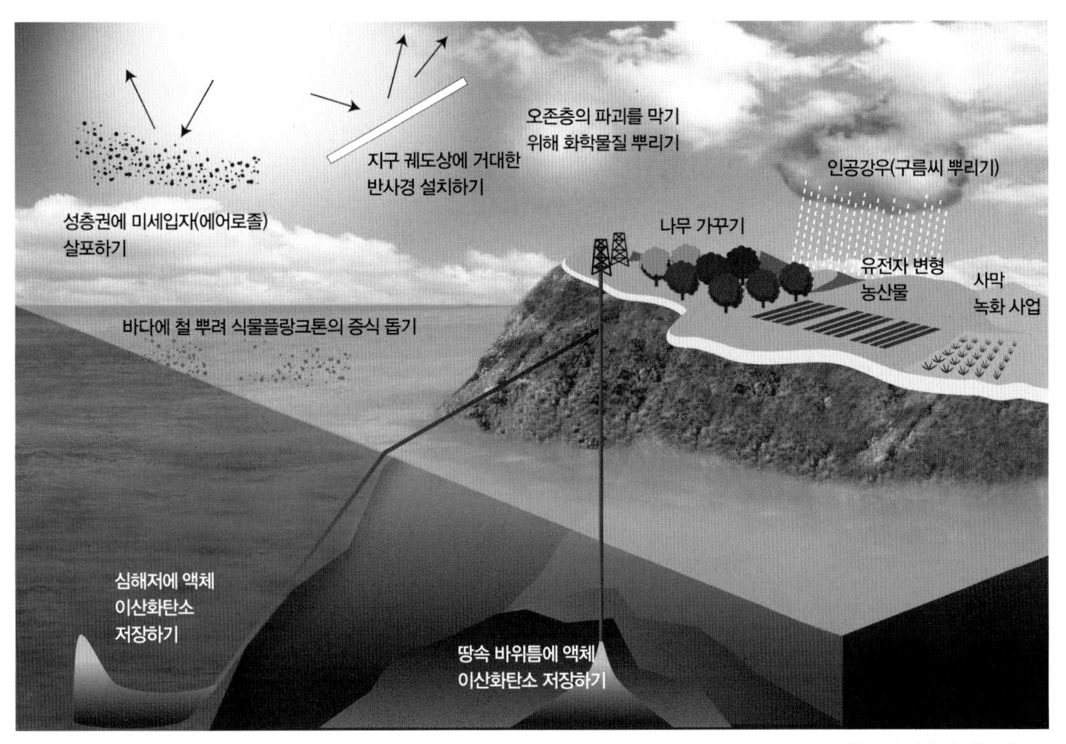

기후를 조절해 지구온난화를 막는 지구공학의 방법은 크게 태양빛을 반사시키는 유형과 이산화탄소를 제거하는 유형으로 나눌 수 있다.
ⓒ University of Notre Dame

목적은 인간의 과학기술을 이용해 지구온난화 속도를 늦추고 더 나아가 지구 기온을 다시 내려가게 만드는 데 있다. 단순히 인간이 편하게 살 수 있도록 환경을 바꾸는 노력과는 차이가 있으며, 경제활동을 위해 자연을 개발하는 일도 지구공학에 포함되지 않는다.

기후를 조절해 지구온난화를 막는 지구공학 방법은 크게 두 가지 유형으로 분류할 수 있다. 즉 대기 중의 이산화탄소를 제거하는 유형과 지구로 들어오는 일사량(solar radiation)을 관리하는 유형이다. 이산화탄소 제거 유형에는 조림사업(나무를 심거나 해서 숲을 조성하는 일), 에어캡처 등의 방법이 있고, 일사량 관리 유형에는 인공구름, 태양열 반사 장치 등의 방법이 있다.

두 가지 유형에는 각각 장단점이 있다. 이산화탄소 제거 유형은 지구 기온을 높이는 근본 원인인 이산화탄소를 없애는 데 의의가 있지만, 효과가 느리게 나타나고 일부 방법은 생태학적 변화를 일으킨다는

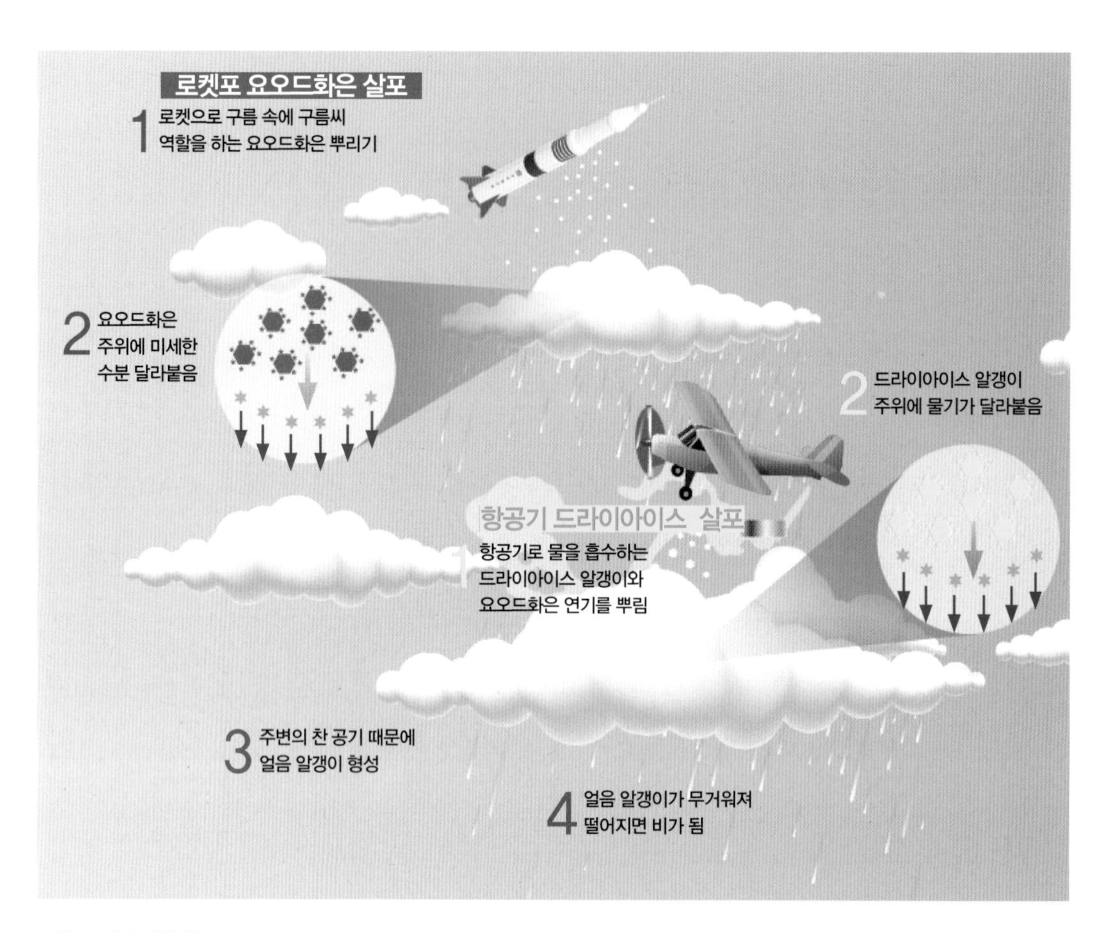
로켓포 요오드화은 살포
1 로켓으로 구름 속에 구름씨 역할을 하는 요오드화은 뿌리기
2 요오드화은 주위에 미세한 수분 달라붙음
항공기 드라이아이스 살포
1 항공기로 물을 흡수하는 드라이아이스 알갱이와 요오드화은 연기를 뿌림
2 드라이아이스 알갱이 주위에 물기가 달라붙음
3 주변의 찬 공기 때문에 얼음 알갱이 형성
4 얼음 알갱이가 무거워져 떨어지면 비가 됨

로켓포로 요오드화은을 살포하거나 항공기로 드라이아이스를 살포하는 과정.

위험이 있다. 이에 반해 일사량 관리 유형은 지구로 들어오는 태양열을 막아 지구의 기온을 낮추려는 방식으로 효과는 빠르게 나타나지만, 일단 실행되면 중간에 멈출 수가 없고 강수량이 줄거나 오존층이 파괴되는 식의 부작용이 일어날 수 있다.

이산화탄소를 없애야

2017년 세계기상기구(WMO)는 지구대기 감시 자료를 분석해 지난해 지구 전체의 이산화탄소 연평균 농도가 역대 최고치를 기록했다고 밝혔다. 즉 대기 중의 이산화탄소 농도가 403.3ppm(피피엠, 100만분의 1)으로 전년보다 3.3ppm 증가했고, 1750년 산업화 이전에 비하면 무려 45% 정도나 높아진 수준이다. 지구온난화를 막기 위해서는 온실가스 중 하나인 이산화탄소의 배출을 줄이거나 배출된 이산화탄소를 없애야 하는 것이다. 기후공학 중에서 이산화탄소를 제거하는 방식이 중요한 이유다. 이산화탄소를 흡수해 온실효과를 줄일 수 있기 때문이다.

가장 손쉽게 할 수 있는 방법은 나무를 심거나 보존하는 것이다. 이와 관련해 숲 가꾸기, 숲 다시 만들기, 숲 복구하기 등이 이산화탄소를 없애는 좋은 방법이다. 해마다 숲은 대기에 있는 양보다 2배 이상의 막대한 이산화탄소를 흡수한다. 만일 땅을 개간해 숲을 파괴한다면 거대한 이산화탄소 저장고가 사라지는 동시에 막대한 양의 이산화탄소가 대기로 쏟아지게 된다. 예를 들어 열대림이 파괴될 경우 1년에 1.5억 톤의 이산화탄소가 방출되는데, 이는 전체 이산화탄소 배출량의 16%에 해당된다. 결국 나무를 심어 숲을 조성하는 것뿐 아니라 숲을 파괴하지 않는 것도 이산화탄소를 묶어 두는 데 도움이 된다.

한편으로 햇빛을 잘 반사시키는 식물을 심어도 지구의 평균기온을 낮출 수 있다. 식물은 잎이 번들거리는 정도, 잎의 배열 방식, 잔털의 정도에 따라 햇빛의 반사 능력이 다르다. 햇빛 반사가 잘되도록 작물의 유전자를 변형시킬 수도 있다. 햇빛을 반사하기에 적합한 식물을 기른다면 유럽, 북미, 아시아 일부 지역의 여름 기온을 1℃가량 낮출 뿐만 아니라 가뭄을 예방하는 데도 큰 도움이 될 것이다. 미국 리버사이드 캘리포니아대 앤디 리지웰(Andy Ridgwell) 교수 연구팀은 이와 같은 내용을 지구기후모델로 알아내 2011년 '커런트 바이올로지(Current Biology)'에 발표했다.

대기 중의 이산화탄소는 암석의 화학적 풍화작용으로도 흡수된다. 이산화탄소가 빗방울에 녹아 암석에 떨어지면 중탄산 이온이 형성되고, 중탄산 이온은 바다에서 칼슘 이온과 반응해 석회암이 생성된다. 물론 이 과정이 진행되는 데는 수천 년의 시간이 걸린다. 지구 형성 초기에 원시 대기에는 이산화탄소가 지금보다 매우 많았는데, 이런 대기가 현재와 같이 된 것은 이산화탄소가 탄산염의 형태로 바닷속에 침전

됐기 때문이다. 매년 암석에 흡수되는 이산화탄소 양은 1억 톤 정도인데, 이는 화석연료에서 내뿜는 이산화탄소 양을 감당하기에 상당히 부족하다. 또한 이산화탄소 1톤을 제거하려면 탄산염이나 규산염 같은 광물이 2톤이나 필요하다는 점도 문제다. 탄산염이나 규산염이 이산화탄소와 1 대 1로 반응하지만, 이런 광물이 이산화탄소 분자보다 2배 이상 무거워서 막대한 양의 광물이 필요하기 때문이다.

대기에서 포집하거나 바다에서 흡수하거나

대기 중 이산화탄소를 포집해 액체 상태로 만든 뒤 땅속이나 심해저에 저장하는 기술도 있다. '이산화탄소 포집 · 저장(Carbon Capture & Storage, CCS)'이라고 불리는 이 기술은 현재 우리나라를 비롯한 여러 국가에서 개발 중에 있다. 전 세계 이산화탄소 배출량 가운데 약 50%가 화력발전 및 석유화학산업에서 발생하는 상황에서 CCS는 이산화탄소를 저감하기 위한 대표 기술로 주목받고 있다. 이 기술을 활용하면 화력발전과 같은 화석연료 전환 과정에서 생기는 이산화탄소의 90% 이상을 포집한 뒤 압축해 대염수층, 비어 있는 유전이나 가스전에 주입해 저장할 수 있다. 포집해 압축된 이산화탄소는 파이프라인이나 선박으로 수송된다. 한편 CCS 기술에 속하는 이산화탄소 포집 기술 중에는 고농도 수산화나트륨 용액과 티탄산염으로 대기 중 이산화탄소를 흡수하는 기술도 있다.

대기에서 이산화탄소를 흡수하는 기술로 에어캡처(air capture)도 주목받고 있다. CCS는 화력발전소 같은 곳에서 생기는 이산화탄소를 포집한 뒤 땅속이나 심해저에 영구히 보존하는 반면, 에어캡처를 이용한 공기 포집 장치는 어디서든 대기 중에 있는 이산화탄소를 포집할 수 있다. 에어캡처는 자동차, 항공기와 같은 운송수단에서 나오는 이산화탄소를 포집할 수 있는 유일한 방법으로 평가받는다. 미국 하버드대 데이비드 키스 교수 연구팀은 공기 중에서 이산화탄소를 직접 포집하는 연구를 진행해 상업화에 근접한 기술을 내놓은 바 있다. 연구팀은 100kWh 미만의 전기를 이용해 공기 중의 이산화탄소를 1톤 제거하는 데 성공했다. 물론 대기 중의 이산화탄소 농도가 0.4%에 불과해 대기 중에서 직접 이산화탄소를 흡수하기란 기술이나 비용 면에서 어려움이 있다.

대형 파이프로 심해수를 끌어올려 해양식물에 영양을 공급함으로써 이산화탄소를 흡수시키자고 주장한 제임스 러브록.

바다에 철을 뿌리거나 대형 펌프를 설치하는 방법으로도 이산화탄소를 흡수할 수 있다. 대기 중의 이산화탄소 양은 약 7500억 톤이지만 바다에 있는 이산화탄소 양은 35조 톤에 이른다. 특히 조류, 식물 플랑크톤 등의 해양식물은 광합성을 통해 이산화탄소를 유기물의 형태로 저장한다. 과학자들은 이런 기능을 더 활성화시키기 위해 해양생물의 성장을 돕는 영양분을 인위적으로 공급하는 방법을 연구하고 있다. 해양식물의 조직을 구성하는 원소 중에서 철은 바다에 많지 않기 때문에, 바다에 철을 충분히 뿌린다면 해양식물이 성장하는 데 큰 도움이 될 것이다. 이뿐 아니라 철 원자 1개마다 탄소 원자 10만 개가 반응해 식물 조직이 형성되므로 해양식물의 성장 과정에서 막대한 양의 탄소를 저장할 수 있다. 2005년 일본 도쿄대 연구팀이 철강 슬러그를 해양 연안에 묻어 두고 해조류의 성장을 관찰하는 실험을 실시했다. 실험 결과 8개월 동안 해조류의 수가 8배 정도 증가했고, 철광석을 묻어 둔 장소는 $1km^2$당 이산화탄소를 매년 5.5kg 흡수했다. 사실 1994년부터 15년간 철 비옥화 실험이 10회 이상 진행됐지만, 그 결과는 들쭉날쭉하다.

'가이아 가설'로 잘 알려져 있는 영국의 과학자 제임스 러브록(James Lovelock)은 영국 과학박물관장 크리스 래플리(Chris Rapley)와 함께 대형 파이프로 심해수를 끌어올려 해양식물에 영양을 공급하자고 주장했다. 심해수는 영양분이 풍부해 바다 표면층으로 옮겨지면 표면에 사는 녹조류는 영양을 공급받아 광합성 작용으로 이산화탄소를 흡수할 수 있다는 제안이다. 두 사람이 고안한 대형 파이프는 지름 10m에 길이가 100~200m인데, 바닷속에 수천 개를 수직으로 띄워 놓으면 너울의 움직임에 따라 작동한다. 즉 파이프 끝에 달린 밸브는 파이프가 하강할 때 열려 심층수가 들어오고, 파이프가 상승할 때는 밸브가 닫히게 돼 심층수가 표면으로 옮겨진다. 2007년 미국의 민간기업 앳모션(Atmocean)은 이와 비슷한 파이프로 너울을 이용해 바닷물을 끌어올리는 시스템(일종의 펌프)을 제작한 뒤 200m 깊이에 있는 심층수를 끌어올리는 실험을 한 바 있다. 이 회사는 1억 3400만 개의 펌프를 설치하면 매년 배출되는 이산화탄소의 3분의 1을 없앨 수 있다고 주장했다. 하지만 인위적으로 심층수를 끌어올리면 예상하지 못한 부작용이 일어날 수도 있다. 예를 들어 심해수는 다량의 탄소를 무기물로 저장하고 있기 때문에 표면으로 올라올 경우 이산화탄소를 공기 중으로 내뿜는 결과를 일으킬지도 모른다.

일사량 관리하라

지구온난화를 막기 위해서는 우주에서 지구로 들어오는 태양빛을 반사시켜 열 공급을 차단하는 방법도 있다. 이것이 지구공학 중에서 태양빛(일사량) 관리 유형이다. 즉 지구가 태양빛을 반사하는 비율, 즉 알

지구 궤도상에 거대한 거울을 설치해 태양빛을 반사시킬 수 있다. 이로써 지구 온도를 낮출 수 있을 것으로 기대된다.
ⓒ YouTube/Seeker

베도(albedo)를 높여 지구 온도를 낮추는 방안이다. 현재 지구의 알베도는 지역에 따라 다르지만, 육지 지역의 알베도는 대부분 0.1~0.4이며, 지구의 평균 알베도는 대략 0.3이다. 과학자들의 계산에 따르면 지구의 알베도를 1.5~2% 정도만 높여도 대기 중 온실가스가 현재의 2배까지 높아지는 데 따른 온난화 효과를 상쇄할 수 있다고 한다.

지구의 알베도를 높이는 방안에는 사막에 반사판을 설치하는 방법이 있다. 미국 컨설팅 회사 '인바이런멘탈 레퍼런스 머티리얼즈(Environmental Reference Materials Inc.)'의 알비아 개스킬(Alvia Gaskill) 사장이 2004년에 작성한 '전 지구 알베도 향상 프로젝트(Global Albedo Enhancement Project)'에서 폴리에틸렌 알루미늄으로 만든 반사판을 사막에 설치해 사막의 알베도를 기존의 0.36에서 0.8로 높이면 전 지구적으로 냉각효과가 $1m^2$당 −2.75W로 나타날 것이라고 밝혔다. 사막은 지구 표면에서 2% 정도의 면적을 차지한다. 효과는 매우 빠르게 나타나겠지만 제작, 설치, 유지에 비용이 많이 든다. 반사판을 설치하는 비용만 연간 $1m^2$당 대략 0.3달러가 들 것으로 추정된다. 또 다른 문제는 사막에 온통 반사판을 설치하면 사막을 다른 용도로 쓸 수 없고 사막 생태계도 변할 것이란 점이다.

도시나 지역의 반사율을 높이려는 시도도 있다. 미국 로렌스버클리연구소 하셈 아크바리(Hashem Akbari) 박사 연구팀은 도시에서 건물 지붕과 도로의 반사율을 높이면 도시의 알베도가 0.1 오른다고 2009년 '클라이매틱 체인지(Climatic Change)'에 발표했다. 특히 이 방법은 한여름에 효과가 좋아 냉방비를 절감할 수 있었다고 한다. 또한 스페인 남동부 지역에서 지붕의 알베도가 높은 온실들을 설치한 뒤 1983년~2006년에 해당 지역의 기온을 관측한 결과, 10년에 0.3℃가 낮아진 것으로 나타났다. 그런데 만일 흰색 페인트를 사서 지붕을 칠해야 한다면, 칠하는 과정을 10년에 1회꼴로 반복할 때 미국의 경우 연간 $1m^2$당 대략 0.3달러가 들어간다. 전 지구적 차원에서 색을 바꾸는 데는 수십 년이 걸리겠지만, 일단 실행하면 효과가 빠르게 나타난다. 환경에 미치는 부작용도 가장 적지만, 효과가 국지적이고 균일하지 않게 나타난다.

빛나는 바다 vs 우주 대형 거울

일부 지구공학자들은 해양에 분무기를 설치한 뒤 바닷물을 하늘 위로 뿌려서 구름을 만들자고 주장했다. 구름은 물방울을 많이 포함할수록 색이 하얗고 햇빛을 반사시키는 데 효율적이기 때문이다. 영국 에든버러대 스티븐 솔터(Stephen Salter) 교수와 영국 맨체스터대 존 래덤(John Latham) 교수는 원통형 실린더를 회전시켜 추력을 얻는 선박을 고안했는데, 이때 얻은 전기로 모터를 돌려 바닷물을 끌어올린다는 아이디어다. 풍력으로 움직이는 이 배는 1초마다 물을 5만L씩 분무할 수 있다고 한다. 바닷물에 포함된 소금 입자는 물과 잘 결합하는 성질이 있어 대기 중에 뿌려지면 수증기와 엉켜 구름 입자로 성장할 수 있다. 과학자들은 바닷물의 소금 입자로 구름을 만들면 목표치에 맞게 냉각 효과를 거둘 수 있다고 설명했다. 예를 들어 전 세계의 구름에 물방울을 2배가량 증가시킬 수 있다면, 이를 통해 지구 온도를 2~3℃ 정도 낮출 수 있다. 대기로 올라간 소금 입자는 비로 내리거나 대기 중에 흩어질 것이므로 별다른 환경 문제를 발생시키지 않을 것으로 예측된다.

바다를 빛나게 하는 방법도 제안된 바 있다. 미국 하버드대 러셀 세이츠(Russel Seitz) 교수 연구팀은 수많은 미세기포(microbubble)로 해양 표면을 빛나게 해 햇빛을 반사시킬 수 있다는 연구결과를 2010년 '클라이매틱 체인지(Climatic Change)'에 발표했다. 배를 이용하거나 물속에 압축공기를 넣는 펌프를 이용해 막대한 양의 기포를 만들어 바닷물 표면에 주입하면 햇빛을 막는 거울 역할을 한다는 것이다. 이 기포는 지름이 2μm(마이크로미터, 1μm=100만분의 1m) 정도로 자연히 발생하는 기포보다 훨씬 작다. 연구팀의 컴퓨터 시뮬레이션 결과에 따르면, 미세기포를 이용해 바닷물의 알베도를 2배 높였더니 지구 온도가 3℃ 이상 떨어졌다고 한다. 그렇지만 문제는 넓은 면적에 기포를 만들어 넣을 수 없다는 것이다. 연구팀은 기술적으로 최대 $1km^2$ 면적까지 기포를 주입할 수 있다고 예상했다. 기포는 오랫동안 유지될 수 없어 물에서 반사작용을 하기도 전에 떠올라 터질지 모른다.

구름의 반사도를 높이는 방법도 있다. 1977년 아일랜드 출신의 기상학자 션 투미(Sean Twomey)가 구름 응결핵으로 작용하는 입자의 수를 늘릴 경우 구름은 알베도가 높아지고 생존시간도 길어진다는 것을 발견했다. 구름 입자는 크기가 작을수록 햇빛을 더 잘 반사시키고 표면적이 크며 하늘에 떠 있는 시간이 길다. 구름을 만들기 위해서는 적절한 크기의 입자를 정확한 양만큼 뿌릴 수 있는 기술이 필요하다. 현재 쓰이는 구름 입자 생성장치는 실험실 수준에 불과하지만, 지구공학에 적용하려면 규모를 더 키워야 한다. 2008년 영국 맨체스터대 존 래덤 교수 연구팀은 구름의 양이 현재보다 2배 많아지면 이산화탄소 농도가 2배가 되더라도 감당할 수 있을 것이라고 영국왕립협회에서 발간하는 '필로소피컬 트랜색션스(Philosophical Transactions)'에 발표했다. 특히 해안에 떠 있는 낮은 고도의 층운은 입자의 밀도가 높고 반사율도 높아 효과적으로 햇빛을 막는다. 다소 황당해 보이지만, 우주공간에 반사장치를 설치해 지구로 들어오는 햇빛을 아예 차단할 수도 있다. 1989년 미국 로렌스 리버모어 국립연구소의 제임스 얼리(James Early) 박사는 라그랑주 점 L1에 '우주 가리개(space shade)'를 두어 햇빛을 막자고 주장했다. 라그랑주 점 L1은 지구와 태양의 중력이 균형을 이루는 위치로 지구에서 150만km 떨어져 있으며, 여기에 놓인 물체는 움직이지 않고 정지된 상태에 있을 수 있다. 이 우주 가리개는 두께가 약 10μm에 불과하지만, 지름이 2000km, 무게가 약 1억 톤에 이르는 거대한 거울이다. 얼리 박사는 달에 있는 암석(월석)을 원료로 삼아 달 표면에 건설된 공장에서 부품들을 만들고 로켓에 실어 L1로 발사하는 방식을 제안했다. 1997년에는 같은 연구소의 에드워드 텔러(Edward Teller) 박사가 마이크로미터 두께의 알루미늄으로 촘촘하게 엮은 차단막(대형 거울)을 우주에 띄우자고 주장했다. 이에 미국 국립과학아카데미 소속의 과학자들은 면적이 100m^{2}인 거울을 5만 5000개 띄우면 된다고 제안했다. 그리고 지구 궤도상에 토성처럼 먼지로 된 고리를 설치해 햇빛을 막을 수도 있다. 만일 적도 위의 고도 2000~4500km에 먼지 고리를 배치한다면, 태양 에너지 2%를 감소시키기 위해서는 먼지 입자가 20억 톤이나 필요하다. 이 먼지 입자는 지구에서 우주로 쏘아 올릴 수도 있지만, 달이나 혜성에서 가져올 수도 있다. 우주에 설치하는 햇빛 반사장치는 설치한 뒤 불과 몇 년 내에 기온이 감소하는 효과를 얻을 수 있지만, 계획대로 완성하는 데는 수십 년이 걸린다는 게 문제다.

2018년 지구환경에서 실험에 돌입

지구공학의 여러 방법 중에서 일부는 좀 더 적극적으로 추진되고 있다. 이산화탄소 포집 · 저장(CCS) 기술은 미국, 유럽, 한국 등에서 활발히 연구 · 개발되고 있으며, 바다 표면의 미세기포는 컴퓨터 시뮬레이

2018년 미국에서는 성층권에 미세입자를 뿌려 태양빛을 반사시키는 실험을 할 예정이다. 사진은 실험에 쓰일 대형 풍선이다. © NASA

션을 통해 그 효과를 따져보고 있다. 2016년 3월 '지구물리학 연구저널: 대기'에는 계면활성제로 선박 항해 시 생기는 기포의 지속 시간을 10분에서 10일로 늘리고 밝기도 10배 높인다면 50여 년쯤 뒤에 지구 평균 온도를 0.5℃까지 내릴 수 있다는 컴퓨터 시뮬레이션 결과가 실렸다.

미국 하버드대 연구진은 고고도 풍선 전문기업인 '월드 뷰 엔터프라이즈(World View Enterprise)'와 함께 2018년부터 성층권에 미세입자를 살포해 태양빛을 반사하는 검증실험에 돌입할 계획이다. 이들은 2000만 달러를 투자받아 2020년까지 미국 애리조나 주 투손에서 20km 상공의 성층권에 대형 풍선을 띄운 뒤 탄산칼슘 미세입자를 0.1~1kg 살포해 미세입자가 지구로 유입되는 태양빛을 얼마나 감소시키는지를 조사한다. 이렇게 지구공학을 실제 지구 환경에서 실험하는 것은 이번이 처음이라고 한다.

이 아이디어는 1991년 필리핀의 피나투보 화산이 폭발했을 때 지구 전체에 냉각 효과가 나타난 데서 착안했다. 당시 피나투보 화산에서 수천만 톤의 이산화황이 방출돼 성층권에 황산염 입자층을 형성했고, 이로 인해 지구에 도달하는 일사량이 30%나 감소해 3년 동안 지구 온도가 0.5℃가량 떨어졌다. 그래서 고도 20~30km의 성층권에 황산염, 탄산칼슘 등의 미세입자를 살포하는 것이 햇빛을 차단해 지구온난화를 막는 방법으로 주목받고 있다.

뿌리는 입자의 크기는 마이크로미터의 수십분의 1 정도가 적당하다. 이보다 더 크면 오히려 우주로 빠져나가려는 열을 가두기 때문에 지구를 덥힐 수 있다. 이런 의미에서 황산 입자는 알갱이가 작은 데다 색이 하얘서 반사도가 높기 때문에 매우 효과적인 재료라고 한다. 전문가들은 이를 지구공학에 활용하려면 매년 100만~500만 톤의 황을 뿌려야 할 것이라고 예측했다. 하지만 황산 입자의 효과는 몇 년간만 지속되므로 입자를 수십 년 또는 수백 년 동안 계속 살포해야 할 수도 있다.

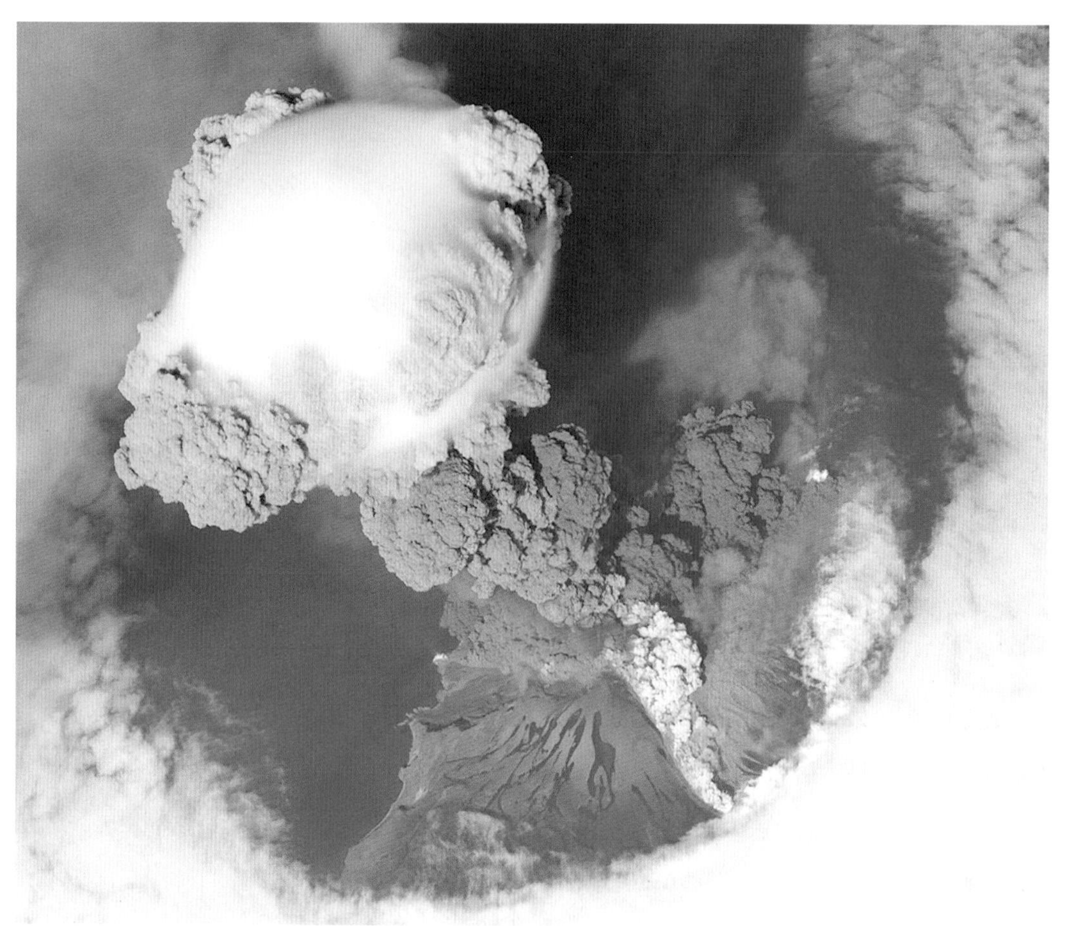

1991년 피나투보 화산이 폭발했을 때 화산재에 포함된 이산화황이 엄청나게 퍼져 지구를 냉각시켰다. 사진은 화산 폭발에서 나온 화산재가 대기 중으로 흩어지는 모습이다.
ⓒ NASA

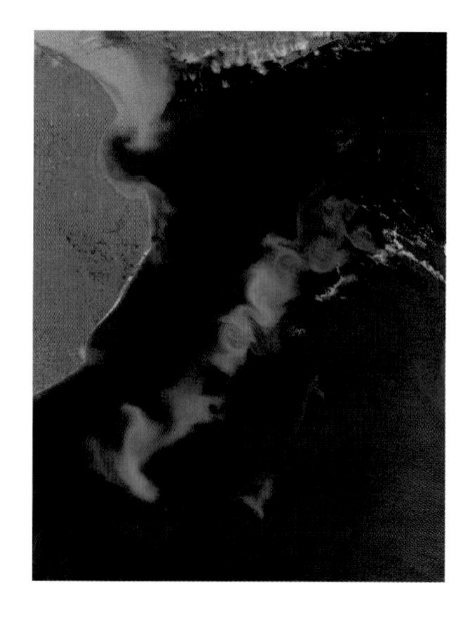

바다에 철을 뿌리면, 광합성을 통해 이산화탄소를 흡수하는 식물플랑크톤의 증식을 도울 수 있다. 사진은 아르헨티나 해안에서 떨어져 있는 남대서양에서 식물플랑크톤이 증식한 모습이다.
ⓒ NASA

지구공학이 가져올 부작용

일부에서는 지구공학에 문제가 있다고 지적하는 우려의 목소리가 있다. 지구공학이 가져올 수 있는 여러 부작용 때문이다. 지구공학 방법으로 인해 지구 온도만 하강하는 것이 아니라 동식물을 포함한 생태 환경이 예측할 수 없는 방식으로 바뀔 것이라는 경고도 나온다. 예를 들어 인위적으로 햇빛의 양을 감소시킬 경우 지구의 물 순환 체계가 교란돼 강우량이 줄고 식물의 생장이 느려질 수 있다. 실제로 피나투보 화산이 분출한 이듬해 남아시아와 남아프리카의 강우량이 10~20% 줄었고, 유엔환경계획에 따르면 이 대가뭄으로 인해 1억 2000만 명이 영향을 받았다. 또한 바다에 철을 뿌려 식물플랑크톤의 생장을 돕는 '해양 비옥화' 방법은 부영양화를 가져올 수 있으며 독성을 만들어낼 수도 있다. 이 때문에 영국, 독일, 인도 등의 과학자 50명이 참여해 약 6톤의 황산철을 남극해에 뿌렸던 '로하펙스(LOHAFEX, 로하(loha)는 힌두어로 철이란 뜻) 실험'에는 환경단체들의 비난이 빗발쳤다. 유엔의 생물다양성 조약에 참여한 191개 단체가 2009년 모든 해양 비옥화 실험을 금지하기로 합의했지만, 로하펙스가 이런 합의를 무시하고 실험을 강행했기 때문이다. 햇빛을 차단하는 지구공학 방법은 지구온난화를 일으킨 근본 원인을 내버려 두고 온도를 내리는 데만 몰두하고 있다는 비난이 쏟아진다. 해양의 산성화가 심각해질 수 있기 때문이다. 대기 중의 이산화탄소가 많아지면 바다에 녹는 양이 늘어, 갈수록 바닷물의 산성도(pH)가 낮아진다는 얘기다. 심하면 바닷물의 산성도가 현재보다 0.3~0.4나 떨어질 수 있다. 과학자들은 해양 산성화에 의한 영향으로 일부 해양 생물의 발육, 대사, 행태가 달라질 수 있다고 경고했다. 예를 들어 영화 〈니모를 찾아서〉에 나와 유명해진 흰동가리는 바닷물이 산성화되면 포식자나 은신처를 알려주는 화학물질을 감지할 수 없어 모두 잡아먹힐지도 모른다. 또한 바닷물이 산성화되면 탄산이온이 감소해 조개나 갑각류 같은 석회화 생물은 껍질과 골격을 형성하지 못할 것이다.

영화 〈설국열차〉의 파국 염려하기도

미국 럿거스대 환경과학부 앨런 로복(Alan Robock) 교수는 2008년 '핵과학자 회보(Bulletin of the Atomic Scientists)'에 '지구공학이 좋지 않은 생각(bad idea)일 수도 있는 20가지 이유'를 발표하기도 했다. 지구공학으로 인해 강우 패턴 변화, 해양 산성화, 오존 부족, 생물 성장에 대한 영향, 산성비, 권운 효과(지구로 들어오는 햇빛을 차단하기도 하지만 나가는 열을 붙잡아두기도 함), 하늘의 백색화(whitening, 파란 하늘이 사라짐) 등이 발생한다는 내용이다. 또한 일사량이 줄어 태양발전소의 발전량이 떨어질 수 있다. 환경에 미치는 영향, 인간의 실수, 비용, 상업적 목적, 군사적 목적 등에 대한 우려 역시 무시할 수 없다.

영화 〈설국열차〉의 한 장면. 이 영화에서는 지구온난화를 막으려고 특수 냉각제를 뿌렸다가 기상이변으로 인해 지구가 온통 얼어붙었다. ⓒ Snowpiercer2013

로복 교수에 따르면, 지구공학은 군사적 용도로 환경이나 기상을 변화시킬 수 없다는 '환경의 군사이용금지조약(ENMOD)'에 위배된다. 아울러 모든 나라가 지구공학 결과에 만족할 수도 없을 것이다. 인도는 시원한 기후를 원하고 러시아는 따뜻한 기후를 원할 수도 있기 때문이다. 만일 기온이 너무 냉각된다면 성층권의 황산염을 제거해야 하는데, 이를 돌이킬 수 있는 방법이 없으며, 어떤 문제로 인해 지구공학 프로젝트를 중간에 멈춰야 한다면, 갑작스런 변화로 기온은 이전보다 더 빠르게 상승할 수도 있다. 대부분의 사람들은 지구공학으로 산업활동을 유지하면서 지구온난화를 완화할 수 있다면, 쉬운 길로만 가려고 할 것이다. 지구공학으로 기온을 낮추면서 계속 온실가스를 배출하는 것은 도덕적으로 정당하지 못하다는 비판도 나온다. 복잡한 기후 상호작용을

'지구공학이 좋지 않은 생각일 수도 있는 이유 20가지'를 발표한 미국 럿거스대 환경과학부 앨런 로복 교수.

예측하기 어렵기 때문에 지구공학으로 어떤 결과가 초래될지도 알 수 없다.

영화 〈설국열차〉에서처럼 지구공학을 무리하게 적용하려다가 지구가 엄청난 재앙을 당할지도 모른다. 영화에서는 지구온난화를 막기 위해 'CW-7'이란 냉각제를 대기에 살포했는데, 지구는 이로 인한 기상 이변 탓에 인간이 살 수 없을 만큼 꽁꽁 얼어붙는다.

지구공학이 주목받는 이유

지구공학을 적용하려고 한다면 각각의 방법마다 효과, 비용, 부작용을 제대로 이해해야 할 필요가 있다. 지구공학 방법은 제각기 한계와 문제점을 안고 있다. 영국 왕립협회 보고서에서는 가장 유망한 지구공학 방법으로 햇빛 반사 유형 중에서 성층권 황산 입자 살포를, 이산화탄소 제거 유형 중에서 에어 캡처와 풍화 작용을 선정했다. 성층권 황산 입자는 냉각 효과가 빠르게 나타난다는 점에서, 에어 캡처와 풍화 작용은 다른 자연 시스템에 영향을 주지 않고 땅의 이용 변화가 크지 않다는 점에서 좋은 평가를 받았다. 그렇지만 성층권 황산 입자 살포의 경우 잠재적으로 부작용 위험이 크므로 실행하기 전에 세부사항을 연구해 꼼꼼히 따져 봐야 한다고 지적했다.

지구공학이 주목받는 이유는 기존의 방법으로는 도저히 기후를 이전 상태로 되돌릴 수 없는 상황에 처하게 됐을 때 지구공학이 만일의 상황에 대비하는 방안이 될 수 있기 때문이다. 지구공학 덕분에 우리가 선택할 대안은 많아졌다. 그럼에도 지구공학 방법의 선택에서 결과까지의 모든 과정은 함께 머리를 맞대고 진행해야 하며 신중히 접근해야 한다. 물론 아무리 과학자들이 신중하게 접근한다고 해도 정치인들이 지구공학을 악용하려고 든다면, 과학자들이 과학적인 근거로 반박해야 한다. 이를 위해 지구공학 연구가 필요한 것이다. 잊지 말아야 할 것은 인류가 화석 연료를 사용하면서 방출한 이산화탄소를 비롯한 온실가스 때문에 지구온난화가 가속화되고 있다는 사실이다. 이 사실을 외면한 채 온실가스의 배출을 줄이지 않고 지구공학 방법만 고집하는 것은 미봉책으로 전락해 좋지 않은 결과로 이어질 수도 있다. 온실가스의 배출량을 감축하는 동시에 지구공학 방법도 차분히 검토할 필요가 있다.

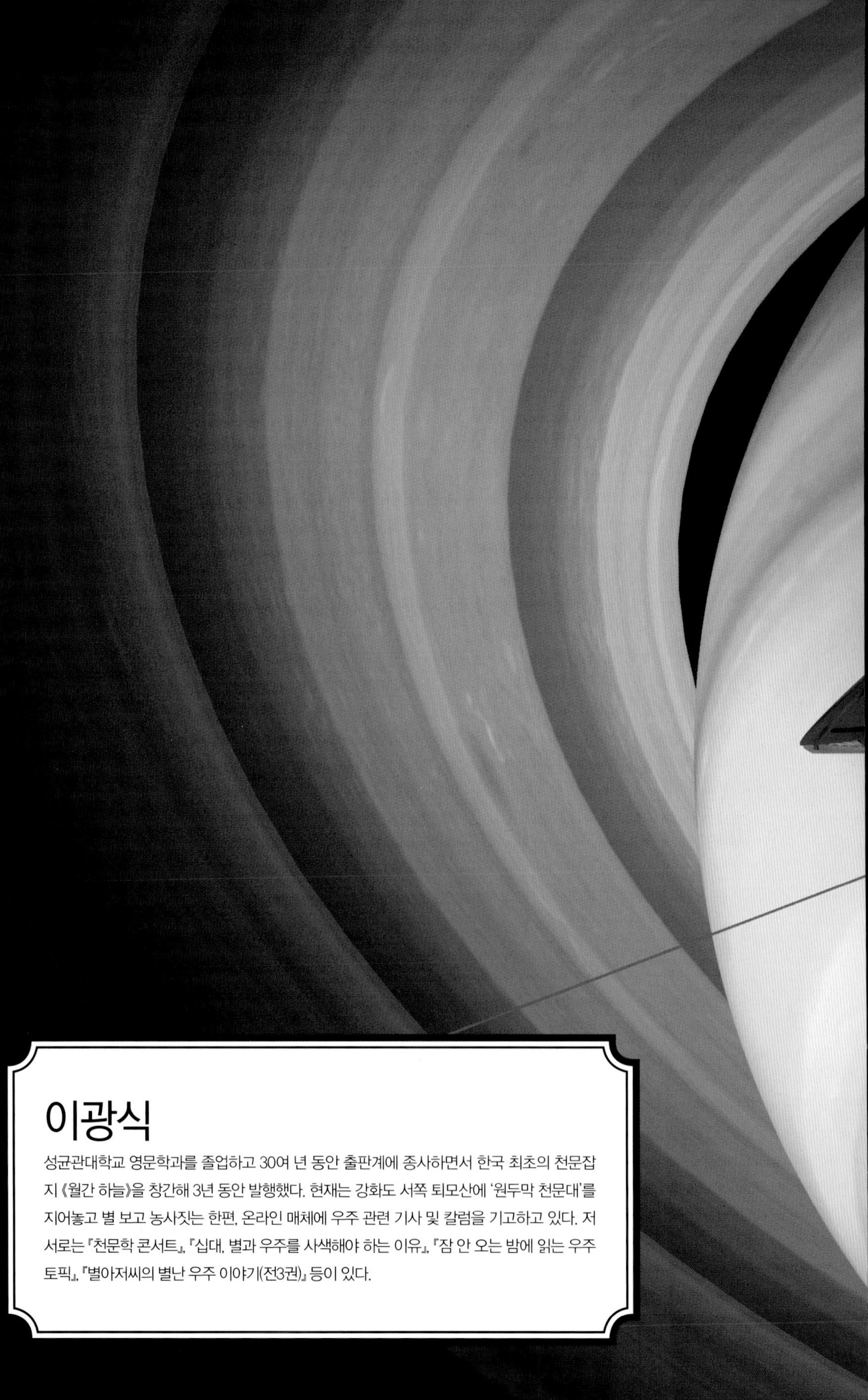

이광식

성균관대학교 영문학과를 졸업하고 30여 년 동안 출판계에 종사하면서 한국 최초의 천문잡지 《월간 하늘》을 창간해 3년 동안 발행했다. 현재는 강화도 서쪽 퇴모산에 '원두막 천문대'를 지어놓고 별 보고 농사짓는 한편, 온라인 매체에 우주 관련 기사 및 칼럼을 기고하고 있다. 저서로는 『천문학 콘서트』, 『십대, 별과 우주를 사색해야 하는 이유』, 『잠 안 오는 밤에 읽는 우주 토픽』, 『별아저씨의 별난 우주 이야기(전3권)』 등이 있다.

ISSUE 7 카시니호

ISSUE 7

우주 탐사 역사상 최대 야심작, 카시니호의 장대한 '토성 미션'

고리의 행성 토성을 탐사하는 카시니호 상상도. ⓒ NASA

경이가 없는 삶은 살 가치가 없다.

–아브라함 헤셀(신학자)

카시니호, 2017년 9월 15일 토성 대기권에서 '산화'

13년 동안 토성 둘레를 맴돌며 탐사 미션을 수행한 NASA(미항공우주국)의 카시니호가 연료가 바닥남에 따라 2017년 9월 15일 오후 8시 32분(한국 시간) 토성 대기권에서 최후를 맞았다. 스쿨버스 크기에 무게 5.8톤의 카시니호가 토성 대기 속에서 유성처럼 불타면서 산화하는 데는 1분이 채 걸리지 않았다.

카시니호의 최후가 지구에 알려진 것은 그로부터 83분 뒤였다. 카시니호가 마지막으로 보낸 전파 신호가 토성에서 지구까지 16억km를 달려오는 데 83분 걸리기 때문이다. 따라서 우리가 카시니호의 임종을 알게 된 것은 밤 9시 55분쯤이었다.

카시니호의 '죽음의 다이빙.' 토성 고도 1500km의 대기권으로 뛰어들어 불타는 카시니 상상도. © NASA

발사된 것이 1997년 10월 15일이니까, 지구를 떠난 지 20년, 토성 궤도에 진입한 지 13년 만에 20년에 걸친 장대한 토성 미션을 끝낸 카시니호는 이처럼 토성 대기권에서 산화함으로써 토성의 일부가 되었다. NASA가 카시니호를 충돌 코스로 틀어 토성 대기권에서 불태운 데는 그럴 만한 이유가 있었다. 연료가 떨어진 카시니호를 토성 궤도에 방치해 둔다면 언제 어디로 추락할지 알 수 없는 일이며, 그럴 경우 카시니호에 묻어 있을지도 모르는 지구 미생물이나 원자력 전지의 플루토늄 방사성 물질 등이 토성계를 오염시킬 가능성이 있기 때문이다.

카시니호의 탐사 결과, 토성 위성 엔셀라두스는 지하에 거대한 바다를 갖고 있으며, 최대 위성 타이탄의 지표에는 메탄 호수와 바다가 펼쳐져 있다는 사실이 발견되었다. 우주 생물학자들은 이러한 곳에 생명체가 살고 있을 가능성이 높다고 보았다. NASA는 위성들의 생태계 보호를 위해 카시니호를 토성 대기권에서 불태움으로써 20년 미션을 마무리 지었던 것이다. 2003년 9월 21일, 8년 동안 목성 궤도를 돌면서 미션을 수행한 NASA의 갈릴레오 탐사선이 목성과의 충돌로 최후를 맞은 것도 같은 이유에서였다.

토성 : 천문학자를 가장 많이 배출한 행성

태양계에서 가장 멋쟁이가 토성이라는 데 토를 달 사람은 없을 것이다. 토성만큼 아름다운 고리를 두르고 있는 천체는 달리 없기 때문이다. 실제로 밤하늘의 토성을 망원경으로 본 후 천문학을 전공하게 됐다느니, 별지기 세계에 입문했다느니 하는 말들을 흔히 듣는다. 그래서 천문학계에서는 천문학자를 가장 많이 배출한 대학은 토성 대학이라는 우

토성의 고리를 맨 처음 발견한 갈릴레오 갈릴레이.

스갯소리도 있다. 예로부터 많은 사람들의 사랑과 동경을 받아온 토성은 태양계의 여섯 번째 행성으로, 우리가 맨눈으로 볼 수 있는 마지막 행성이다. 18세기 말 영국의 윌리엄 허셜이 망원경으로 천왕성을 발견하기 전까지 수천 년 동안 인류는 토성까지가 태양계의 전부라고 굳게 믿었다.

토성의 고리를 맨 처음 발견한 사람은 17세기 이탈리아 천문학자 갈릴레오 갈릴레이(1564~1642)였다. 1610년, 그는 몸소 만든 조그만 굴절 망원경으로 토성 고리를 처음 보았는데, 워낙 배율이 낮아 선명한 고리 형태는 못 보고 삐죽한 고리 양끝만 보고는, "토성의 양쪽에 귀 모양의 괴상한 물체가 달려 있다"고 표현했다. 토성의 공전으로 지구에서 보이는 방향이 변함에 따라 1612년에는 고리가 안 보이다가 이듬해에 다시 나타나 갈릴레오를 괴롭혔다. 결국 갈릴레오는 죽을 때까지 이 수수께끼를 풀지 못했다. 갈릴레오를 괴롭혔던 토성 고리의 수수께끼는 약 50년 뒤 네덜란드의 천문학자 크리스티안 하위헌스(1629~95)에 의

카시니호가 2006년 9월, 토성 뒤쪽에서 그가 떠나온 고향을 향해 찍은 사진이다. 배경이 어둡게 보이는 것은 토성 몸체로 태양을 가리고 촬영했기 때문이다.
© NASA/JPL-Caltech/SSI

해 풀렸다. 1655년, 하위헌스(호이겐스로도 불린다)는 50배율의 망원경으로 토성 고리를 관측한 끝에 이렇게 썼다. "토성은 황도 쪽으로 기운 납작하고 얇은 고리로 둘러싸여 있고, 그 고리는 어디에도 닿아 있지 않다."

토성의 고리가 하나가 아니라 여러 개의 집합이라는 사실은 1675년, 이탈리아 출신의 프랑스 천문학자 조반니 카시니(1625~1712)가 밝혀냈다. 그는 또 큰 망원경으로 고리 A와 고리 B 사이의 큰 틈새를 찾아냈는데, 오늘날 카시니 틈(간극)이라 부르는 것이다. 그 벌어진 간격의 폭이 수천km라, 틈이라 부르기엔 좀 어울리지 않지만. 토성의 진면목을 한번 살펴보자면, 목성과 마찬가지로 가스행성인 토성은 태양계 행성 중 목성 다음으로 크며, 지름은 지구의 9.5배, 질량은 약 95배나 되는 큰 덩치를 자랑한다. 그런데 밀도는 물보다 낮은 0.7로, 태양계에서 가장 낮다. 그래서 큰 물웅덩이에 토성을 던진다면 물 위에 둥둥 뜰 것이다. 토성이 이처럼 가벼운 것은 거의 수소와 헬륨으로 이루어져 있기 때문이다. 참고로, 이 두 가지가 우주 원소의 99%를 차지한다.

목성처럼 가스행성인 토성의 표면은 고체가 아니며, 자전속도는 10시간 40분으로 빠른 편이다. 이러한 요소들이 결합하여 토성 역시 적도 반지름이 극 반지름보다 10% 더 큰 6만km로, 배불뚝이 모습이다. 다른 가스행성들도 대략 그렇지만, 토성이 가장 심한 복부 비만이다. 작은 망원경으로 보아도 짜부라진 모습을 확인할 수 있다.

토성의 내부는 중심에 암석과 철로 이루어진 반지름 1만 5000km 정도의 핵이 있는데, 이것이 토성 질량의 약 20%를 차지한다. 그 위에 높은 압력으로 인한 금속수소층이 1만km 두께로 쌓여 있고, 그 위로 나머지 3만 5000km는 분자상 수소와 헬륨으로 이루어진 층이 덮고 있다. 우리가 보고 있는 토성의 표면은 이런 수소와 헬륨에 약간의 메탄과 암모니아가 섞인 구름층이다. 참고로, 토성의 질량은 지구의 95배 정도이고, 목성의 질량은 지구의 318배에 이르지만, 반지름은 토성보다 20% 더 큰 정도다. 수소 분자가 가장 많은 토성의 대기 성분 역시 목성과 비

카시니호가 잡은 토성의 고리. 적도 상공 약 12만km까지 분포하고 있다. 2013년 10월 10일 카시니호가 토성 북극 상공에서 찍었다.
ⓒ NASA/JPL-Caltech

슷한 데다, 목성처럼 띠가 있다. 하지만 목성보다 희미하고 소용돌이 수도 적다. 가끔 커다란 소용돌이가 나타나지만 목성의 대적점(목성의 남위 20° 부근에서 붉은색으로 보이는 타원형의 긴 반점)에 비하면 아주 작다. 토성의 공전속도는 지구의 약 1/3인 초속 9.9km로, 태양을 한 바퀴 도는 데는 인간의 한 세대와 맞먹는 30년이 걸린다. 자전축이 26.7° 기울어져서 공전하므로 지구처럼 계절도 생긴다. 지구에서 봤을 때 대략 30년을 주기로 고리의 모습이 바뀌게 되는데, 고리 평면이 태양과 일치할 때 지구에서는 토성 고리가 보이지 않게 된다. 이런 현상은 한 주기에 두 번, 즉 15년에 한 번씩 일어난다.

토성 가족도 목성에 버금가는 대가족이다. 지금껏 알려진 위성의 수만도 63개가 넘는다. 그중에서 가장 큰 위성은 타이탄이다.

토성 중력의 춤이 만든 고리

제임스 맥스웰.

토성의 고리는 대체 무엇으로 이루어진 것일까? 이 의문에 대한 대략적인 해답은 카시니로부터 약 2세기 후 영국의 물리학자가 찾아냈다. 1859년, 제임스 맥스웰(1831~79)은 고리가 고체로 되어 있지 않으며, 모두 독립적으로 토성을 공전하는 작은 입자들로 구성돼야 이와 같은 형태를 유지할 수 있다는 사실을 수학적으로 증명하는 데 성공했다. 참고로, 맥스웰은 1864년, 맥스웰 방정식 발견으로 빛이 전자기파의 일종이라는 놀라운 사실을 밝혀내 과학사에 불멸의 이름을 남겼다. 토성 고리의 생성 원인에 대해서는 확립된 정설은 없지만, 잔재설과 충돌설이 있다. 잔재설은 성운에서 토성이 생성되고, 토성이 태어난 뒤 남은 성운 물질이 고리를 이루어 토성을 공전한다는 설이다. 이 설은 토성 고리의 희박한 밀도와 거대한 고리계 등 여러 가지를 설명할 수 있으나, 고리계가 어떻게 45억 년 이상 유지될 수 있었는지 설명하기는 어렵다는 단점이 있다.

충돌설은 토성 고리가 토성의 강한 중력을 못 이겨 산산조각이 난 위성이나 유성체, 혜성의 잔해물이라 주장한다. 즉, 이들 천체들이 토성에 가까이 접근하면 토성의 조석력潮汐力[1]에 의해 부서지게 되고, 이후 잔해들이 남아 서로 부대끼다가 더욱 잘게 부서져 고리를 형성한다는 것이다. 이와는 별도로 위성 엔셀라두스가 분출된 얼음도 고리 재료의 일부가 되는 것이 밝혀졌다. 이 충돌설은 토성 고리도 수억, 수십억 년이 지나면서 목성이나 천왕성의 고리처럼 빈약해질 거라고 예측한다.

토성 중력이 추는 춤사위라 할 수 있는 토성 고리계는 별과 은하의 탄생에 관한 이야기를 들려주는 것이기도 하다. 46억 년 전 원시 태양계도 저런 고리 모양의 회전원반에서 태어났으며, 지금도 어린 별의 주위에서 발견되는 원시행성 원반 역시 토성 고리 형태와 흡사하다. 이처

---

1 중력의 2차적인 효과 중 하나로, 한 물체의 각 부분이 다른 물체에 의해 받는 중력의 차이를 말한다. 혜성이나 위성이 큰 천체에 접근하면 조석력이 커져 결국 붕괴되는데, 그 한계선을 로슈 한계라 한다. 밀물-썰물도 조석력 때문에 발생한다. 기조력(起潮力)이라고도 한다.

럼 토성 고리는 오랜 태양계의 과거를 자신의 온몸으로 보여주고 있는 존재인 것이다.

1980년과 1881년, 보이저 1, 2호의 토성 근접비행으로 토성 고리를 자세히 관측해본 결과, 토성 고리가 수천 개의 작은 고리들로 이루어져 있음이 밝혀졌다. 그중에는 폭이 몇 km밖에 되지 않는 얇은 고리도 있었다. 지름 수십만km의 고리 두께가 고작 20m에 지나지 않는다는 것은 얇은 포장지가 거대한 축구장 크기로 펼쳐져 있는 것이나 같다. 중력이 부리는 묘기가 아닐 수 없다. 토성 고리는 태양계에서 가장 얇은 천체다. 토성의 주요 고리는 대체로 제각기 다른 크기의 입자들을 갖고 있다, 고리 A와 B의 경우, 집채나 기차만 한 바위, 고리 C는 센티미터 크기의 조각, 고리 D와 E는 더욱 미세한 알갱이들로 이루어져 있다. 이 입자들 성분의 93%는 톨린이 섞인 물의 얼음으로 이루어져 있고 7%는 비결정 탄소다. 사진을 보면, 수많은 얇은 고리로 이루어진 토성의 고리는 납작한 레코드판 모양을 하고 있다. 고리들은 적도면에 나란히 자리잡고 있으며, 적도 상공 6630km에서 12만 700km까지 뻗어 있다. 따라서 고리의 너비는 무려 11만km가 넘는다. 토성의 적도 반지름이 약 6만km니까, 이 거대한 우주의 레코드판 지름은 무려 36만km로, 지구-달까지의 거리와 맞먹는 엄청난 스케일이다.

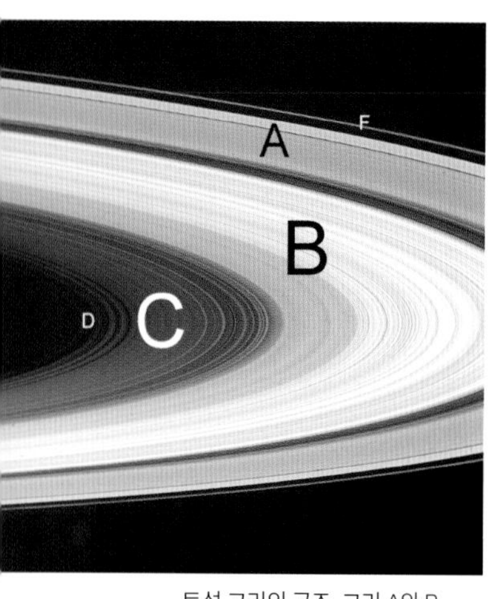

토성 고리의 구조. 고리 A와 B 사이가 카시니 틈, 고리 A의 검은 줄이 엥케 틈이다.

최신 관측에 의하면, 고리의 총질량은 약 10^{20}kg일 것으로 추정되는데, 이는 지구 바닷물의 1/10 정도 되는 양이다. 토성 고리는 지구에서 볼 때 토성의 공전에 따라 고리 면이 향하는 방향이 바뀌므로 달리 보인다. 갈릴레오가 토성의 귀로 착각한 것도 그 때문이다. 토성의 자전축이 26.7도 기울어 있어 한 번 공전하는 동안 우리에게 고리의 북면, 남면이 보일 때와, 고리가 수평으로 일직선이 될 때가 반복되어 나타난다. 고리 면이 토성 적도와 나란할 때는 큰 망원경으로도 거의 보이지 않는다. 토성의 공전주기가 약 30년이므로 이런 경우는 15년에 한 번씩 나타난다.

토성 고리의 변화. 토성은 지구처럼 자전축이 기울어져 있어 지구에서 볼 때 시간에 따라 고리의 모양이 변한다. 사진은 허블 우주망원경이 1996년(왼쪽)부터 2000년(오른쪽)까지 고리의 변화 모습을 추적한 것이다.
ⓒ NASA/STScI/AURA

카시니-하위헌스: 우주의 '스위스 군용 칼'

카시니호가 지구를 떠날 때의 이름은 카시니-하위헌스로, 크게 NASA의 카시니 궤도선과 ESA(유럽우주국)의 하위헌스 탐사선으로 이루어져 있었다. 카시니호는 프랑스 천문학자 조반니 카시니의 이름에서 따왔고, 하위헌스는 네덜란드의 천문학자이자 물리학자인 크리스티안 하위헌스의 이름에서 따왔다. 두 사람 모두 토성 관측에 큰 업적을 남긴 과학자이기에 탐사선이 헌정된 것이다.

모두 32억 6천만 달러(한화 약 3조 7천억 원)가 투입된 대규모 프로젝트인 카시니-하위헌스에는 무려 18가지의 탐사장비들이 탑재되었는데, 12개가 카시니호에, 6개가 하위헌스에 실렸다. 카시니호 탐사선이 '스위스 군용 칼'이란 별명으로 불리는 것은 이런 다목적용이기 때문

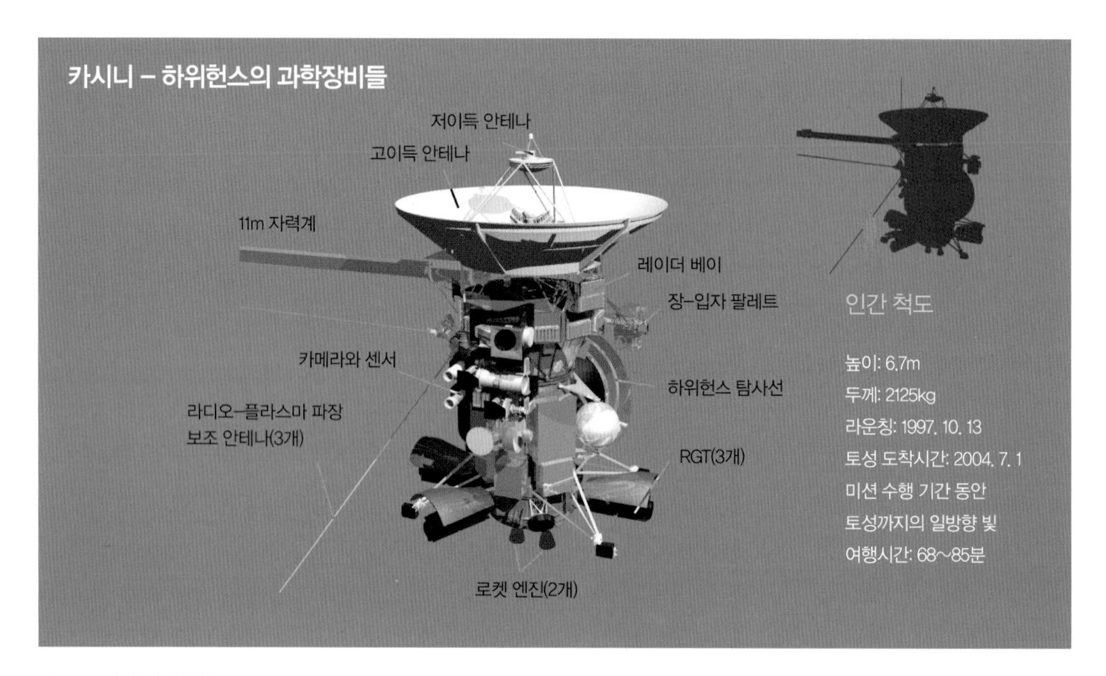

버스 크기만 한 탐사선에는 모두 18가지 장비가 탑재되었다. 동력원은 방사성 플루토늄-238이다. ⓒ NASA

이다.

장비들은 크게 세 종류로 나눌 수 있는데, 가시광선을 이용한 원격 탐지장비, 마이크로파를 이용한 원격 탐지장비, 탐사선 주변환경 탐지장비가 그것이다. 이 장비들을 구성하는 전자부품의 수는 무려 1만 3000개나 되며, 총 16km에 이르는 케이블로 연결되었는데, 이 모든 장비들이 카시니호의 최후까지 20년 동안 계획대로 정확히 작동했다. 그중 가시광선과 자외선-적외선 촬영이 가능한 이미징 사이언스 서브시스템을 갖춘 카시니호의 주카메라는 토성과 고리들, 위성들의 놀랍고도 아름다운 세계를 인류에게 생생하게 보여주었다. 야심 찬 카시니-하위헌스가 타이탄 IV 로켓에 실려 지구 행성을 박차고 우주로 날아오른 것은 1997년 10월 15일이었다. 그러나 일직선으로 토성을 향해 날아간 것은 아니다. 토성이 지구와 가장 가까울 때는 9AU(천문단위. 지구-태양 간 거리), 그러니까 약 13억km 거리지만, 카시니호는 그 3배나 되는 34억km를 꾸불꾸불 날아가야 했다. 문제는 로켓의 힘이었다. 최고 성능의 로켓으로 쏘아 올려도 토성까지 일직선으로 가기에는 역부족이다.

태양의 중력이 뒤쪽에서 끊임없이 우주선을 끌어당기기 때문이다. 현재 인류가 가진 자원과 로켓으로 태양 중력을 뿌리치고 나아갈 수 있는 한계는 목성 정도까지가 고작이다.

그러면 어떻게 해야 하는가? 물리학자들이 갖고 있는 비장의 카드는 바로 중력도움(gravity assist)이다. 카시니호는 토성까지 가기 위해 세 행성, 곧 금성, 지구, 목성에서 중력도움을 받았다. 카시니호가 7년 만에 토성에 도착할 수 있었던 것은 이들 중력도움이 결정적이었다. 중력도움은 영어로는 스윙바이(swing-by) 또는 플라이바이(fly-by)라고도 한다. 한마디로 '행성궤도 근접통과'로 행성의 중력을 슬쩍 훔쳐내어 공짜 가속을 얻는 슬링숏(slingshot; 새총 쏘기) 기법이다. 행성의 입장에서 본다면 우주선의 엉덩이를 걷어차서 가속시키는 셈으로, 이론상으로는 행성 궤도속도의 2배에 이르는 속도까지 얻을 수 있다. 지구 궤도속도가 초속 30km이니까, 여기서 초속 60km까지 훔쳐낼 수 있다는 뜻이다. 지구 탈출속도가 초속 11.2km로, 이것을 넘기기 위해 로켓 추진력을 높이는 데 사력을 다해야 하는 점을 감안하면, 중력도움이란 엄청난 노다지인 셈이다.

현재 성간공간을 날고 있는 보이저 1호도 이 중력도움을 이용해 태양계를 탈출할 수 있었다. 보이저는 목성의 중력도움으로 시속 6만 2000km까지 속도를 끌어올렸다. 보이저가 목성의 중력을 훔쳐 추진력을 얻을 때, 목성은 그만큼 에너지를 빼앗기는 셈이지만, 그것은 50억 년에 공전 속도가 1mm 정도 뒤처지는 것에 지나지 않는다. 현재까지 인류가 개발한 추진 로켓의 힘은 겨우 목성까지 날아가는 게 한계이지만, 이 스윙바이 항법으로 우리는 전 태양계를 탐험할 수 있게 된 것이다. 카시니-하위헌스는 지구를 출발해 금성을 두 번 근접비행하여 중력도움을 받은 후, 이어 지구 궤도를 지나면서 또 중력도움으로 초속 5.5km의 추진력을 얻어 목성으로 날아갔다. 그리고 다시 목성의 중력도움으로 초속 6.7km까지 가속한 후, 발사된 지 6년 8개월여 만인 2004년 7월 1일 토성 궤도에 진입했다. 총비행거리는 지구-토성의 평

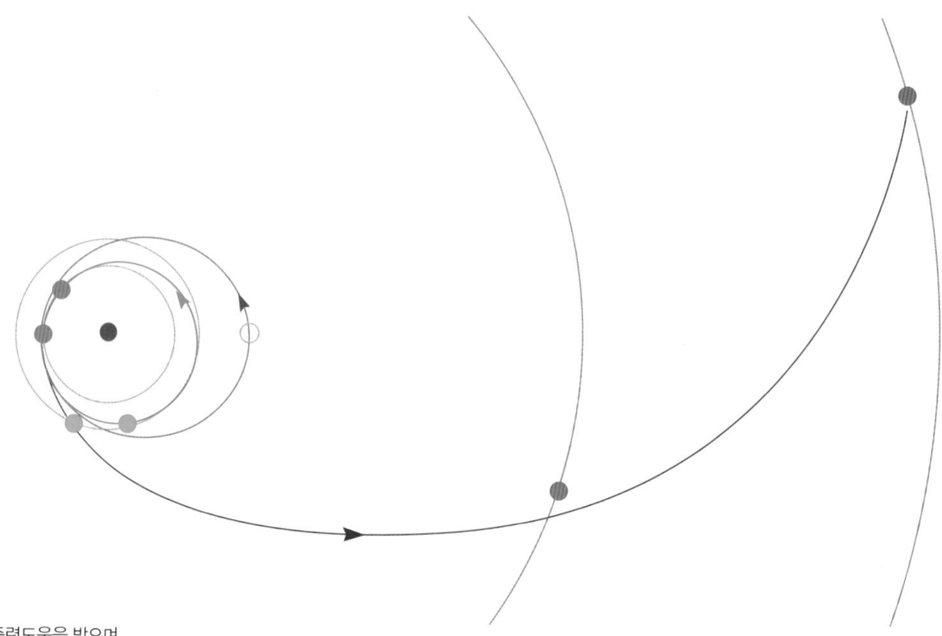

세 행성의 중력도움을 받으며
토성까지 날아간 카시니호의 경로.

균거리의 2.5배에 달하는 34억km이다. 카시니호는 토성 주위를 공전하는 탐사선으로는 최초이며, 토성을 방문한 우주선으로는 네 번째이다. 카시니호가 목성에 들렀을 때 의미 있는 과학적 실험을 하나 했는데, 바로 아인슈타인의 일반상대성이론을 검증한 것이다. 거대 질량체는 주변 시공간을 왜곡시켜 빛(전자기파)의 경로를 휘게 한다는 것이 아인슈타인이 주장한 내용이다. 카시니호가 태양 근처를 지나는 전파를 쏘아 지구로 보낸 결과, 다른 경로로 보낸 전파보다 지연되는 것이 확인되었다. 일반상대성이론의 예측 값과는 오차 범위 5만분의 1 이내로 맞아떨어지는 값이었다. 이 검증에서도 역시 아인슈타인은 승리를 거둔 것이다.

카시니호 미션의 백미: 타이탄 착륙

13년 동안 토성 주위를 맴돌면서 계속된 카시니호 미션에서 가장 감동적인 대목은 미션 초장에 있었던 하위헌스 탐사체의 타이탄 착륙이었다. 타이탄은 목성의 가니메데 다음으로 태양계에서 두 번째로 큰 위성일 뿐 아니라, 가장 복잡하고 신비로운 천체이기도 하다. 1655년 크리스티안 하위헌스가 처음 발견한 타이탄은 태양계 위성으로는 유일하게 대기를 가지고 있다는 점이 특징이다. 그것도 지구의 1.5배나 진한 대기다. 질소가 주성분이고, 메탄도 섞여 있는 두꺼운 오렌지색 대기는 타이탄을 완전히 둘러싸서 내부를 들여다볼 수 없게 하고 있다. 지름이 5150km로 지구의 반도 안 되는 위성에 이렇게 두터운 대기가 존재한다는 게 수수께끼였다.

굿바이 타이탄. 2017년 9월 11일, 토성 대기권으로 뛰어드는 궤도에 들기 위해 마지막으로 타이탄을 스윙바이하는 카시니호 상상도. ⓒ NASA/JPL-Caltech

이 수수께끼는 토성에 처음 접근한 파이어니어 11호가 풀었다. 1979년, 파이어니어는 토성과 위성들의 사진을 찍었는데, 그때 타이탄의 온도를 측정했다. 무려 영하 180도였다. 이렇게 차갑기 때문에 대기를 붙잡아둘 수 있었던 것이다. 2004년 12월 25일, 본체에서 분리된 중량 320kg의 하위헌스는 세 개의 낙하산을 펼친 채 타이탄 대기권으로 위험천만한 하강을 시작했다. 고층 대기권에서 강풍에 시달리기도 했지만, 마침내 2005년 1월 14일 타이탄 표면에 연착륙했다. 이는 외부 태양계의 천체에 최초로 성공한 연착륙이었다. 타이탄 지표로부터 고도 1270km에서 하강하기 시작한 하위헌스는 대기의 마찰과 낙하산 등의 도움으로 감속하면서 고도 160km부터 대기 관측과 지표 촬영 등을 하기 시작했다. 지표 사진에는 산과 계곡, 하천, 돌덩이들이 뒹구는 평원 같은 지형이 담겨 있었는데, 액체 메탄이 흘러 생긴 지형으로 보인다.

하위헌스는 하강하면서 타이탄 지표의 광경을 지구로 전송해준데 이어 배터리가 방전되기까지 2시간 반 동안 350컷의 이미지와 타이탄 대기 성분 데이터를 카시니호로 보냈으며, 카시니호는 이것을 다시 지구로 중계했다. 지구에 비해 태양 에너지의 100분의 1도 받지 못하는 타이탄의 표면은 메탄이 액체로 흐를 만큼 지독한 추위로 기온이 영하 179도나 되었다. NASA 과학자들은 제트추진연구소의 관제실 모니터 앞에 붙어 앉아서 몇 시간 동안 이 황량하고 진기한 토성 위성의 풍경을 숨죽인 채 지켜보았다. 하위헌스의 타이탄 탐사는 카시니호 미션 중에

타이탄에 착륙하는 하위헌스의 연속 장면 상상화. 오른쪽에 착륙한 탐사체가 보인다. ⓒ NASA/ESA

서도 백미로, 지구의 달 이외의 위성에 대한 최초의 기념비적인 탐사로 기록되었다. 한편, 궤도 진입을 한 후 수명이 4년 정도로 예상되었던 카시니호는 2008년 핵심 미션을 마무리한 후에도 그 3배가 넘는 13년 동안 294회 토성 궤도를 선회하면서 탐사를 계속하는 연장근무에 들어갔다. 2008년 4월, NASA는 카시니 프로젝트 관제를 위해 자금지원을 2년 연장하기로 결정함과 동시에 프로젝트명을 '카시니 이퀴녹스(Equinox/춘-추분점) 미션'으로 바꾸었다. 이 프로젝트는 2010년 2월 다시 '카시니 솔스티스(Solstice/동-하지점) 미션'으로 개명되어 재연장되었다. 토성은 지구 시간으로 29년에 태양 둘레를 한 바퀴 돈다. 카시니호 미션이 13년 동안 지속되었다는 것은 거의 토성의 반년에 이르렀다는 뜻이다.

카시니호가 밝혀낸 토성의 비밀들

토성과 타이탄을 탐사하는 카시니호 상상도. © NASA/ESA

13년에 걸친 카시니-하위헌스의 장대한 토성 대탐사는 토성 탐사의 역사를 다시 써야 할 정도로 엄청난 발견들을 이끌어냈다. 한 행성계의 전모를 카시니호만큼 세밀하게 파악해낸 탐사선은 역사상 없었다. 1980년과 1981년 보이저 1, 2호가 토성에 근접비행한 후 최초로 토성에 도착한 탐사선인 카시니호는 거대 가스행성인 토성의 생성과 조성, 자기장과 중력장, 그리고 여러 위성들에 대해 양질의 데이터를 수집해 지구로 전송함으로써 과학자들로 하여금 이를 토대로 수천 건에 이르는 과학논문을 양산하도록 해 카시니호 미션의 생산성을 입증했다.

카시니호는 13년 동안 토성 궤도를 돌면서 토성 구름층 상층부에 발생하는 폭풍과 기묘한 띠 모양의 토성 대기, 구름에 가려진 토성의 표면을 탐사했으며, 10개가 넘는 토성 위성들을 비롯해, 토성 지름의 8배나 되는 고리의 구조와 성분들을 세밀하게 관측했다. 카시니호가 들여다본 토성계는 한마디로 놀라운 세계였다. 2004년 카시니호가 토성에 도착한 이래, 인류는 최초로 토성의 계절 변화를 볼 수 있었다. 또한 토성을 두르고 있는 장대한 고리들이 무수한 얼음 알갱이들로 이루어져 있으며, 이들이 토성과의 상호 중력으로 인해 충돌과 합체를 반복하면서 고리들을 유지하고 있다는 사실도 밝혀냈다.

카시니호는 또 간헐천의 물줄기가 솟구치는 엔셀라두스의 상공을 날면서 그 얼음 지각 아래 거대한 바다가 숨어 있는 것을 발견하는 쾌거를 올리기도 했다. 지구 이외의 천체에서 발견된 바다로는 목성 위성인 유로파의 바다에 이어 두 번째인 셈이다. 타이탄과 엔셀라두스의 이 같은 상황은 카시니호를 보내지 않았다면 결코 알 수 없는 것으로, 어쩌면 이 두 위성에 생명체가 서식하고 있을지 모른다는 조심스런 예측이 과학자들 사이에서 나왔다.

토성 북극에 회오리치는 육각형 구름: 우주에서 일어나는 가장 아름다운 미스터리라는 평가를 받은 토성의 육각형 구름은 극궤도를 도는

토성의 육각형 구름. 원인이 밝혀지지 않은 이 육각형 구름은 우주에서 일어나는 가장 아름다운 미스터리로 평가받고 있다. 카시니호가 토성 북극 상공 140만km에서 2012년 12월에 촬영. ⓒ NASA/ESA

'카시니 솔스티스 미션'에 의해 토성의 극 소용돌이(polar vortex)임이 밝혀졌다. 과학자들은 카시니호가 전송한 사진 등을 통해 육각형 구름이 상층 기류대 영향으로 약 2만km 상공에 형성된 소용돌이임을 밝혀냈다. NASA가 '붓으로 그린 수채화' 같다고 묘사한 극 소용돌이는 지구의 허리케인과 비슷하지만, 크기는 비교 불가일 정도로 상상을 초월한다. 지름이 무려 3만km로, 지구 지름(1만 2700km)의 2배가 넘는다. 소용돌이 중심에는 극 저기압 소용돌이가 시속 530km 속도로 맴돈다. 허리케인 최대 풍속의 2배다. 더욱 놀라운 사실은 지구의 허리케인이 1주일 남짓이면 끝나는 것과 달리 토성의 소용돌이는 보이저가 처음 관측한 이래 지금까지 지속되고 있다는 점이다. 육각형 중심에 위치해 있는 점은 태풍의 눈과 비슷한 소용돌이의 눈(Eye)이다.

최근 NASA는 육각형 소용돌이에 특이한 점이 발견됐다고 밝혔다. 카시니호가 탐사 초기 찍은 사진과 최근 사진을 비교한 결과, 소용돌이가 푸른색에서 금색으로 변한 것을 확인했다. 과학자들은 이 변화가 토성 북극을 비추는 태양빛이 증가했기 때문으로 분석했다. 태양빛이 증가하면서 금빛을 발산하는 광화학 연무층(역전층 안에 갇혀 있는 연무가 이루고 있는 층)이 늘어난 탓이다.

타이탄의 바다에 햇빛이 비친다: 토성의 최대 위성인 타이탄에 바다가 있다는 직접적인 증거가 나온 것은 2014년 토성 탐사선 카시니호가 찍은 한 장의 사진에서였다. 타이탄의 북쪽 한 부분이 태양빛을 받아 눈부시게 반사하는 이미지가 잡혀 있었다. 다른 세계의 바다가 태양 광선을 받아 반짝이는 풍경을 인류가 본 것은 이것이 최초였다.

이 거울과 같은 반사점은 타이탄의 가장 큰 바다인 크라켄 마레의 남쪽이라고 NASA는 발표했다. 이 바다는 열도로 나누어진 타이탄 바다의 북쪽 부분이다. 카시니호는 타이탄 바다의 반사광을 찍은 후 곧이어 이 바다 표면에 물결이 일고 있는 것으로 보이는 데이터를 보내왔다. 그러나 그 물결은 지구 바다와 같이 물이 만들어낸 것이 아니라, 메탄이 대부분을 차지하는 액체 탄화수소 파도다. 이것은 지구의 물보다 점성이 높아 거의 타르와 비슷하다. 따라서 지구의 바다처럼 크게 파도치지는 않는다.

타이탄의 바다. 카시니가 보내온 이 근적외선 컬러 모자이크 사진은 타이탄의 북극해가 태양 광선을 반사하는 광경이다. ⓒ NASA

타이탄의 구름은 액체 메탄 방울로 이루어져 있으며, 세찬 빗줄기로 호수를 채운다. 유기물질이 풍부한 두꺼운 대기층을 갖고 있는 타이탄은 생명체가 나타나서 산소를 대기 중에 뿜어내기 전인 수십억 년 전의 지구와 흡사한 환경을 갖고 있다. 이 때문에 타이탄은 예전부터 미생물 혹은 적어도 복잡한 유기화합물 형태의 생명체가 태동할 환경이 형성되어 있을 것으로 믿어져 왔다. 타이탄에 흐르는 액체는 물이 아닌 메탄이므로 이곳 생명체는 메탄을 기반으로 살아갈 것으로 추정된다. 질소가 대기의 주성분을 이루고 유기화합물이 존재하는 타이탄은 오래전부터 과학자들 사이에서 생명체 서식 후보지로 높은 관심을 끌고 있다. 이것이 우리가 다시 토성으로 가야 하는 이유이기도 하다.

엔셀라두스의 바다에는 생명이 있을까?: 카시니호 미션이 거둔 성과 중 가장 의외의 것은 제2위성 엔셀라두스에서 거대한 얼음 기둥을 발견한 것이다. 연구팀은 카시니호의 탐사 데이터를 분석한 결과, 토성 위성 중 두 번째로 큰 지름 500km의 이 위성 남극에서 염류를 포함한 얼음 결정이 분출되고 있는 것을 발견했다. 간헐천에서 뿜어져 나오는 100개가 넘는 얼음기둥 중에는 높이가 무려 300km에 달하는 것도 있다. 이것은 지하에 거대한 바다가 있음을 뜻하는 증거였다. 간헐천의 분출 원인은 엔셀라두스 지하 바다에 작용하는 토성의 조석력에 의해 내부에 열이 생긴 때문으로, 엔셀라두스가 토성에 가까울 때 간헐천의 양이 적어지고 반대로 멀어질 때 내뿜는 간헐천의 양이 많아진다는 것이 그 증거다.

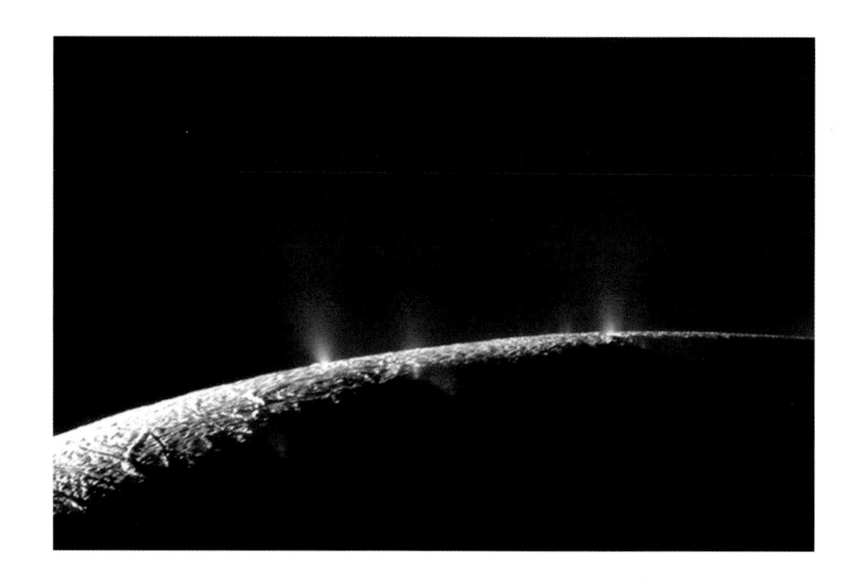

엔셀라두스에서 치솟는 간헐천 물기둥. 2009년 카시니호가 잡았다. © NASA/JPL

카시니호가 이 위성 가까이 돌면서 확보한 중력측정 결과에 따르면, 엔셀라두스 남극에 있는 바다는 얼음 표층으로부터 30~40km 아래에 있으며, 바다의 깊이는 약 10km로 추정되었다.

이 같은 얼음 행성이 과학자들의 관심을 끄는 것은 태양계 내 생명의 존재를 발견할 확률이 아주 높기 때문이다. 이러한 얼음 행성들은 거의 그 내부에 바다를 가지고 있을 것으로 추정되며, 토성과의 강한 중력 상호작용으로 인해 바다는 액체 상태에서 미생물들을 포함하고 있을 것으로 보인다. 이런 이유로 엔셀라두스는 우주 생물학자들의 버킷 리스트 1번에 올랐다.

이아페투스는 왜 흑-백 반쪽 얼굴일까?: 토성의 23번째 위성 이아페투스는 일찍부터 과학자들의 주목을 받았다. 이유는 독특한 흑-백 반쪽짜리 얼굴 때문이었다. 사진에서 볼 수 있듯이, 한쪽에는 시커먼 먼지로 덮여 있는 반면, 다른 한쪽은 흰 눈으로 덮여 있어 대조적인 느낌을 준다. 토성으로부터 약 356만km 정도 떨어져 있고, 지름 약 1495km인 이아페투스는 토성의 위성 중 3번째 큰 것으로, 1671년 10월 조반니 카시니가 발견했다. 공전주기는 약 80일이고, 자전주기 역시 동주기 자전으로 공전주기와 같은 80일 정도다. 이아페투스의 비정상적인 흑-백 반쪽짜리 얼굴 모습은 카시니호의 관측을 통해 여러 가지 물리적 작용에 의한 것임이 밝혀졌다. 이아페투스와 포에베 사이에 걸쳐 있는 포에베 고리는 지구가 자그마치 10억 개나 들어갈 수 있을 만큼 거대하지만, 그 입자는 매우 작아서 21세기가 될 때까지 발견되지 못했고, 2009년에서야 스피처 망원경의 적외선 촬영으로 발견되었다. 이 고리 입자가 토성과 마주 보는 면 반대편에서 이아페투스 표면과 충돌하는 과정이 계속되어 입자 먼지가 쌓여 검게 변한 것이다. 어두운 부분에만 높은 적도 능선이 발달한 것으로 보아 입자들이 오랫동안 적도에 충돌하여 산맥을 형성한 것으로 추정된다.

카시니호가 잡은
이아페투스의 흑-백 얼굴.

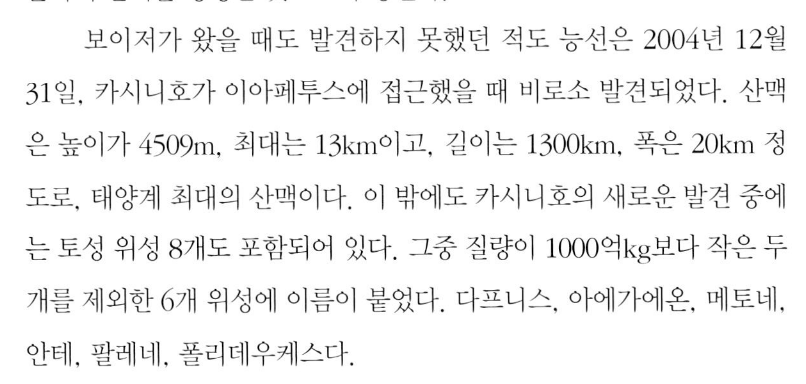

보이저가 왔을 때도 발견하지 못했던 적도 능선은 2004년 12월 31일, 카시니호가 이아페투스에 접근했을 때 비로소 발견되었다. 산맥은 높이가 4509m, 최대는 13km이고, 길이는 1300km, 폭은 20km 정도로, 태양계 최대의 산맥이다. 이 밖에도 카시니호의 새로운 발견 중에는 토성 위성 8개도 포함되어 있다. 그중 질량이 1000억kg보다 작은 두 개를 제외한 6개 위성에 이름이 붙었다. 다프니스, 아에가에온, 메토네, 안테, 팔레네, 폴리데우케스다.

그랜드 피날레 : 토성 고리 사이로 다이빙하라!

발사 이후 20년 동안 지구-태양 간 거리의 50배가 넘는 79억km를 여행하면서 토성계를 누비던 카시니호에게도 이윽고 최후의 순간이 찾아왔다. 2017년 초에 이르자 연료가 바닥을 보임에 따라 더 이상의 연장근무는 불가능하게 되었다. NASA 관제실에서 마지막으로 카시니호에게 지시한 미션은 '그랜드 피날레'로 불리는 것으로, 4월부터 토성의 가장 안쪽 고리와 토성 대기층 사이의 틈새를 22차례 뛰어드는 대담한 미션이었다. 이곳은 고리와 토성 사이의 너비 2400km 공간으로, 지금까지 어떤 우주선도 지나간 적이 없는 미지의 영역이다.

첫 번째 다이빙은 2017년 4월 27일 성공적으로 끝났다. 이때 카

카시니-하위헌스 20년의 발자취 1997. 10. 15~2017. 9. 15

1997년 10월 15일 미국 플로리다 주 케이프 커내버럴 공군기지 LC40 발사대에서 타이탄 Ⅳ형 로켓에 의해 발사.
1998년 4월 26일 금성에 접근, 첫 번째 스윙바이.
1999년 6월 24일 금성에 접근, 두 번째 스윙바이.
1999년 8월 18일 지구 스윙바이 후 목성의 궤도에 오름.
2000년 1월 23일 소행성 벨트를 통과하고 소행성 2685 마수르스키 촬영.
2000년 12월 30일 목성 스윙바이, 토성 궤도에 오름.
2004년 6월 16일 주엔진을 38초간 분사, 궤도 수정(비행속도를 약 5.8km/s 감속).
2004년 6월 30일 토성 궤도에 진입.
2004년 8월 16일 토성의 위성 2개 발견을 공표(메토네, 팔레네).
2004년 9월 9일 토성의 위성 2개(임시부호 S/2004 S3, S/2004 S4), 고리(임시부호 R/2004 S1) 발견.
2004년 10월 21일 토성의 위성 2개(폴리데우케스, 임시명칭 S/2004 S6)를 발견.
2004년 12월 24일 타이탄에 하위헌스 탐사체를 분리.
2005년 1월 14일 하위헌스가 타이탄에 착륙, 배터리 방전될 때까지 2시간 40분, 카시니호를 통해 지구에 탐사 데이터를 전송.
2008년 4월 15일 탐사계획을 2010년 9월까지 연장 결정. 카시니 이쿼녹스 미션 돌입.
2009년 8월 11일 토성 고리의 '소실 현상'을 관찰.
2010년 2월 3일 탐사계획을 2017년 5월까지 연장 발표. 카시니 솔스티스 미션 돌입.
2013년 4월 29일 토성의 북극에서 허리케인과 같은 대기의 소용돌이(육각형 구름) 모습을 관찰. 소용돌이는 북극을 중심으로 눈 크기 약 2천km. 지구의 평균 허리케인의 약 20배.
2013년 7월 19일 14억 4000만km 떨어진 토성 상공에서 지구를 촬영.
2014년 4월 3일 NASA가 카시니호의 관찰을 토대로 토성의 위성 엔셀라두스에 액체 상태의 물로 된 대규모 지하 바다의 증거가 발견됐다고 발표. '태양계에서 미생물이 서식할 가능성이 가장 높은 장소'의 하나임을 시사.
2014년 6월 30일 토성 궤도 진입 10주년 달성. 2017년 4월부터 마지막 미션 '그랜드 피날레' 단계로의 이행을 발표. 토성의 북극 상공을 지나는 F고리의 외곽을 통과하는 궤도를 22회 반복 주회하면서 관측하는 계획.
2017년 4월 26일 토성 대기권과 고리 사이의 공간을 최초로 통과.
2017년 9월 12일 마지막으로 타이탄을 스윙바이하면서 충돌 코스로 궤도 수정.
2017년 9월 15일 한국 시간 20시 32분 카시니호 본체가 토성의 대기권에 돌입. 카시니호가 마지막으로 보낸 영상은 토성의 빛이 닿지 않은 면을 찍은 사진으로, 이 사진을 전송한 후 45초 만에 전소. 미션 종료.

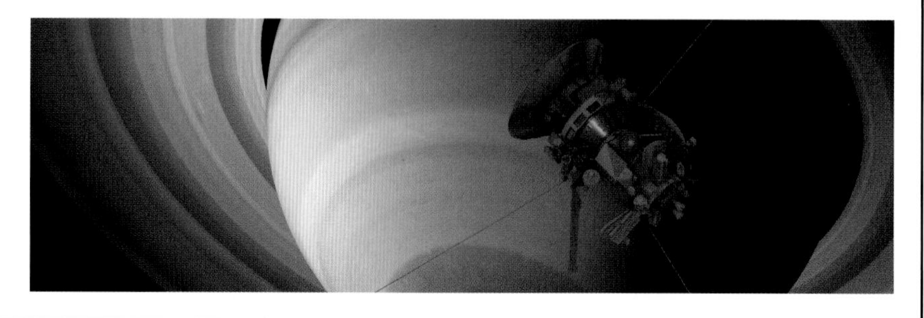

숫자로 보는
카시니-하위헌스 20년의 여정
250만 번 명령 실행
635GB 데이터 수집
6개의 위성 발견
토성의 위성 162개 스윙바이
27개국 참여
발사 이후 49억 마일 여행
카시니호 관련 논문 3948개
294개의 궤도 완료
45만 3048개의 사진 찍음
엔진 360개 연소

시니호 우주선은 토성과 토성 고리의 좁은 공간을 뚫고 들어가 토성 대기권 3천km까지 접근하면서 최초로 토성의 생생한 민얼굴 이미지를 지구로 전송해주었다. 5월 15일까지 카시니호가 네 번에 걸친 다이빙에서 분석한 결과 토성과 토성 고리 사이는 비어 있는 공간으로 밝혀졌다. 카시니호가 토성과의 충돌을 앞두고 수행했던 이 그랜드 피날레 미션의 목적은 토성 중력장과 자기장, 대기와 고리의 성분, 구조에 관한 데이터를 수집하고, 나아가 거대 가스 행성의 형성과 진화의 증거를 탐사하는 데 있었다. 카시니호로서는 '백조의 노래'였던 그랜드 피날레를 완벽하게 마무리한 후, 2017년 9월 12일 오전 마지막으로 타이탄을 스윙바이하여 침로를 충돌 코스로 잡았다. 그리고 마침내 2017년 9월 15일, 토성 생태계 보호를 위해 토성 대기층으로 뛰어들어 산화함으로써 20년에 걸친 토성 대탐사를 마무리하는 '스릴 넘치는 생애의 마지막 장'을 넘겼다. 카시니호는 토성 대기와의 마찰로 불타는 마지막 순간까지도 안

카시니호가 찍은 가장 철학적인 사진: 토성에서 본 지구와 달

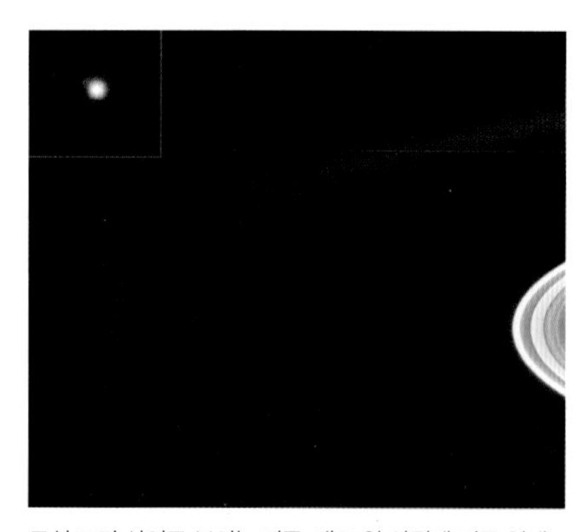

토성 고리 사이로 보이는 지구. 네모 안 사진에 지구 옆에 바짝 달라붙어 있는 달이 보인다. 2013년 카시니호가 지구로부터 14억 5천만km 떨어진 곳에서 찍었다.
ⓒ NASA/JPL-Caltech

"지금, 당신은 저기에 있다. 당신이 알고 있는 모든 사람들, 그리고 이제껏 존재한 모든 사람들도 다 저기에 있다."
이 말은 1990년, 명왕성 궤도쯤에서 보이저 1호가 찍은 '창백한 푸른 점' 지구의 모습을 보고 칼 세이건이 한 유명한 말이다.
이 사진은 지구 행성의 외부 태양계에서 토성 궤도를 돌고 있는 카시니호에서 찍은 지구이다. 카시니호가 찍은 수십만 장의 사진 중 가장 철학적이라 할 만한 이 사진에서 지구는 하나의 점으로 보이고 달은 아예 보이지도 않는다. 네모 안 사진에 지구에 달라붙어 있는 달이 보인다. 참고로, 토성은 태양-지구 거리의 약 10배인 15억km 떨어진 궤도를 공전하고 있다.
사진을 보면 지구는 흑암의 망망대해에 떠 있는 한 점 반딧불처럼 보인다. 달은 그 형 옆에 바짝 들러붙어 있는 겁 많은 동생 같다. 보다시피 70억 인류가 아웅다웅하면서 붙어살고 있는 지구가 우주 속에서 얼마나 작고 외로운 존재인지 실감할 수 있는 사진이다. 우리 인류도 마찬가지로 이 우주에서 얼마나 외로운 존재인가를 느껴볼 필요가 있다. 인류가 탐사선을 우주로 내보내고 있는 것도 우주 속에서 우리의 위치를 찾고 우리의 근원을 알기 위한 것이다.

테나를 지구 쪽으로 돌려 2분 동안 토성 대기 성분 데이터를 지구로 전송하는 최후의 미션을 완료한 후 시그널 발신을 중단했다. 카시니호가 마지막으로 보낸 영상은 토성의 빛이 닿지 않은 면을 찍은 사진으로, 이 사진을 전송한 후 45초 만에 전소되었다. 20년 동안 인류의 야심 찬 우주탐사를 수행했던 카시니-하위헌스가 보내온 데이터 양은 100GB급 휴대용 저장장치(USB 메모리) 6개 분량(635GB)이다. 이 자료로 현재까지 발표된 논문만도 무려 3948건에 달하며, 카시니호가 토성 대기에 진입하면서 실시간으로 보낸 자료는 앞으로도 태양계와 토성계의 생성 등에 대해 더욱 활발한 연구성과를 촉진할 것으로 보인다. 그러나 카시니호 미션의 최대 성과는 무엇보다 태양계를 바라보는 인류의 시각을 크게 바꾸어놓았다는 데 있다. 카시니호 이전 태양계에 대한 인류의 관념이 흐릿한 흑백 초상화였다면, 카시니호 이후의 태양계는 아름다운 원색의 매력적이고 현실감 나는 세상으로 뇌리에 박히게 되었다. 더욱이 우리로부터 15억km나 떨어진 그곳에도 생명이 존재할 수 있다는 가능성을 보여줌으로써 어쩌면 우리의 '기원'과 얽혀 있을지도 모른다는 예감을 갖게 하고, 이런 모든 것들이 우리를 끊임없이 우주 속으로 추동하는 힘이 되고 있는 것이다.

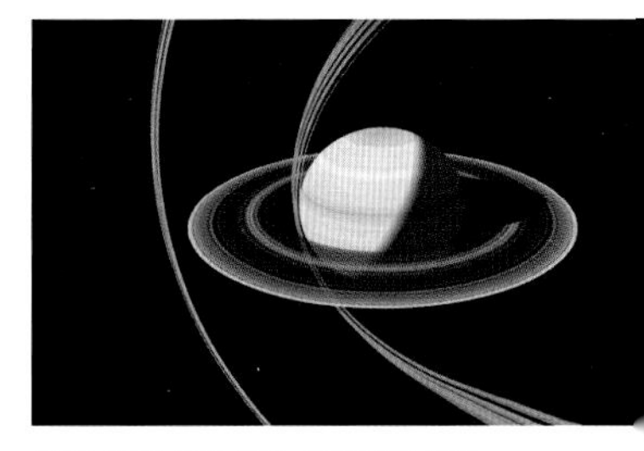

카시니호의 토성 궤도. 왼쪽 갈색 선은 정상적인 토성 궤도, 고리와 토성 본체 사이의 파란 선은 그랜드 피날레 궤도, 붉은 선은 마지막 충돌 궤도다. © NASA

토성 대기권에서 불타는 카시니호 상상도. © NASA/JPL-Caltech

ISSUE 8 살충제 계란

이은희

연세대학교 대학원에서 신경생리학 석사를 취득하고 고려대학교 과학기술학 협동과정에서 과학언론학 전공으로 박사 과정을 수료했다. 현재는 과학서점 '갈다'에 근무하고 있다. 저서로는 『하리하라의 생물학 카페』 등이 있고, 한국과학기술도서상을 수상했다.

ISSUE 8

유럽에서 시작된 살충제 계란의 공포, 한반도를 덮치다

퀴즈, 다음은 어떤 식품일까?

하나, 단백질 11.4%, 지방 8.3%, 탄수화물 3.3%의 고단백식품에 필수아미노산 10종이 모두 들어 있는 양질의 단백질 식품임

둘, 회분, 칼슘, 인, 철분, 나트륨, 칼륨 등 각종 미네랄과 비타민 A, 비타민 B군이 풍부하게 함유되어 있음

셋, 동물성 식품이며 100g당 소비자가격이 300~500원으로 육류에 비해 매우 저렴함

정답은 계란이다. 계란은 여러모로 장점이 많은 식품이다. 애초에 계란은 난생(卵生)을 하는 닭의 배아가 병아리가 되어 알을 깨고 나올

때까지 21일간 성장과 발육에 필요한 모든 영양소의 유일한 제공원이기 때문에 영양학적 가치가 매우 높다. 그럼에도 불구하고, 계란 1개(약 60g)는 200~300원 정도로 쇠고기나 돼지고기 등 다른 동물성 단백질 공급원에 비해 값이 저렴해서 경제적이다. 또한 계란은 삶은 계란, 계란찜, 계란말이, 계란프라이, 스크램블 에그 등의 요리에서 주재료가 되기도 한다. 각종 부침 요리와 튀김 요리, 제과와 제빵에서 주재료의 맛과 식감을 살리는 훌륭한 보조재로써 약방의 감초처럼 빠지지 않을 뿐 아니라, 간단히 삶거나 부쳐서 소금만 뿌려도 좋은 맛이 나기 때문에 요리 초보들도 실패하지 않는 몇 안 되는 식재료이기도 하다.

마지막으로 계란은 조직이 연하고 식감이 부드러워 아직 치아가 제대로 나지 않은 유아, 또는 씹는 힘이 약한 노인이나 환자들도 어려움 없이 섭취할 수 있는 식품이라는 장점도 있다. 그래서 거의 대부분의 가정에서 계란은 필수적으로 냉장고에 존재하며 그만큼 소비도 많다. 농림축산식품부의 자료에 따르면 2017년 9월 기준으로 우리나라의 계란 소비량은 1일당 4천만 개에 달한다. 국민의 80%가 매일 달걀 1개씩을 소비한다는 계산이 된다.

그런데 최근 들어 친근한 식재료의 대명사처럼 불리던 계란에게 심상치 않은 징조가 보이기 시작하고 있다. 최근 몇 년간 더욱더 덩치가 커지고 있는 AI(조류독감)의 확산으로 계란 수급량이 불안정해진 것에 더해, 인체에 유해할 수 있는 살충제로 오염된 계란이 대규모로 유통되는 일까지 벌어졌기 때문이었다.

유럽에서 시작된 살충제 계란의 공포가 한반도에 번지기까지

계란에서 살충제가 검출되었다는 소식이 처음 전해진 것은 지난 2017년 6월 9일이었다. 당시 네덜란드에서 벨기에로 수출된 계란에서 살충제의 일종인 피프로닐(Fipronil)이 검출되는 일이 벌어졌다. 이에 대한 원인을 조사하던 중, 네덜란드의 방역업체인 칙프렌드

폐기되고 있는 살충제 오염 계란.
ⓒ rtlnieuws.nl

(Chickfriend)사를 비롯한 몇몇 방역업체가 양계 농장의 벼룩 방역 과정에서 피프로닐을 사용했다는 정황이 밝혀져 해당 업체들은 폐쇄 조치되었고, 이들 업체들로부터 방역을 받은 양계 업체들도 폐쇄되기에 이른다. 이로부터 2달여가 지난 2017년 8월 3일, 네덜란드 식품소비재안전청 NVWA(Nederlandse Voedsel-en Warenautoriteit)는 피프로닐이 검출된 전체 양계 농가 및 업체 197곳의 리스트와 살충제로 오염된 계란의 코드 리스트 77개를 공식 발표하며 국민들의 섭취 금지를 권고했다. 하지만 이 발표가 있은 뒤 이어진 추가 조사에 따르면, NVWA는 이 사태가 일어나기 전 해인 2016년 11월에, 몇몇 방역업체들이 가금류 진드기(Dermanyssus gallinae) 퇴치 과정에서 피프로닐을 불법으로 사용하고 있다는 익명의 제보를 받고서도 9개월 가까이 별다른 조치를 취하지 않은 것으로 드러나 엄청난 비난의 대상이 되고 있다. 게다가 네덜란드는 유럽 최대의 낙농국가로 생산된 계란의 상당수를 외국으로 수출하고 있었기에, 살충제 피프로닐에 오염된 계란이 네덜란드뿐 아니라 벨기에, 독일 프랑스, 영국, 오스트리아, 이탈리아 등 EU 15개국과 중립국인 스위스, 아시아의 홍콩에서까지 발견되면서 '살충제 계란'의 공포는 전 세계로 확산되기 시작하였다.

유럽산 계란의 살충제 파동이 기사화되자, 국내에서도 "우리가 먹는 계란은 안전한가?"라는 의문이 스멀스멀 피어오르기 시작했다. 비록 국내에서는 네덜란드산 계란을 거의 수입하지 않고 있지만, 국내의 양계업체 및 방역업체들이 피프로닐을 비롯한 살충제를 사용하지 않았으리라는 확실한 보장이 없었기 때문이었다. 그리고 그 불안함은 현실이 되어, 채 2주도 지나지 않은 8월 15일, 농림축산식품부는 경기도 양주시의 한 양계 농장에서 생산된 계란에서 피프로닐이 검출되었다고 공식 발표하기에 이른다. 이후 전국의 양계 농장을 상대로 전수 조사가 실시되었고, 그 결과 2017년 9월 3일 기준 국내 양계업체에서 생산된 계란 중 살충제 성분이 검출된 농장은 총 55개소에 이른다. 해당 양계 업체들은 검사 결과가 나온 즉시 계란의 생산 및 유통이 금지되었고, 이미

ⓒ BBC.com

시중에 유통된 계란들은 수거 및 섭취 금지 권고가 내려졌다. 이 과정에서 국민에게 더욱 충격을 준 것은 살충제 계란이 검출된 농장들 중 상당수가 친환경 인증을 받은 양계 농가였다는 점이다. 뿐만 아니라 주로 피프로닐만 문제시되었던 유럽과는 달리 국내 양계업체에서는 피프로닐(9개소) 이외에도 비펜트린(39개소), 플루페녹수론(5개소)이 기준치를 초과해 검출된 데다, 계란에서는 아예 검출되지 말아야 할 품목으로 지정된 에톡사졸(1개소), 피리다벤(1개소)까지 검출된 것이다. 이미 2016년 11월에 발생했던 조류인플루엔자(AI)로 인해 2700만 마리가 넘는 닭들이 살처분되어 계란 수급량이 저하된 상태에서 일어난 추가적인 악재였다. 이는 계란 수급에 악영향을 미쳐 계란의 소매가격을 뛰어오르게 만들었을 뿐 아니라, '싸고 맛 좋고 질 좋은 단백질 공급원'으로서의 계란의 이미지에 치명타를 안기게 되었다.

지역 번호　생산 농가

국내 살충제 오염 계란 생산 농가(2017년 9월 3일 기준, 총 55개소)

ⓒ 농림축산식품부

연번	시도	농가명	인증 사항	사육규모 (수)	생산량	시료 채취일	검출 농약	검출량 (mg/kg)	기준치 (mg/kg)	계란 코드
1	울산	미림농장	일반	103683	85000	8.1	비펜트린	0.06	0.01	07051
2	울산	한국농장	일반	37600	30000	8.2	비펜트린	0.02	0.01	07001
3	경기	신선2농장	일반	22700	14500	8.11	비펜트린	0.07	0.01	08신선농장
4	대전	길석노농장	일반	7000	3500	8.15	에톡사졸	0.01	불검출	06대전
5	경기	우리농장	친환경	60541	42000	8.15	비펜트린	0.015	0.01	08LSH
6	경기	김순도	친환경	6720	5000	8.15	비펜트린	0.093	0.01	08KSD영양란
7	경기	박종선	친환경	72500	51000	8.15	비펜트린	0.03	0.01	08SH
8	경기	조성우	친환경	34878	24000	8.15	비펜트린	0.032	0.01	08쌍용
9	경기	농업법인조인 (주) 가남지점	친환경	403747	283000	8.15	비펜트린	0.042	0.01	가남,0800103KN, 0800104KN
10	경기	양계농장	친환경	71712	50000	8.15	비펜트린	0.047	0.01	08양계
11	경기	정광면	친환경	139552	98000	8.15	비펜트린	0.043	0.01	08광명농장, 08광명, 08정광면 0802402NH
12	경기	신둔양계	친환경	27400	19000	8.15	비펜트린	0.064	0.01	08신둔
13	경기	마리농장(이한조)	친환경	80000	56000	8.9	피프로닐	0.0363	0.02	08마리
14	경기	오동민	친환경	55000	40000	8.15	비펜트린	0.111	0.01	08부영
15	경기	주희노	친환경	12000	8000	8.15	플루페녹수론	0.028	불검출	08JHN
16	경기	고산농장(주윤문)	친환경	10692	7200	8.15	비펜트린	0.038	0.01	08고산
17	경기	김준환	친환경	236800	165000	8.15	비펜트린	0.018	0.01	08서신
18	충남	박명서	친환경	16500	12000	8.15	비펜트린	0.0197	0.01	11서영친환경 11서영무항생란
19	충남	송연호	친환경	95000	60000	8.15	플루페녹수론	0.0077	불검출	11덕연
20	충남	구운회	친환경	30000	18000	8.15	비펜트린	0.017	0.01	11신선봉농장
21	경북	김부출	친환경	13000	7000	8.15	비펜트린	0.03	0.01	14소망
22	경북	김중현	친환경	5000	3000	8.15	비펜트린	0.045	0.01	14인영
23	경북	박원식	친환경	9000	7000	8.15	비펜트린	0.016	0.01	14혜찬
24	경남	김미옥	친환경	90000	48000	8.15	비펜트린	0.0253	0.01	15연암
25	경남	문경숙	친환경	34000	23000	8.15	비펜트린	0.018	0.01	15온누리
26	강원	왕영호	친환경	55000	30000	8.15	피프로닐	0.056	0.02	09지현
27	전남	청정농장	친환경	83000	40000	8.15	피프로닐	0.0036	0.02	13SCK
28	전남	나성준영(최연호)	친환경	83000	45000	8.15	피프로닐	0.0075	0.02	13나성준영
29	경북	황금자	친환경	50000	13000	8.15	피프로닐	0.018	0.02	황금0906, 황금0908, 황금0912, 황금0914, 황금0916, 황금0921
30	경북	전순자	친환경	50000	24000	8.15	피프로닐	0.01	0.02	14다인, 14DI
31	충남	시온농장	친환경	71000	40000	8.15	비펜트린	0.02	0.01	11시온
32	전남	정화농장	친환경	83000	18000	8.15	비펜트린	0.21	0.01	13정화
33	경기	신호농장	일반	20000	15000	8.16	피프로닐	0.013	0.02	08신호
34	경기	이창용	일반	3700	1500	8.16	비펜트린	0.028	0.01	08LCY
35	경기	맑은농장	일반	35000	20000	8.16	비펜트린	0.0854	0.01	08맑은농장
36	경북	박태수	일반	5000	1500	8.15	비펜트린	0.024	0.01	없음
37	전남	장진성	일반	15000	12000	8.15	비펜트린	0.272	0.01	13우리
38	전남	정고만	일반	15000	12000	8.15	비펜트린	0.024	0.01	13대산
39	전남	이효성	일반	15000	12000	8.15	비펜트린	0.041	0.01	13둥지
40	전남	드림영농 조합법인	일반	40000	32000	8.15	비펜트린	0.023	0.01	13드림
41	경남	조영옥	일반	12000	6500	8.15	비펜트린	0.025	0.01	15CYO
42	강원	윤정희	일반	35000	5000	8.16	비펜트린	0.11	0.01	08LNB
43	충남	대명양계	일반	11680	9700	8.15	피리다벤	0.009	불검출	11대명
44	충남	대흥농장	일반	27000	20250	8.15	비펜트린	0.027	0.01	11CMJ
45	충남	송암농장	일반	25000	18750	8.16	비펜트린	0.026	0.01	11송암
46	경기	정충식	일반	12000	8400	8.17	비펜트린	0.093	0.01	08이레
47	인천	농업회사법인 (유)씨케이파머스	친환경	31060	2700	8.15	비펜트린	0.0167	0.01	04씨케이
48	충남	윤재우	친환경	60000	54000	8.16	피프로닐	0.0763	0.02	11주현
49	충북	청운영농 조합법인	친환경	30000	9200	8.15	비펜트린	0.0627	0.01	10청운1000201DM
50	전북	황현우농장	일반	2500	300	8.16	플루페녹수론	0.008	불검출	없음
51	충남	시간과 자연농원	일반	300	225	8.16	플루페녹수론	0.0082	불검출	11시간과자연
52	충남	초원농장	일반	6000	4500	8.16	플루페녹수론	0.0078	불검출	11초원
53	경남	김옥순 농장	–	–	–	–	비펜트린	0.24	0.01	15058
54	경북	제일농장	–	–	–	–	피프로닐	0.01	0.02	14제일
55	경기	안병호 농장	–	–	–	–	비펜트린	0.04	0.01	08계림

양날의 검, 합성 살충제의 등장

아직도 그 여파가 현재 진행 중인 '2017년 살충제 계란 사건'을 제대로 분석하기 위해서는 먼저 논란의 중심이 된 '살충제'에 대한 이해가 필요하다. 살충제(殺蟲劑, insectcide)란 말 그대로 사람이나 농작물에 해가 되는 곤충(衝)-혹은 절지동물-을 죽이는(殺) 효과를 지닌 약제(劑)를 말한다. 일반적으로 해충은 피해를 주는 방식, 즉 사람에게 피해를 주느냐, 농업에 피해를 주느냐에 따라 위생해충과 농업해충으로 나뉜다. 위생해충이란 인간에게 직접적인 피해를 주는 해충으로 질병을 옮기거나 물리적 고통을 주는 곤충을 말한다. 모기, 바퀴벌레, 파리, 진드기, 이, 벼룩, 빈대 등이 여기에 속한다.

농업해충은 직접적으로 인간을 공격하지는 않지만 농작물, 혹은 인간에게 도움을 주는 식물(예를 들어 가로수 등)을 갉아먹어 간접적인 피해를 주는 종류들로, 대부분의 나방 유충, 흰개미, 진딧물, 깍지벌레, 솔잎혹파리, 매미, 메뚜기, 바구미, 벼멸구 등이 농업해충으로 구분된다. 대부분의 해충들은 크기가 매우 작고 눈에 잘 띄지 않기에 하찮은 존재로 치부되곤 하지만, 사실 해충은 인류의 생존을 위협하는 최대의 생물학적 적수다. 빌 게이츠 재단이 제시한 "세상에서 가장 위험한 동물(The Deadliest Animal in the World)" 리스트[1]에 따르면 바다의 폭군 상어와 백수의 왕 사자에 의해 죽임을 당하는 사람의 수는 각각 연간 10명과 100명 정도인 데 반해, 기생충의 일종인 촌충(tapeworm)은 연간 2000명의 목숨을 앗아가고, 민물달팽이(freshwater snail)/침노린재(assassin bug)/체체파리(tsetse fly)가 옮기는 주혈흡충/샤가스병/수면병으로 인해 연간 1만 명 이상의 희생자가 발생한다. 이들의 위력도 무시무시하지만 이 리스트의 맨 꼭대기에 자리 잡은 존재에 비하면 새 발의 피에 불과하다. 이 리스트의 최고 악당은 한 해 동안 무려 72만 5000명의 목숨을 앗아가는 희대의 살인마인 모기(mosquito)다.

1 https://www.gatesnotes.com/Health/Most-Lethal-Animal-Mosquito-Week

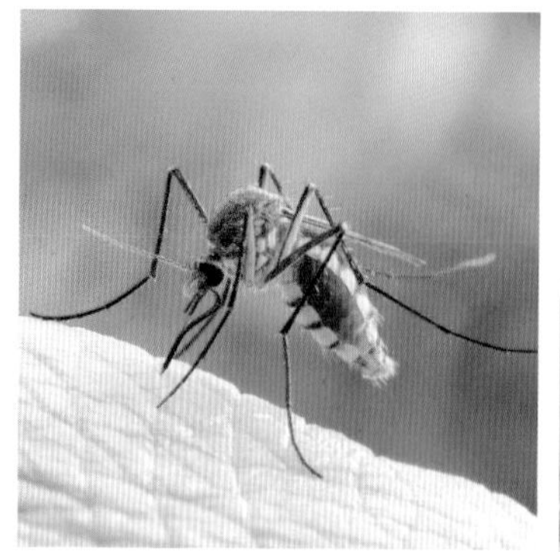

위생해충인 모기.

농업해충인 메뚜기.

모기가 옮기는 감염성 병원체는 말라리아, 뇌염, 황열, 뎅기열, 웨스트나일열 등을 비롯해 무려 22종에 달하고, 이들로 인한 사망자는 각종 모기 방제대책과 백신 및 치료제의 개발 노력에도 불구[2]하고, 여전히 수십만 명 대의 숫자에서 좀처럼 내려올 줄을 모른다. 이뿐만이 아니다. 성경의 '출애굽기'에서 이집트에 내린 10대 재앙 중 하나가 메뚜기에 의한 논밭의 황폐화였다. 실제 역사에서도 1784년 남아프리카에서 3천억 마리의 황충이 3000km^2, 그러니까 서울 면적의 5배나 되는 땅을 단 며칠 만에 황무지로 바꾸어버렸다는 기록이 남아 있을 정도로, 해충은 인간의 건강과 환경에 중대한 영향을 미친다.

이처럼 인류는 아주 오래전부터 해충들과의 생존 경쟁을 벌여왔다. 따라서 이들에 대항하기 위한 수단도 여럿 개발하였는데, 대표적인 것이 특이한 냄새를 가진 식물 그 자체를 이용하거나, 혹은 이들을 태우는 연기로 벌레를 쫓는 것이었다. 계피, 라벤더, 페퍼민트, 제라늄, 마

2 지금보다 방제 수준이 미흡했던 근대 이전의 해충에 의한 피해는 이보다 훨씬 심했다. 대표적인 예가 중세의 페스트였다. 페스트는 쥐에 기생하는 벼룩이 옮기는 질병으로, 14세기 유럽 전역에서 발병한 페스트로 인해 7500만~2억 명이 사망한 것으로 추정되고 있다. 이는 당시 유럽 인구의 30~50%에 해당하는 엄청난 숫자였다.

히로시마 현에 피어 있는 제충국.

늘 등에서 발생하는 독특한 냄새, 다시 말해 휘발성 방향 물질들은 곤충들이 기피하는 경향이 있기 때문에, 그것을 지니고 다니거나 혹은 거주지 주변에서 이들을 태워 그 연기로 해충을 쫓는 방법이 있었다. 우리나라에서도 계피 가루를 이용해 천연 방충제를 만들거나, 마당 곁에서 쑥을 태운 모깃불을 피워 벌레의 차단을 막곤 했었다. 하지만 이들 식물들이 언제나 구하기 쉬운 것은 아니었고, 이들의 효과는 어디까지나 해충을 쫓는 것이지 죽이는 것이 아니었다. 해충을 죽이는 약, 즉 살충제로 주로 사용된 것은 일명 '벌레 잡는 식물'로 불린 제충국(除蟲菊, Insect flower or Phrethrum flower)이었다. 제충국은 꽃의 씨방에서 노란색의 기름 성분이 배출되는데, 여기에 함유된 피레트린(pyrethrin)은 곤충의 신경세포에 존재하는 나트륨 채널의 기전을 방해해 곤충을 죽이는 기능을 한다. 피레트린은 곤충 및 거미, 벼룩, 진드기 등 절지동물에게 있어서는 치명적이지만, 사람과 가축 등 항온동물들에게는 독성이 매우 낮기 때문에 효과가 아주 좋은 천연 살충제였다. 하지만 제충국이 서식하는 지역은 한정되어 있고, 생산량이 제한되어 있기 때문에 많은 지역에서 항시 사용하기에는 한계가 있었다. 해충은 너무나 많고, 어디에나 있었으니까.

오랫동안 고착 상태에 놓여 있던 인류와 해충과의 줄다리기에서 인류가 승기를 잡는 사건은 20세기에 들어서야 겨우 등장했다. 1939년 어느 날, 현(現) 노바티스사의 전신이었던 가이기사에 근무하던 연구원 파울 헤르만 뮐러(Paul Hermman Müller, 1899~1965)는 곤충에게 독성을 나타내는 물질을 테스트하던 중, 우연히 DDT(디클로로페닐트리클로로에탄, dichloro-diphenyl-trichloroethane)라는 물질이 매우 효과 좋은 살충제라는 사실을 알아낸다. DDT는 1874년 자이들러(Othmar Zeidler, 1859~1911)가 합성해낸 물질이었으나, 염료를 연구하던 자이들러에게 염료로 기능하지 못하는 DDT는 가치가 별로 없었기에 기억에서 잊힌 물질이었다. 그래서 DDT의 진정한 면모는 뮐러가 찾아낼 때까지 65년이나 그저 선반 속에서 묻혀 있었다. 뮐러는 다양한 실험을 통해 DDT가 파리와 모기 등 일상적인 해충뿐 아니라, 작물을 갉아먹는 각종 해충들, 심지어 지나간 자리에는 아무것도 남지 않는다는 메뚜기 떼마저도 몰살시킬 수 있는 강력한 살충제라는 사실을 밝혀냈다. 게다가 기존의 살충제들은 해충들이 이를 먹어야 효과를 나타내기에 살충 성분이 효능을 발휘하기까지 어느 정도 시간이 걸리는 데 비해, DDT는 단지 곤충의 몸에 닿기만 해도 살충 효과를 나타내는 접촉성 살충제로, 뿌리는 즉시 효과가 나타난다는 장점이 있었다.

곤충은 물에 젖지 않기 위해서 몸체의 표면이 얇은 지방층으로 덮여 있는데, 지방에 잘 녹는 성질을 지닌 DDT는 이 지방층을 통해 곤충의 몸에 달라붙어 즉효를 냈던 것이다. 이렇게 곤충의 몸속으로 들어간 DDT는 신경세포에 존재하는 나트륨 이온의 흐름을 방해하여 신경마비를 일으켜 곤충을 죽게 만들었다. 게다가 DDT는 잘 분해되지 않아서, 한 번 살포한 DDT는 4년~7년까지 살충 효과를 그대로 유지했다. 그럼에도 곤충 외의 다른 가축이나 사람에게는 거의 해롭지 않은 듯 보였다. 무엇보다도 가이기사를 흥분시켰던 건, 이 모든 장점에도 불구하고 DDT를 합성하는 데 들어가는 비용이 매우 저렴했다는 것이다. DDT의

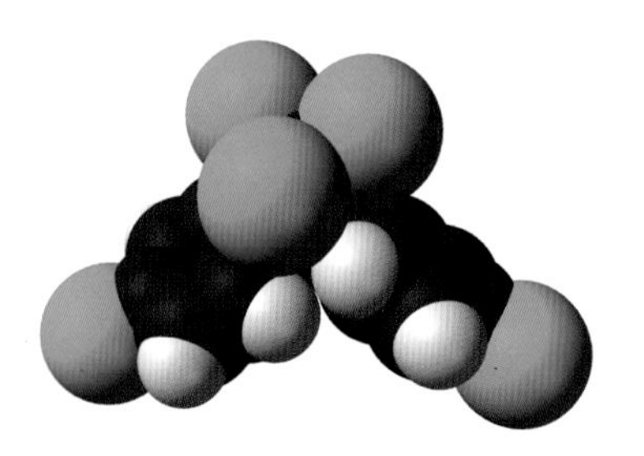

DDT의 분자 모형

매력에 고무된 가이기사는 서둘러 이를 상품화시켜서 1942년, 드디어 DDT로 만들어진 살충제가 시장에서 판매되기에 이른다. 처음에 DDT를 접한 소비자들의 반응은 감탄에 가까웠다. DDT는 농작물의 수확을 거의 완벽하게 보장해줄 뿐만 아니라, 발진티푸스[3]와 말라리아 등의 질병 발생률도 수직으로 낙하시켰다. 기록에 따르면 스리랑카 지역에서는 DDT가 보급되지 않았던 1948년까지만 하더라도 해마다 말라리아 환자가 280만 명이나 발생했지만, DDT가 널리 보급된 1963년에는 일 년 내 겨우 17명의 말라리아 환자가 보고되었을 뿐이다. 이 기적 같은 효과를 접한 사람들은 너 나 할 것 없이 DDT를 사용하기 시작했고 DDT 생산량은 6년 만에 10배나 증가하는 기록적인 성장세를 보였다. DDT가 이처럼 놀라운 성공을 거두자 다른 화학회사들도 앞 다투어 살충제 연구에 뛰어들었고 DDT와 비슷한 효능을 보이는 클로르데인, 톡사펜, 알드린, 디엘드린을 비롯해 파라티온과 말라티온 같은 유기염소계 살충제들이 쏟아져 나왔다.

살충제 매출액은 DDT가 개발되기 전인 1939년의 4천만 달러에서, 1954년에는 2억 6천만 달러로 껑충 뛰었고, 같은 기간 살충제를 판매하는 회사의 숫자도 3.5배 이상 늘어났다. 1940~50년대는 살충제 전성시대라 불러도 과언이 아닐 정도로 살충제 생산량과 판매량, 종류가 폭발적으로 증가했고, 이와 함께 식량 생산량의 증가와 질병 발생 감소가 뒤따랐다. 사람들은 DDT에 열광했다. 모기에 의해 전염되는 말라리아라는 한 가지 질병만 따져보아도 1940년대 약 500만 명 이상의 사람

3 특히나 DDT는 제2차 세계대전 중 발진티푸스의 희생자를 막은 일등공신으로 떠올랐다. 발진티푸스는 머릿니나 몸니에 기생하는 리케차 프로와제키(Rickettsia prowazekii)라는 균에 의해 발생하는 질병으로, 감옥이나 난민수용소처럼 위생 상태가 좋지 않은 곳에서 단체 생활을 할 때 많이 발병하는 질환이다. 발진티푸스에 걸리면 오한, 고열, 근육통에 시달리다가 붉은 발진이 나타나는 것이 특징으로, 치료하지 않고 방치하는 경우 혈액순환 장애 등으로 사망할 가능성이 25%가 넘는다. 1943년 10월, 연합군이 있던 이탈리아의 나폴리 난민 수용소에서는 발진티푸스가 퍼져 25%의 사망률을 기록하며 무서운 속도로 퍼져나갔다. 이에 군은 수용소의 난민들 130만 명에게 DDT를 살포했다. 하얀 DDT 가루는 사람들의 모자와 머리카락, 옷깃과 소맷부리에 뿌려졌고 그해 겨울 즈음 발진티푸스 사망자는 사라졌다. 초기에는 사람들의 몸에 일일이 DDT 가루를 뿌렸지만, 번거롭고 손이 많이 간다는 이유로 군은 비행기를 이용해 질병 창궐 지역에 DDT를 공중 투하했다. DDT 가루가 뽀얗게 내려앉은 지역에서는 이와 벼룩과 모기를 볼 수 없었고, 자연스레 발진티푸스를 비롯해 모기가 옮기는 말라리아도 사라졌다.

들이 목숨을 구했다는 공식 보고가 있을 정도였으니 사람들은 DDT를 페니실린과 더불어 기적의 물질로 여겼다. 하지만 DDT가 판매되기 시작한 지 20년 후에 발간된 레이첼 카슨의『침묵의 봄』에 의해서 DDT의 두 얼굴, 즉 완벽한 살충제와 치명적인 내분비계 교란물질(일명 환경호르몬)의 이중적 모습이 밝혀지기 시작했다. 이후 각종 논란을 거친 뒤, DDT는 득보다는 실이 많다는 판단하에 대부분의 선진국에서는 1970년대 이후 판매 금지에 들어갔다. 하지만 이미 엄청난 양의 DDT가 하천과 논밭에 뿌려진 상태였고, DDT 외의 다른 수많은 합성살충제들이 판매되고 있었다. 다만 DDT의 사례를 이미 겪은 뒤였기에, 살충제들이 곤충을 제외한 다른 생명체에게도 '안전'할 수 있을 것이라는 환상은 꺾인 상태였으며 인류는 좀 더 까다롭게 살충제들을 살피기 시작했다. 각 살충제의 독성을 명확히 파악해 독성이 강한 것들은 생산을 중단했고 독성 수용이 가능한 것들은 인체 혹은 다른 가축에 허용 가능한 기준치를 설정해서 제한을 두었으며, 사용 방법에도 엄격한 기준을 적용하기 시작했다.

허용범위를 벗어난 사용이 가져온 결과

'2017 살충제 계란 사건'의 표면적 원인은 독성을 가진 살충제가 사람들이 먹는 계란에서 검출되었다는 사실이다. 하지만 그 이면을 들여다보면, 이 사건은 살충제가 가지는 근원적 독성에 더해 저렴한 가격에 양질의 단백질을 섭취하고자 하는 소비자의 열망, 단위당 생산량을 높이기 위한 공장식 축산업의 폐해를 비롯해 인간이 각자 처한 자리에서 지닌 다양한 욕망들이 한데 뒤섞여 나타난 복합적인 결과라고 볼 수 있다. 우리나라의 경우 비펜트린이 더 많이 발견되었지만, 유럽에서 처음 문제시되었던 것은 피프로닐이었다. 실제로 외국 기사들에서는 이 사건을 '피프로닐 계란 오염' 사건으로 한정하여 접근하고 있다. 수없이 많은 살충제 중에서 유독 피프로닐이 문제가 되는 이유는 무엇일까.

피프로닐(fipronil)은 화학적으로 페닐피라졸 계열에 속하는 화학물질로, 곤충의 신경세포에 존재하는 GABA 채널 및 글루타메이트 채널을 차단하는 역할을 한다. 일반적으로 신경계에서 GABA 채널 및 글루타메이트 채널은 억제 기능을 담당하는 채널이다. 따라서 이들의 활동이 차단되면 신경세포의 흥분이 진정되지 않아, 신경과 근육이 과도하게 발작하다가 결국 죽게 된다. 이런 효과로 인해 피프로닐은 1993년부터 살충제로 개발되어 판매되고 있다. 특히나 방제가 힘든 것으로 알려진 바퀴벌레 등을 퇴치하는 데도 효과가 뛰어나며, 진드기와 벼룩 등을 퇴치하는 데도 효과가 좋다. 현재 피프로닐은 WHO에서 지정한 2단계의 중급 유해 농약으로 구분되며, 포유류(사람 포함)가 섭취할 경우 발한, 메스꺼움, 구토, 두통, 복통, 간질 발작 등을 일으킬 수 있다고 보고되었다. 그래서 해충 구제용으로, 혹은 동물들의 위생을 위해 제한적으로 사용할 수는 있지만 식용으로 이용 가능한 동물에게는 사용할 수 없도록 지정되어 있다. 예를 들자면, 가정에서 기르는 개에게는 피프로닐이 든 스프레이를 분사해서 털 속에 숨어 있는 벼룩이나 진드기를 잡는 용도로 이용할 수 있지만, 식용으로 기르는 닭이나 가금류에게는 사용이 금지되어 있다는 것이다. 피프로닐은 휘발성 물질이 아니기 때문에 호흡기를 통해 노출될 가능성은 거의 없지만, 일부가 가축의 몸에 그대로 잔존할 수 있어서 식용가축에 사용하는 경우 사람이 섭취할 수도 있기 때문이다. 그런데 이번 사태에는 식용 가축에게는 허용되지 않은 피프로닐이 검출되었다는 것이 문제의 핵심이다. 더욱 이상한 것은 이 피프로닐이 시중의 계란에서는 다수 검출되었으나, 식용으로 팔리는 닭고기에서는 거의 검출되지 않았다는 사실이다. 다시 말해 산란용 닭에게는 피프로닐을 사용했지만, 육계용 닭에게는 피프로닐을 뿌리지 않았다는 뜻이다. 왜 이런 일이 벌어졌을까?

일반적으로 닭을 비롯한 새들의 깃털 속에는 진드기를 비롯한 흡혈성 기생충들이 붙어살기 쉽다. 숙주의 피를 빨아먹고 사는 진드기의 습성상, 포근한 깃털과 따뜻한 피를 가진 닭은 매력적인 먹잇감이자 서

피프로닐의 화학적 구조

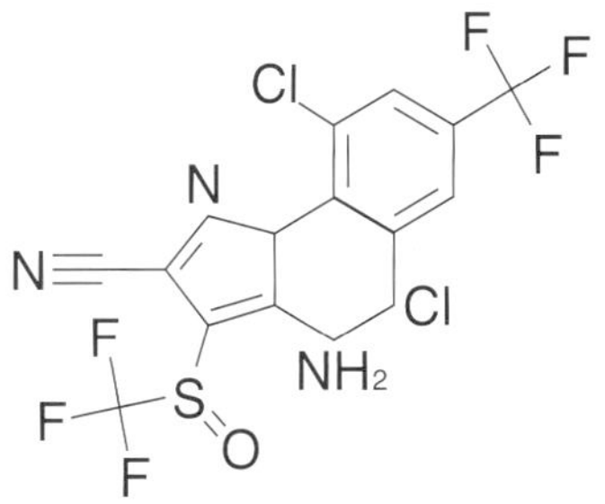

식처가 된다. 하지만 닭들이 진드기의 공격에 호락호락 당하고만 있는 것은 아니다. 자연 상태의 닭은 부지런히 자신의 깃털을 쪼거나 정기적으로 모래더미나 흙구덩이에서 홰를 치며 뒹구는 모래 목욕을 하면서 진드기를 털어낸다. 부리가 닿는 곳의 진드기는 직접 잡아내고, 부리가 잘 닿지 않는 곳은 모래나 흙으로 문질러 진드기를 털어내기 위한 닭의 본능적 자구책이다. 따라서 야생 닭은 물론이거니와 가축용 닭이라 하더라도 흙바닥에 놓아기르는 닭에게는 진드기가 지속적으로 붙어살지 못한다. 육계용 닭들에게는 육질을 유지하기 위해 그다지 넓지는 않아도 움직일 수 있는 공간이 제공된다. 따라서 이들에게는 진드기가 붙어살기는 해도, 건강에 치명적인 영향을 미칠 정도로 대규모로 번식하지는 못한다. 그러니 굳이 살충제를 쓸 필요도 없다.

하지만 산란용 닭들은 다르다. 산란용 닭은 고기를 먹기 위해서가 아니라 계란을 얻기 위해 사육하므로, 가장 효율적인 구조, 즉 고개를 돌려 깃털을 쫄 수조차 없을 만큼 좁은 우리에 앉혀서 그저 계란만 낳도록 만들어진 구조물 하에서 키우는 경우가 많다. 닭이 돌아다니면 계란이 깨질 확률이 높아지니까 말이다. 이렇듯 좁은 곳에 수많은 개체들을 몰아놓게 되면, 자연히 이들에 기생하는 기생체들에게는 천국 같은 환경이 된다. 따라서 이렇게 밀집식 사육을 하게 되면, 아무리 위생에 신경을 쓴다 하더라도 감염병이 집단 발병하는 경우가 자주 나게 된다. 그러다 보니 소독제나 살충제, 항생제의 필요성이 자연스럽게 커지며, 생산량을 높이기 위한 성장 촉진제나 기타 다른 화학물질의 유혹에도 쉽게 넘어가게 된다. 기존에도 계란이 항생제에 오염되어 있다거나, 성장 촉진제가 들어 있다거나 하는 논란은 여러 번 있어 왔다. 이번 '살충제 계란' 사건이 특정 지역이나 나라에만 국한된 경우가 아니라, 산업화된 많은 나라에서 한꺼번에 출현한 것은 이런 상황과 맞물려 있다. 생산성을 높이기 위해서는 밀집식 사육 조건이 필요한데, 이런 조건은 항생제와 살충제의 필요성을 높이기 마련이다. 이를 피하기 위해서 사육 조건을 개선하는 경우, 투입된 단가당 생산 비용이 높아지므로 거기서 생산된 품목의 가격은 높아질 수밖에 없다. 현대인들은 더 이상 자신이 먹을 것을 자신이 생산하지 않는다. 우리는 누군가에게 우리가 먹을 식품의 생산을 맡기고 그 대가로 우리가 노동 혹은 다른 방법을 통해 벌어들인 돈을 맞교환한다. 누구나 손해를 보고 싶어 하지는 않는다.

따라서 싼값에 양질의 단백질을 섭취하고자 하는 열망은 항생제와 살충제로 오염된 계란을 만들어내고, 상대적으로 안전하고 깨끗한 음식물을 섭취하고자 한다면 그만큼의 높은 가격을 지불할 여력이 있는 사람에게만 제한적으로 제공되는 냉정한 구조가 복합적으로 얽혀 있다. 이런 현실에서 피프로닐에 오염된 계란의 등장은 현대인 특유의 식량 생산 구조에서 언젠가 터질 수밖에 없었던 시한폭탄 같은 운명을 지니고 있었던 것이다. 이는 다시 말해, 이번에 피프로닐을 비롯해 살충제에 오염된 다른 계란들을 모두 수거해 폐기하고, 이를 이용한 농장들을 모두 처벌하더라도 지금과 같은 식량 구조가 개선되지 않는 한, 향후 이런 사건이 또다시 발생해도 전혀 이상하지 않다는 말과 동일하다.

결국 이를 근본적으로 해결하는 방법은 '먹는 것이 우리를 만든다'는 절대 진리를 모두가 숙지하고, 먹는 것에서만큼은 이윤이나 생산성보다는 '최대한 좋은 것을 생산하고 유통하는 것이 옳은 일'이라는 윤리의식을 사회 전반으로 확산시키는 것이다. 또한 좋은 먹거리를 생산하는 이들에게 금전적 보상과 지원을 제공하는 동시에 질 나쁜 식재료를 생산하는 이들에 대한 철저한 응징이 동반되어야 한다. 물론 생산자들이 정직하게 생산한다면 소비자들 역시 질 좋은 먹거리에 대해서는 합당한 가격을 지불하는 풍토도 정착되어야만 가능할 것이다. 이건 결코 쉬운 일이 아니다. 결국 문제의 해결은 단속과 처벌이 아니라 공존과 공생을 위한 합의에 있다는 것은 우리에게 많은 생각할 거리를 남겨준다. 비록 2017 살충제 계란 사태 자체는 빠르게 진정된 편이었으나, 생산자와 소비자의 단절, 이윤 추구를 우선시하는 사회 구조, 동물의 권리와 식품 윤리를 경시하는 비윤리적인 태도가 고쳐지지 않는다면, 이와 비슷한 사건 및 사고는 언제든지 일어날 수 있기 때문이다. 우리가 먹는 것이 우리를 만든다면, 더 좋은 우리의 삶을 위해서는 어떤 것을 어떻게 먹고 생산할지에 대한 근본적인 이해와 노력이 필요하다는 것이다.

【참고자료】

『침묵의 봄』, 레이첼 카슨 지음, 김은령 옮김, 에코리브르, 2011.
『닭고기가 식탁에 오르기까지』, 김재민 지음, 시대의창, 2014.
『곤충의 통찰력』, 길버트 월드바우어 지음, 김홍옥 옮김, 에코리브르, 2017.
농림축산식품부 http://www.mafra.go.kr/main.jsp
농림축산식품부 자료실 http://lib.mafra.go.kr/k
농사로 농업인건강안전정보센터 http://farmer.rda.go.kr/portal/intro/index.do
식품의약품안전처 http://www.mfds.go.kr/index.do
식품안전나라 http://www.foodsafetykorea.go.kr
해충도감 https://www.environmentalscience.bayer.kr
독성정보제공시스템 http://www.nifds.go.kr/toxinfo/Index
가금류 진드기(Dermanyssus gallinae) https://en.wikipedia.org/wiki/Dermanyssus_gallinae
피프로닐 / 비페스린 / 플루페녹수론 / 에톡사졸 / 피리다벤 / 피네트린 / DDT
페닐피라졸: http://www.chempolicy.or.kr/selectKrptDetail.chem?patentLibrary.patentId=323134
https://www.farmcq.com/
네덜란드 살충제 달걀 파동 분석 기사: http://news.kotra.or.kr/user/globalAllBbs/kotranews/album/2/globalBbsDataAllView.do?dataIdx=160628&column=&search=&searchAreaCd=&searchNationCd=&searchTradeCd=&searchStartDate=&searchEndDate=&searchCategoryIdxs=&searchIndustryCateIdx=&page=4&row=10
2017년 9월 3일 기준 국내 살충제 오염 달걀 생산 농가 목록(총 55개소): http://www.foodsafetykorea.go.kr/portal/board/boardDetail.do
세계에서 가장 위험한 동물: https://www.gatesnotes.com/Health/Most-Lethal-Animal-Mosquito-Week

ISSUE 9

포항 지진과 액상화 현상

박종관

건국대학교 문리과대학 지리학과를 졸업한 후, 일본 문부성 국비장학생으로 쓰쿠바대학 지구과학연구과에 입학해 이학박사를 취득했다. 귀국 후 조선일보사 환경전문기자를 거쳐 현재는 건국대학교 지리학과 교수로 재직 중이다. 건국대학교 환경과학연구소장과 대외협력처장을 역임했으며, 대한지리학회와 한국지형학회에서 부회장을, 문화체육관광부 생태관광컨설팅단장을 역임하였다. 습지 보존의 공로를 인정받아 환경부장관상을 수상했으며, 인기 사이버강좌 '레츠고 지리여행' 등으로 건국대학교에서 강의우수교수상을 3회 수상하였다.

『레츠고지리여행』, 『한국지리여행』을 비롯한 21편의 저서, 93편의 논문, 132회의 연구 발표, 184회의 언론 기고 등 활발한 학내외 활동을 펼치고 있다. 2017년 인문계 고등학교 『여행지리』 교과서를 대표 집필하기도 하였다. 이외에도 40여 개국의 답사 경력을 바탕으로 지리여행 전문사이트인 jotra.com을 운영하고 있다.

ISSUE 9

포항 흥해 지진의 또 다른 피해, 액상화 현상

그림1
포항 지진과 여진 발생 지점.
ⓒ daum 캡처

휴대폰에서 요란한 진동이 울리더니 '속보: 포항 지진 5.5'란다. 순간 패닉이 일어날지도 모른다는 생각이 스쳤다. 진도 수치가 문제가 아니었다. 포항이라면 경주와 달리 인구 50만이 넘는 대도시다. 다행히도 피해를 입은 곳이 포항 한복판이 아닌, 포항시청으로부터 북으로 12km 떨어진 흥해읍이라는 보도가 나왔다. 큰 재앙은 면한 것이다. '포항 지진'을 '흥해 지진'이라 바꿔 부르면 어떨까? 포항 시가지가 큰 피해를 입었다고 생각하는 많은 사람들의 우려를 없애기 위함이다.

2016년 9월 12일의 경주 지진은 진도 5.8이었다. 13개월 만에 일어난 포항 지진은 진도 5.4. 60여 차례의 여진이 계속되는 가운데 건물이 부서져 81명의 부상자와 1500명이 넘는 이재민이 발생했다. 현장을 둘러볼 필요가 있었다. 지하수가 솟구쳐 논에 물이 고였다는 기사는 답사 본능을 일깨웠다. 모든 것을 제쳐놓고 강의를 마친 후 비행기 왼쪽

사진 1 포항시 흥해읍이 위치한 흥해분지 모습. 붉은색이 진앙지로 알려진 지점이다. 진원지는 깊이 3~7km 지점으로 밝혀지고 있다. 이번 지진의 진앙지는 당초 발표된 진앙지로부터 남동쪽으로 1.5km 옮겨졌으며, 진원지 역시 당초의 심도 9km보다 많게는 6km나 지표면으로 올라온 것으로 확인되었다. 진앙지는 액상화 현상이 나타난 물찬 논 지역의 한복판에 위치하고 있다.

창가에 올라앉고 말았다. 운이 좋으면 흥해를 내려다볼 수 있을지 모른다. 대구와 영천을 지나자 기수가 2시 방향으로 틀어지는 것이 느껴졌다. 포항 시내의 비행로를 피하기 위함이었을 것이다. 경주 안강을 지나자 흥해처럼 보이는 지형이 한눈에 들어왔다. 카메라에 힘이 들어갔다. 렌즈 바꿀 시간도 없었다. 나중에 확인해 보니 흥해분지였다. 지진 발생 하루 만에 지진 피해지를 하늘에서 만난 것이다(사진 1). 저 땅속에선 지금 무슨 일이 벌어지고 있을까?

사진 1과 그림 2를 비교해 보자. 진앙지로부터 읍내까지의 거리는 2.8km. 진원지로부터의 직선거리는 약 7km라는 계산이 나온다. 매우 가까운 거리다. 그 때문이었던지 이번엔 진원지가 15km였던 경주 지진보다 피해 규모가 컸다. 경주의 화강암과 기반암의 차이도 차이였지만, 인구 밀집지 인근이 진앙지였던 탓이 크다.

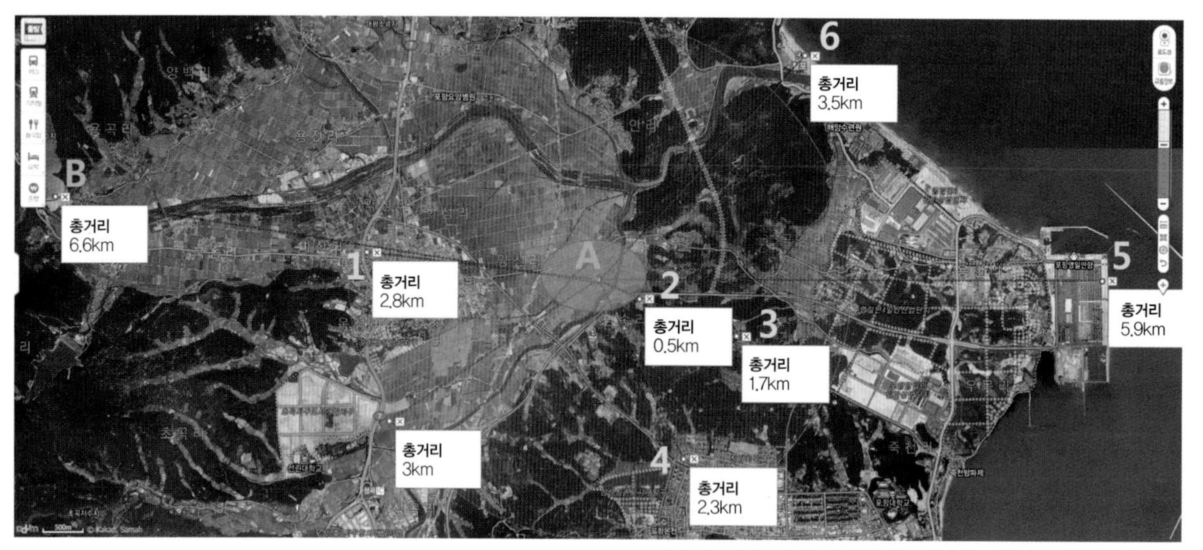

그림 2 포항 지진 진앙지(A)로부터 주요 지점까지의 거리(❶ 흥해읍: 2.8km, ❷ 액상지역: 0.5km, ❸ 한동대학교: 1.7km, ❹ 법원시장: 2.3km, ❺ 영일만항: 5.9km, ❻ 칠포해변: 3.5km, B 용연저수지: 6.6km). 붉은 원은 반경 3km의 지역을, 파란 원은 액상화 현상이 집중 발견된 지역을 각각 표시한 것이다. 진앙지 반경 500m 이내에 액상화 현상이 나타나고 있는 점이 매우 흥미롭다.

포항 지진에서 발견되는 액상화 현상

그런데 흥미로운 사실이 눈에 띈다. 포항 지진 보도를 보면 피해 지역이 거의 동쪽으로 집중되어 있다는 것을 알 수 있다. 물론 재산 피해는 서쪽이 제일 컸다. 사람들이 몰려 살고 있는 시가지였던 탓이다. 그러나 아파트를 포함한 노후건물 몇 군데가 피해를 입었을 뿐 읍내 전체가 타격받지는 않았다. 더구나 북쪽 지역의 피해 사례는 언급조차 없었다. 지진의 흔적은 주로 동쪽에서 발견된다. 우선 액상화 현상이다(사진 3). 진앙지 중심 반경 500m 지점에서 물찬 논들이 대거 발견되었다(그림 2의 파란색 원 지역). 칠포 해변에서도 이른바 샌드볼케이노 현상이 나타났다.

일반적으로 액상화 현상이란 지진의 힘으로 대수층 내부의 지하수가 지표면으로 올라와 지반이 약해진 현상을 말한다. 지하 내부의 충격으로 지하수가 솟아올라온 만큼 지층 내부에 공극이 커져 지반침하가 우려되는 현상이다.

사진 2 포항 지진의 진앙지 서쪽에 위치한 읍내의 한 아파트의 피해 모습

이 액상화 현상은 포항 지진의 주요 키워드다. 흥해분지 내부의 충적층 지하수가 지진 압력에 밀려 솟구쳐 올라왔을 것이다. 흥해분지 내부의 지하수위 관측 자료가 있다면 별도의 조사 없이 천층지하수위의 움직임을 알 수 있을 것이다. 액상화 현상은 우리나라에서 처음 발견된 사례로 예의 주시할 필요가 있어 보이나, 시간이 필요한 시추작업은 그리 의미가 없어 보인다.

남동쪽으로 1.7km 떨어진 한동대와 2.3km 떨어진 법원시장도 지진 피해가 컸다. 건물에 금이 가며 외벽이 무너지고, 상하수도관이 터져 피해를 키웠다. 동쪽으로 6km 떨어진 영일만항에서도 확장시킨 부두 경계부를 따라 10cm 정도로 틈이 생겼다(사진 4).

피해 지역이 동쪽으로 집중된 이유는?

그렇다면 왜 이번 지진은 반경 3km 정도 지역에서 단층의 동서 방향, 특히 3~4시 방향에 집중되어 나타났을까? 단층선을 따라 발생한

사진 3 흥해읍 남송리 일대에서 발견된 액상화 현상. 이 지역의 논은 포항 지진 발생 직전까지 바싹 말라 있었다고 한다. 흥해분지 충적평야부에 존재하고 있던 천층지하수가 올라온 것으로 판단된다. 물 위로 넓게 퍼져 있는 기름막이 신경 쓰인다.

사진 4 한동대학교와 영일만항에 나타난 포항 지진의 흔적들.

지진(그림 1)이 왜 단층선이 아닌 동서 방향으로 그 흔적을 남긴 것일까? 서쪽의 용연저수지(그림 2의 B)가 멀쩡한 것은 그야말로 천우신조다. 저수지가 당했다면 상상도 못 할 일이 벌어졌을 것이다. 피해 지역이 동쪽으로 집중된 이유가 포항 지진을 푸는 하나의 단서가 될 전망이다. 포항 지진의 성인은 경주 지진과 마찬가지로 판구조론이 아닌 단층운동에 의한 것으로 발표되었다. 단층운동이란 정단층이나 역단층에 의한 지괴운동을 뜻한다. 일반적으로 정단층이 발생하면 땅이 갈라져 틈이 생기며, 역단층이 생기면 땅이 부딪혀 올라오게 된다. 우리나라와 외국 간의 이견이 있어 아직 확정적이진 않으나, 포항 지진은 역단층에 의한 것으로 분석되고 있다. 그래서 규모가 5.8이었던 경주 지진보다는 0.4 작았지만 그 피해가 경주 지진보다 더 커진 것이다. 후쿠시마 지진이 한반도 쪽으로 밀어올린 스트레스가 이번에 터진 것일까?

그보다 더 깊게 생각해볼 문제가 있다. 포항 지진의 진원지 평균 깊이는 5km로 진원이 지표면에서 15km 지점이었던 경주 지진 때보다

역단층의 예(미국 사다니아) ⓒ 셔터스톡

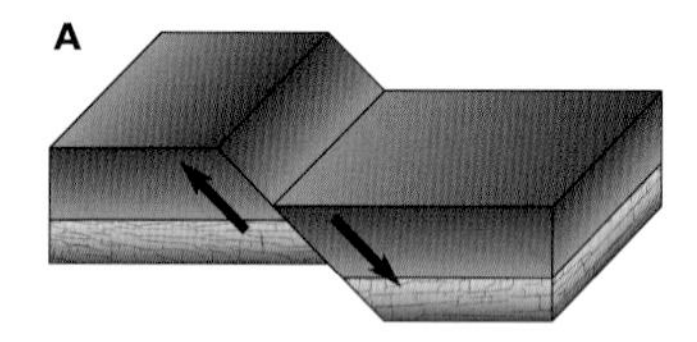

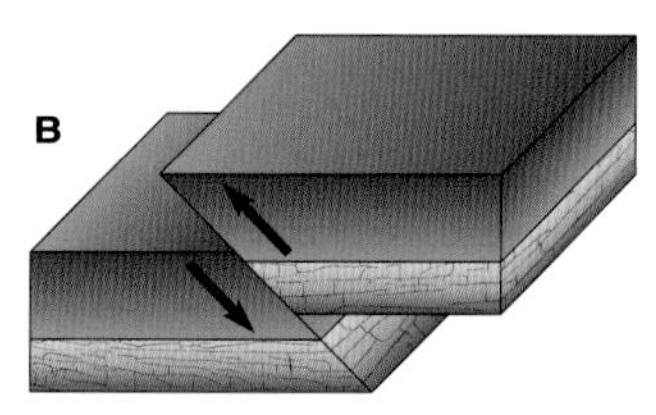

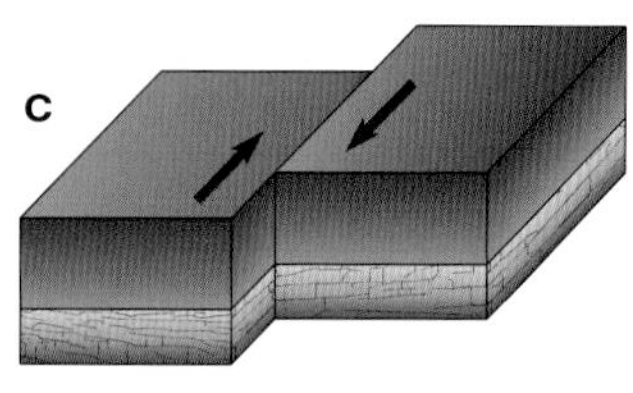

단층의 기본 분류
A 정단층
B 역단층
C 수평단층

얕다. 진원이 얕아 지진에너지가 더 빨리, 더 강하게 전달돼 피해를 키운 셈이다. 이 지역의 기반암은 강도가 매우 약한 이암(mudstone)으로 구성된 지역이다(사진 5). 이 이암은 대체 어느 깊이까지 들어가 있을까? 경상분지의 백악기 퇴적암층 깊이가 9km라는 학계의 보고가 있다. 진도 5.4와 진원지 5km의 깊이를 고려할 때, 진원지를 중심으로 분포되어 있는 이암은 전부 깨졌을 가능성이 크다. 지반침하가 더욱 염려되는 이유다. 이 지역 지하수 개발업체의 전언에 의하면, 흥해 지역의 이암층은 지하 600m까지, 그 하부엔 사층이 10m 정도로 나타나며, 이하 안산암층 1000m까지 나타난다고 한다.

사진 5 흥해 지역의 기반암인 이암층은 깊이 600m까지 발견된다. 이 이암은 이 지역에서 '떡돌'이라는 별칭으로 불리고 있다. 손으로 집었다가 떨어뜨리면 바로 박살이 날 만큼 강도가 약하다.

사진 6 비행기에서 내려다본 양산단층 모습(맨 왼쪽).

사진 7 흥해 상공에서 바라본 흥해 남부의 구릉지 모습. 해발 150m~200m의 고도 분포를 보이고 있다. 이 같은 해발고도를 지닌 물결 모양의 저산성 구릉지는 영천, 포항, 경주, 울산 등지에서도 발견된다.

흥해분지의 기반암층 분석이 선행되어야

포항 지진의 정확한 성인을 알기 위해서는 포항 지역의 기반암층 분석이 선행되어야 한다. 그리고 밝혀진 도면 위에 단층선을 그리고 진파 등 관측 자료와 피해 규모, 종류 등을 얹혀 지진 내용을 분석해야 한다. 흥해분지의 퇴적암층 두께와 종류는 포항 지진의 해석을 위한 열쇠다. 더욱이 진앙지로부터 불과 500m 떨어져 있는 지열발전소의 위치는 포항 지진 발생의 원인으로 해석될 개연성이 충분하다. 지열발전소 현장에 이 지역의 시추자료가 있을 것이다.

사진 6은 필자가 얼마 전 일본 나가사키 답사를 마치고 귀국할 때 부산 상공에서 찍은 양산단층 모습이다(맨 왼쪽). 한눈에도 엄청난 규모의 단층선임을 알 수 있다. 저런 무시무시한 단층 내부에서 어떤 일들이 벌어지고 있을까 매우 염려스럽다. 우리나라의 지진은 지괴운동, 즉

활단층운동에 의한 것임을 명심해야 한다. 영월댐 건설 포기 선언도 단층에 의해 생긴 영월 지진이 한몫했지 않았던가?

흥해분지는 과거에 호소였을까?

내친 김에 하나 더. 흥해 지역은 중생대 백악기 때 형성된 경상분지에 속한 지역이다. 경상분지에는 과거 수심이 얕은 호소(湖沼)가 있었다고 전해지고 있다. 흥해 주변의 나지막한 구릉지는 해발 150~200m의 고도를 갖고 있다(사진 7). 영천, 포항, 경주, 울산 등지에서도 이와 똑같은 지형이 나타난다. 하늘에서 보니 물결 모양의 능선이 참으로 기묘하다. 지상에선 곡선으로 평야부와 만나는 산지 경계선에서 호반 냄새가 풍긴다. 흥해분지는 과거에 호소였을까? 그렇다면 과연 그 호소는 언제쯤 사라진 것일까? 그것이 이번 흥해 지진과는 상관없는 것일까? 흥해의 이암층을 1200만 년 전부터 융기해 올라온 해성층으로 해석해도 옳은 것일까? 흥해 이암층이 단층운동에 취약할 수밖에 없기에 꺼내본 말이다.

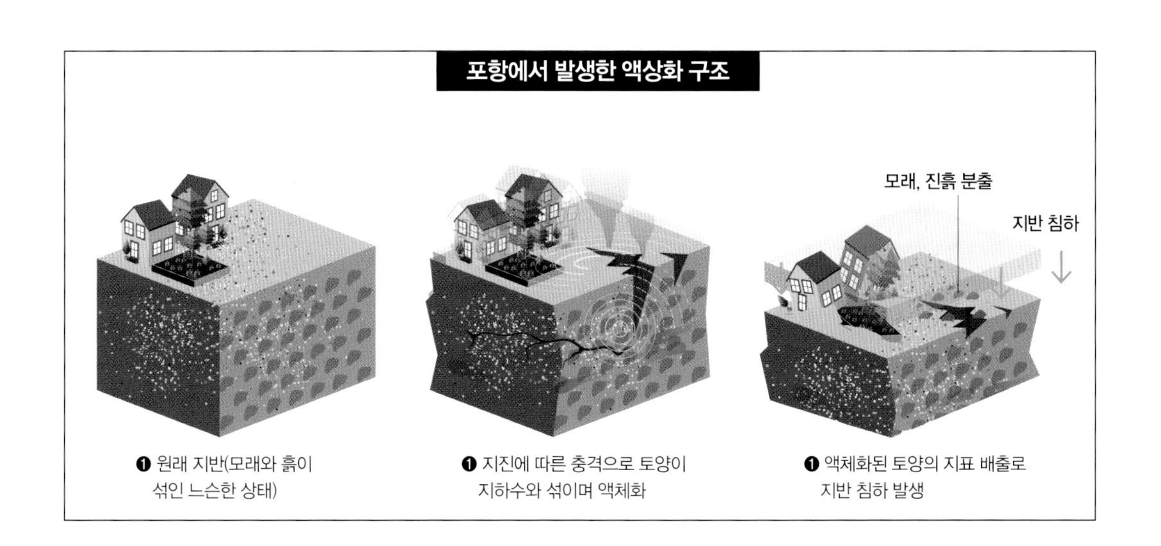
포항에서 발생한 액상화 구조
모래, 진흙 분출
지반 침하
❶ 원래 지반(모래와 흙이 섞인 느슨한 상태)
❶ 지진에 따른 충격으로 토양이 지하수와 섞이며 액체화
❶ 액체화된 토양의 지표 배출로 지반 침하 발생

액상화 현상

2017년 11월 19일 포항 진앙 주변 2㎞ 반경에서 액상화 흔적 100여 곳이 발견됐다. 국내 지진 관측 사상 액상화 현상이 발견된 것은 이번이 처음이라고 한다. 포장도로 밑에 불포화 토층이 있고, 그 하부에 토양 공극이 100% 물로 채워진 대수층(지하수층)이 있다고 가정해보자. 지진이 발생하면 마치 체를 치듯 땅이 통째로 흔들려 지층의 재배치 현상이 일어나게 된다. 이 과정에서 대수층이 다져지면서 지하수압이 발생하고, 그 압력이 상부의 불포화층으로 전달되어 혼탁한 지하수가 솟구쳐 올라오게 된다. 그 결과 지반 강도가 약해지게 되는데, 이를 액상화 현상이라고 한다. 실제 흥해에서도 모래가 솟구쳐 올라와 높이 10cm 내외의 샌드볼케이노가 발견되기도 하였다.
포항 흥해 지진이 2016년 경주 지진보다 규모는 작았지만 액상화 현상이 동반되어 건물이 내려앉거나 기우뚱 쓰러지는 등 피해가 더욱 커졌다는 분석이다. 실제 진앙 근처인 포항 흥해읍 일대 논밭에서는 논에 물을 댄 것처럼 물이 흥건하고, 구멍과 함께 진흙들이 쌓여 있는 모습이 곳곳에서 발견됐다. 지진 대비가 잘돼 있는 일본도 1964년 니가타 지진 때 액상화 현상으로 아파트 3채가 기울어지는 등 큰 피해를 입었다. 특히 포항 흥해의 경우, 경주처럼 단단한 화강암 암반이 아니라 암석화가 덜 된 퇴적암 암반이어서 액상화 발생 가능성이 훨씬 높다는 분석이다.
다행히도 이번 포항 지진은 액상화로 인한 지반침하의 우려가 현실화되지는 않았다. 포항 지진으로 인한 액상화 현상은 이 지역이 깊이 수백m의 이암으로 구성된 연약지반층이라는 점, 흥해분지의 특성상 지하수위가 높아 논 밑의 천층지하수가 쉽게 솟구쳐 올라왔을 것이라는 점 등이 그 발생 원인으로 지목되고 있다.

지진에 의한 액상화 현상의 예(뉴질랜드, 2011)
ⓒ 셔터스톡

공교롭게도 2016년 경주 지진과 2017년 포항 지진 모두 경북 지역에서 일어났다는 공통점이 있다. 전문가들은 두 차례의 강력한 지진이 경북 지역에서 일어난 이유로 양산단층에 주목하고 있다. 물리적인 힘을 받아서 끊어져 어긋난 지질 구조를 의미하는 단층이 움직여 지진을 발생시킬 수 있는 구조일 경우 활성단층으로 정의한다. 경북 영덕에서 경남 양산, 부산을 지나 약 170km 길게 뻗은 양산단층이 활성단층인 것으로 추정되고 있는데, 2017년 포항 지진과 2016년 경주 지진의 진원지는 모두 양산단층에서 가까운 곳이다.

양산단층 주변을 뒤흔든 힘은 어디서 시작됐을까. 오창환 전북대 지구환경과학과 교수는 "한반도를 중심으로 동쪽의 태평양판, 남쪽의 필리핀판, 서쪽의 인도판 등 3개 판이 한반도 지하를 자극하는 응력의 원천"이라며 "포항 지진의 경우 태평양판과 필리핀판에서 미친 응력이 더 컸을 것"이라고 말했다. 또한 3개 판이 한반도에 미치는 힘의 크기가 달라지면서 국내에서 발생하는 지진의 위치나 규모가 달라질 수 있기 때문에 우리나라 전역에서 지진 발생이 잦아질 수 있다고 말했다.

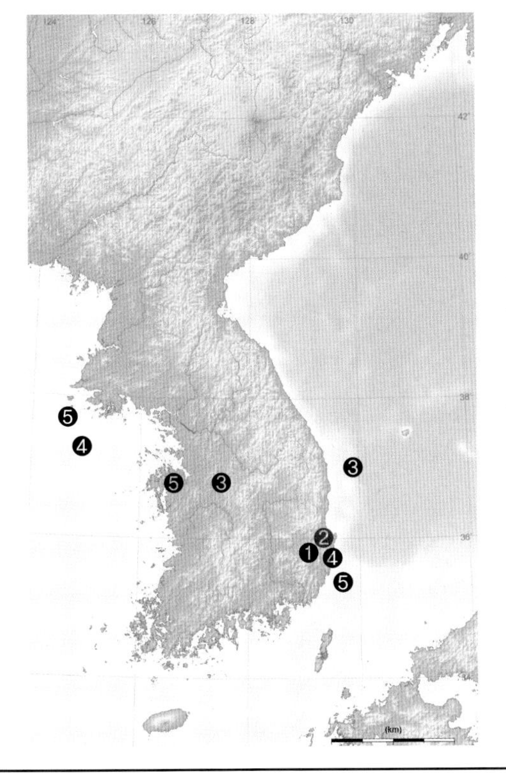

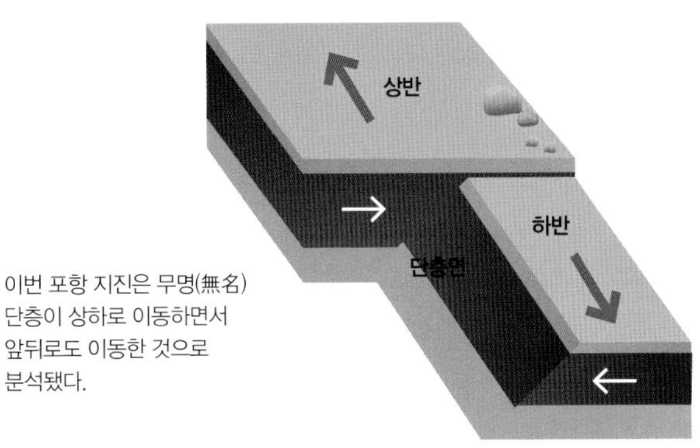

이번 포항 지진은 무명(無名) 단층이 상하로 이동하면서 앞뒤로도 이동한 것으로 분석됐다.

역대 국내 지진 규모 순위(1978년 이후)

❶	5.8	2016. 9. 12	경북 경주시 남서쪽
❷	5.4	2017. 11. 15	경북 포항시 북구
❸	5.2	2005. 5. 29	경북 울진 해역
	5.2	1978. 9. 16	충북 속리산 인근
❹	5.1	2016. 9. 12	경북 경주시 남서쪽
	5.1	2014. 4. 1	충남 태안 해역
❺	5.0	2016. 7. 5	울산 동구 동쪽 해역
	5.0	2003. 3. 30	인천 백령도 해역
	5.0	1978. 10. 7	충남 홍성

ⓒ 한국지질자원연구원, 기상청(2017)

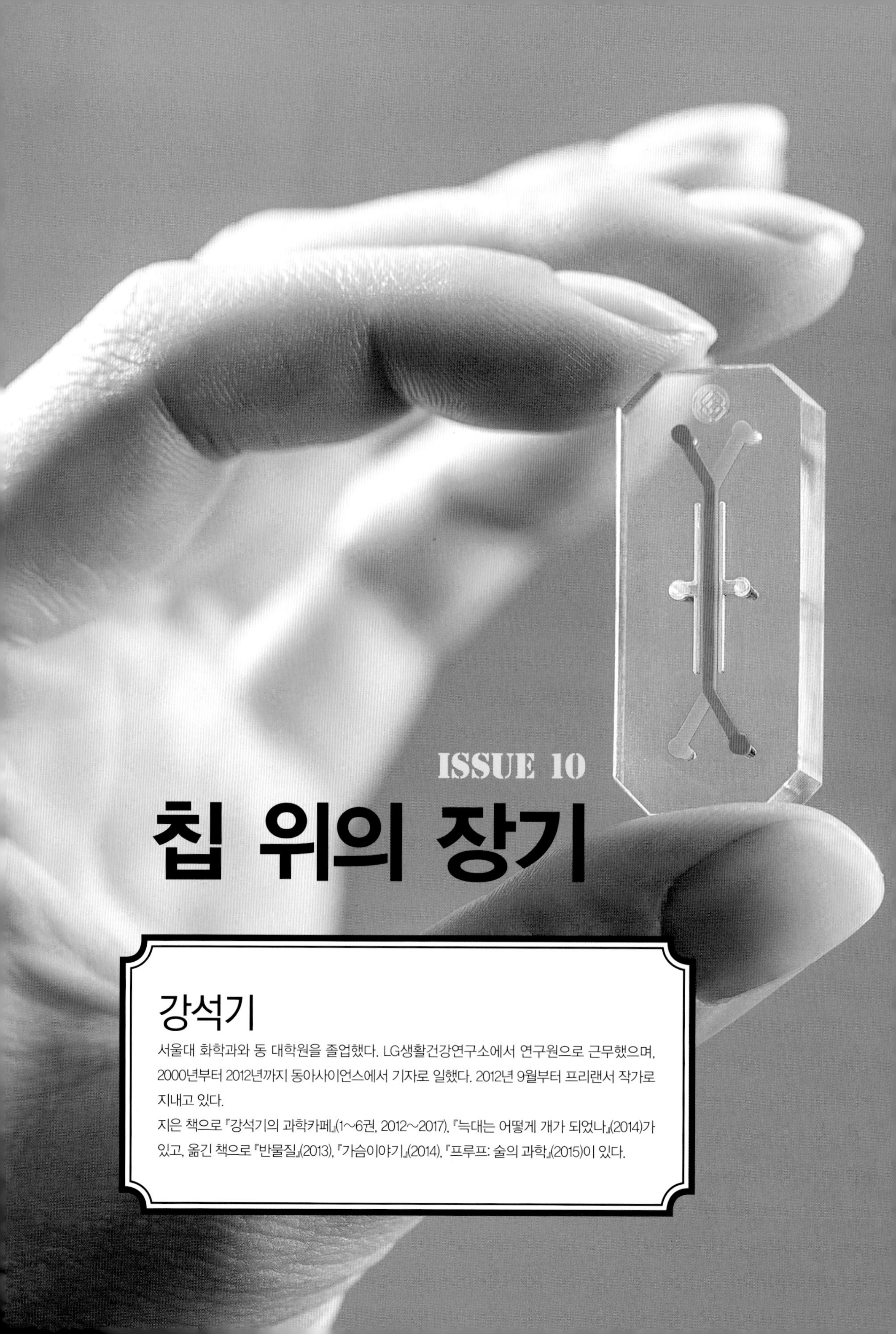

ISSUE 10

칩 위의 장기

강석기

서울대 화학과와 동 대학원을 졸업했다. LG생활건강연구소에서 연구원으로 근무했으며, 2000년부터 2012년까지 동아사이언스에서 기자로 일했다. 2012년 9월부터 프리랜서 작가로 지내고 있다.

지은 책으로 『강석기의 과학카페』(1~6권, 2012~2017), 『늑대는 어떻게 개가 되었나』(2014)가 있고, 옮긴 책으로 『반물질』(2013), 『가슴이야기』(2014), 『프루프: 술의 과학』(2015)이 있다.

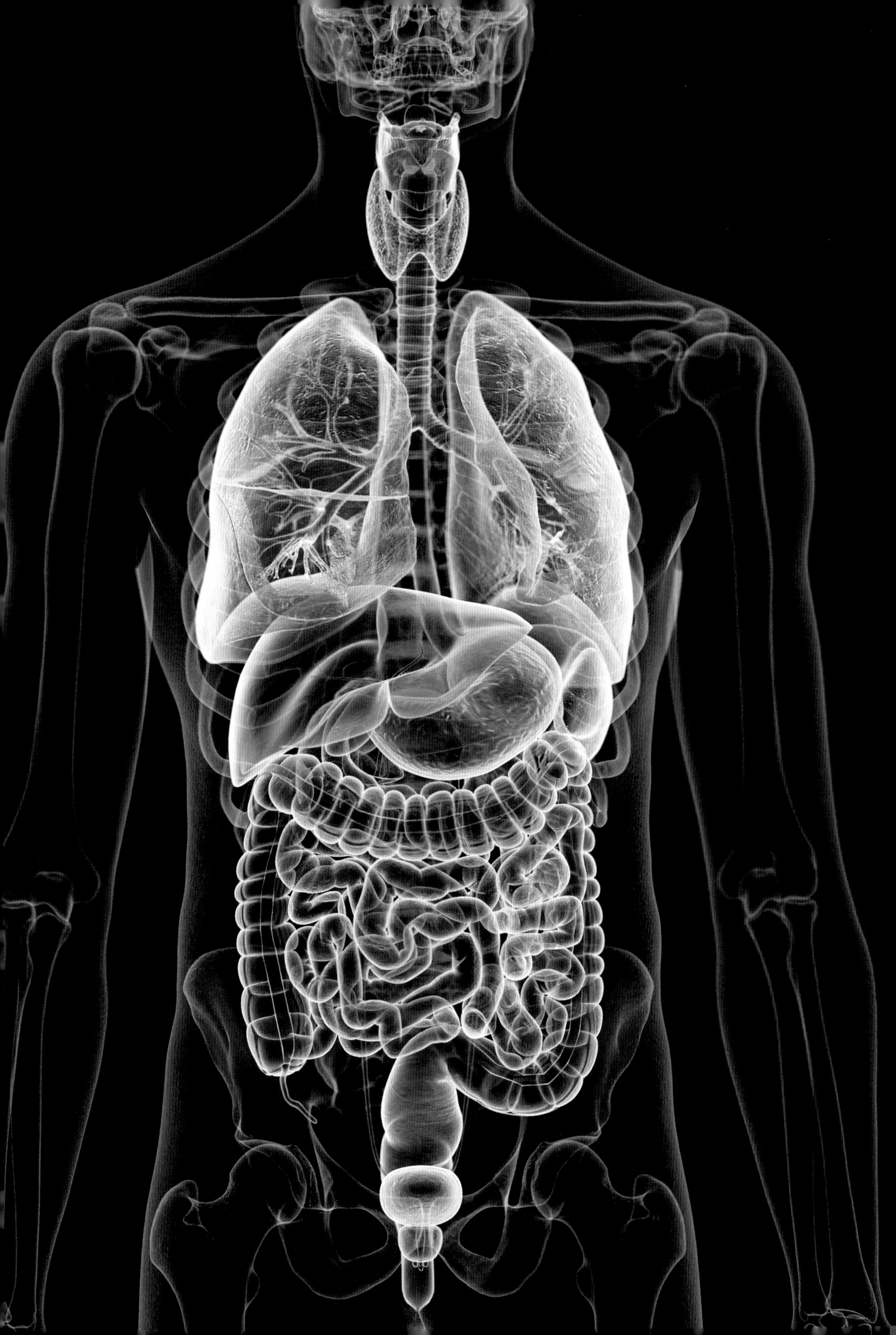

ISSUE 10

칩 위의 인간, 호모 치피엔스가 온다

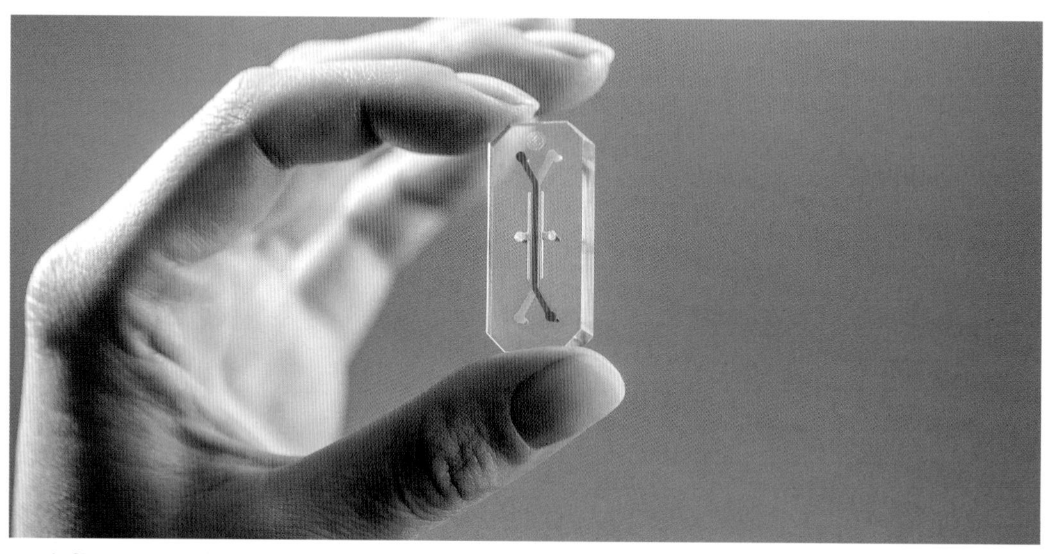

2017년 4월 미국 식품의약국(FDA)은 식품첨가물의 안전성을 평가하는 데 '칩 위의 간'이 실험동물을 대신할 수 있는지 검토에 들어간다고 발표했다. 칩 위의 장기가 실험동물을 대신하거나 보완하는 시대가 조만간 열릴 전망이다.
ⓒ Emulate

2017년 4월 11일 미국 식품의약국(FDA) 식품안전성분과의 독성학자 수잔 피츠패트릭은 '칩 위의 간'이 식품의 안전성을 검증하는 데 실험동물을 대체할 수 있는지 본격적인 검토에 들어간다고 발표했다. 칩 위의 간(liver-on-a-chip)이란 사람 간의 기능을 모방한 '미니' 간으로 칩 위에 진짜 간세포가 들어 있다. 사실 간뿐 아니라 폐, 신장, 소장 등 여러 장기들에 대한 '칩 위의' 버전이 나와 있다. 이를 일반화해 '칩 위의 장기(organ-on-a-chip)'라고 부른다. 물론 이들 칩에도 해당 장기 또는 줄기세포에서 해당 장기의 세포 유형으로 분화시킨 살아 있는 세포가 들어 있다. 2000년대 들어 칩 위의 장기 분야가 활발하게 연구되고 있고 마침내 FDA가 동물실험을 대신할 수 있을지 정식으로 검토하기에 이르렀다. 최근에는 하나의 칩 위에 여러 장기를 배치한 '칩 위의 몸(body-on-a-chip)' 또는 '칩 위의 인간(human-on-a-chip)' 연구도

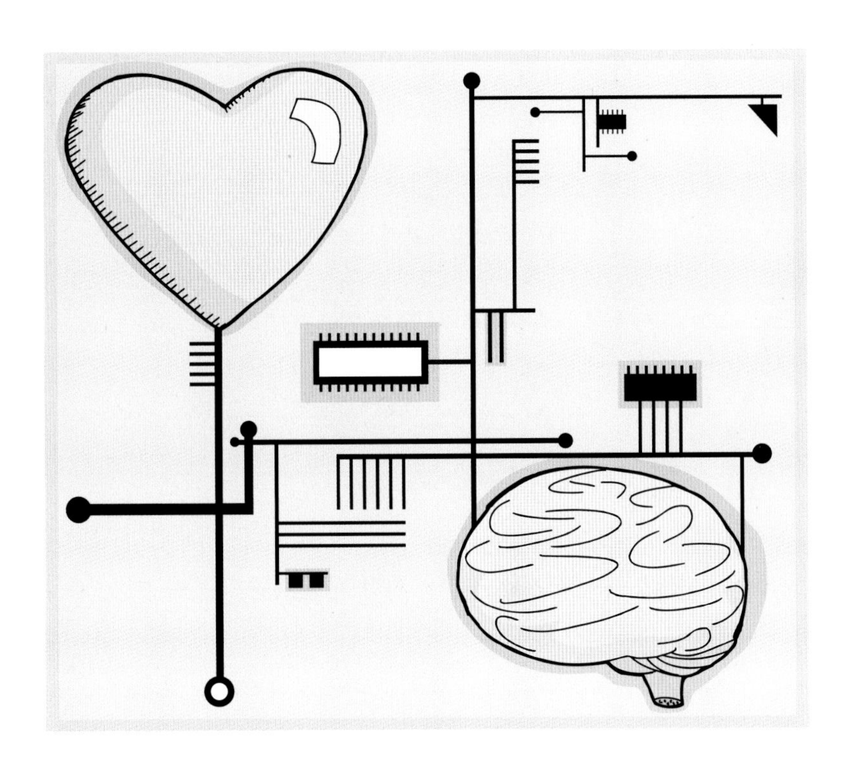

본격화되고 있다. 장기 서너 개로 이루어진 칩이 이미 나와 있고 머지않아 열 개 이상 들어 있는 칩도 나올 것으로 전망된다. 그러다 보니 미국 밴더빌트대의 생리학자 존 윅스워 교수는 칩 위의 인간에 학명 스타일인 '호모 치피엔스(Homo chippiens)'라는 별명을 붙여주기도 했다. 도대체 칩 위의 장기 또는 칩 위의 인간이란 무엇인가.

동물실험의 한계

영국의 생리학자 윌리엄 하비(1578~1657).

인류는 수백만 년 역사에서 대부분의 기간을 미지의 먹을거리나 약물, 치료법을 찾거나 자신을 실험대상으로 치료법을 직접 시도해보는 데 할애했으며, 이를 바탕으로 취사선택을 해왔다. 이 과정에서 숱한 사람들이 자기 몸을 상하거나 죽어갔다. 이들의 희생을 바탕으로 인류

약물 같은 물질의 효능이나 부작용을 미리 알아보는 동물실험은 현대 과학과 의학의 발달에 지대한 공헌을 했다. 그러나 동물실험의 결과와 사람을 대상으로 한 임상시험의 결과가 다른 경우가 많다는 한계가 있다. 게다가 동물복지가 이슈로 떠오르며 화장품처럼 절박하지 않은 분야에는 동물실험을 금지하는 추세가 되면서 이를 대신할 방법으로 최근 칩 위의 장기가 떠오르고 있다.

는 식단을 짜고 병을 고치는 기술을 축적해왔다. 그러나 과학이 발달해 의학에 적용되면서 위험천만한 일은 사람 대신 동물의 몫이 됐다. 바로 실험동물의 등장이다. 17세기 영국의 생리학자 윌리엄 하비가 혈액순환론을 연구할 때 생쥐를 모델로 쓴 게 동물실험의 원조로 꼽힌다. 생쥐(mouse)와 쥐(rat) 같은 소형 설치류로 대표되는 실험동물은 오늘날 생물학과 의학 발전에 지대한 공헌을 했고 지금도 공헌하고 있다. 20세기 중반 이후 개발된 신약 대다수는 먼저 동물실험을 통해 약효와 부작용을 검증한 뒤, 사람을 대상으로 임상시험을 실시하는 과정을 거쳐 나온 것이다. 그럼에도 동물실험에는 몇 가지 문제가 있다. 따라서 이를 대신하거나 보완할 수 있는 방법을 찾아야 했는데, 그 가운데 하나가 칩 위의 장기다.

동물실험의 가장 큰 문제 가운데 하나가 생리반응이 인간과 같지 않다는 것이다. 서로 다른 종이므로 어찌 보면 당연하지만 가끔씩은 큰 문제가 터지기도 한다. 대표적인 예가 1957년 출시된 진정제 탈리도마이드(thalidomide)로 동물실험에서는 부작용이 전혀 발견되지 않았다. 하지만 임산부가 입덧을 완화하기 위해 복용한 결과 팔다리가 제대로 발달하지 못한 기형아가 수만 명 태어나면서 신약 개발의 역사에서 최

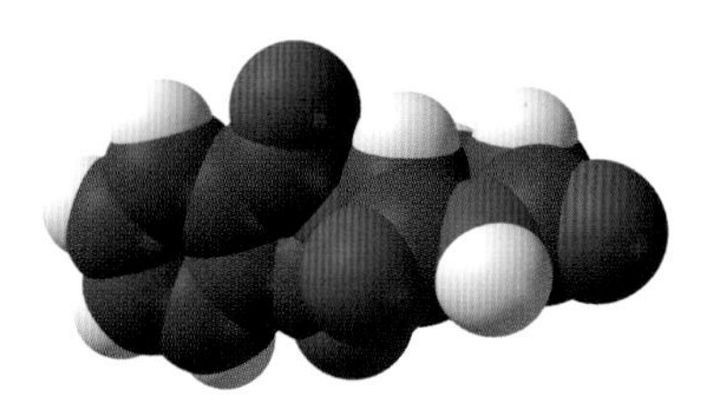

탈리도마이드의 분자 구조.

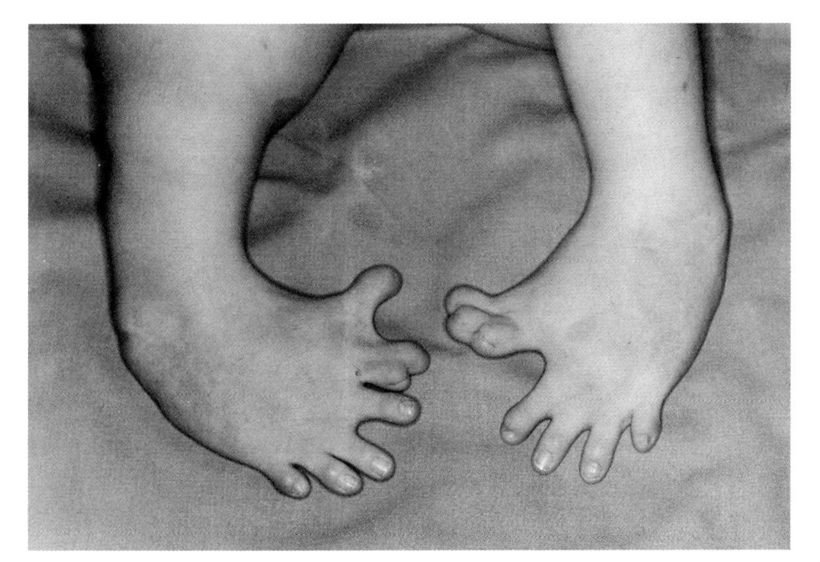

탈리도마이드로 인해 생긴 기형아의 발. 발가락이 7개이며, 그중 2개는 서로 들러붙었고 발목이 굽었다.

악의 사례로 꼽히고 있다. 반면 19세기 후반부터 널리 쓰이던 인공감미료 사카린(saccharin)은 1970년대 생쥐를 대상으로 한 동물실험에서 방광암을 일으키는 것으로 밝혀져 판매가 금지됐다. 그러나 이는 생쥐 특유의 생리 메커니즘의 결과로 사람에서는 그런 현상이 일어나지 않는다는 사실이 밝혀지면서 2000년대 들어 판매가 재개됐다.

인공감미료 사카린.

동물실험은 엄격한 기준을 충족하는 환경에서 동물을 키워야 하므로 그 자체로도 비용이 많이 든다. 하지만 동물실험 결과로 인해 치러야 하는 비용과는 비교가 안 된다. 예를 들어 신약 개발 과정 중 동물실험에서 합격점을 받은 약물의 90%가 사람을 대상으로 한 임상시험에서 약효가 떨어지거나 부작용이 심해 탈락한다. 신약이 하나 나오는 데 평균 2조 원이 넘는 연구비가 드는 이유다. 동물실험에 대한 윤리성 논쟁도 부담스러운 측면이다. 특히 화장품처럼 인간의 미적 욕구를 충족하는 제품을 개발하는 과정에서 동물실험을 하는 건 파렴치한 짓이라는 주장이 대중의 호응을 받으면서 유럽연합(EU)은 2009년부터 역내 화장품업체들이 제품을 개발할 때 동물실험을 하지 못하게 했고, 2013년부터 개발 과정에서 동물실험을 한 화장품의 판매를 금지하고 있다. 미국 역시 2013년부터 사람과 가까운 유인원(주로 침팬지)에 대해 행동심리

많은 분야에서 동물실험을 대신하거나 보완해 배양한 사람 세포로 실험을 하고 있다. 그러나 페트리 접시에 배양액을 넣고 세포를 키우는 2차원 배양법은 세포가 원래 있던 장기의 환경을 재현하지 못하기 때문에 세포의 성격이 바뀌는 경우가 많아 사람을 대상으로 한 임상시험에서는 종종 결과가 다르게 나온다는 한계가 있다.

실험을 제외한 모든 동물실험을 금지하고 있다. 동물실험에 대한 각종 규제도 점점 까다로워지고 있다.

물론 이에 대한 대응책으로 사람 세포를 배양해 실험하는 방법이 개발돼 널리 쓰이고 있다. 그러나 많은 경우 배양된 세포를 대상으로 한 실험결과는 크게 믿을 게 못 된다. 우리 몸의 세포는 똑같은 게놈을 지니고 있더라도 조직이나 장기에 따라 유전자 발현 양상이 달라 다른 형태와 기능을 지니고 있을 뿐 아니라 약물에 대한 반응도 제각각이라서 배양 세포로는 이를 제대로 재현하지 못하기 때문이다. 심지어 특정 장기에서 추출해 배양한 세포조차도 배양을 하면 성격이 바뀌어 원래 장기에 있을 때와는 전혀 다른 세포가 되는 경우가 많다. 즉 세포의 주변 환경까지도 맞춰줘야 원래의 특성을 유지하는데, 배양액이 담긴 페트리 접시에 세포를 넣고 좌우로 천천히 흔들며 키우는 기존의 2차원 세포배양법으로는 불가능한 일이다.

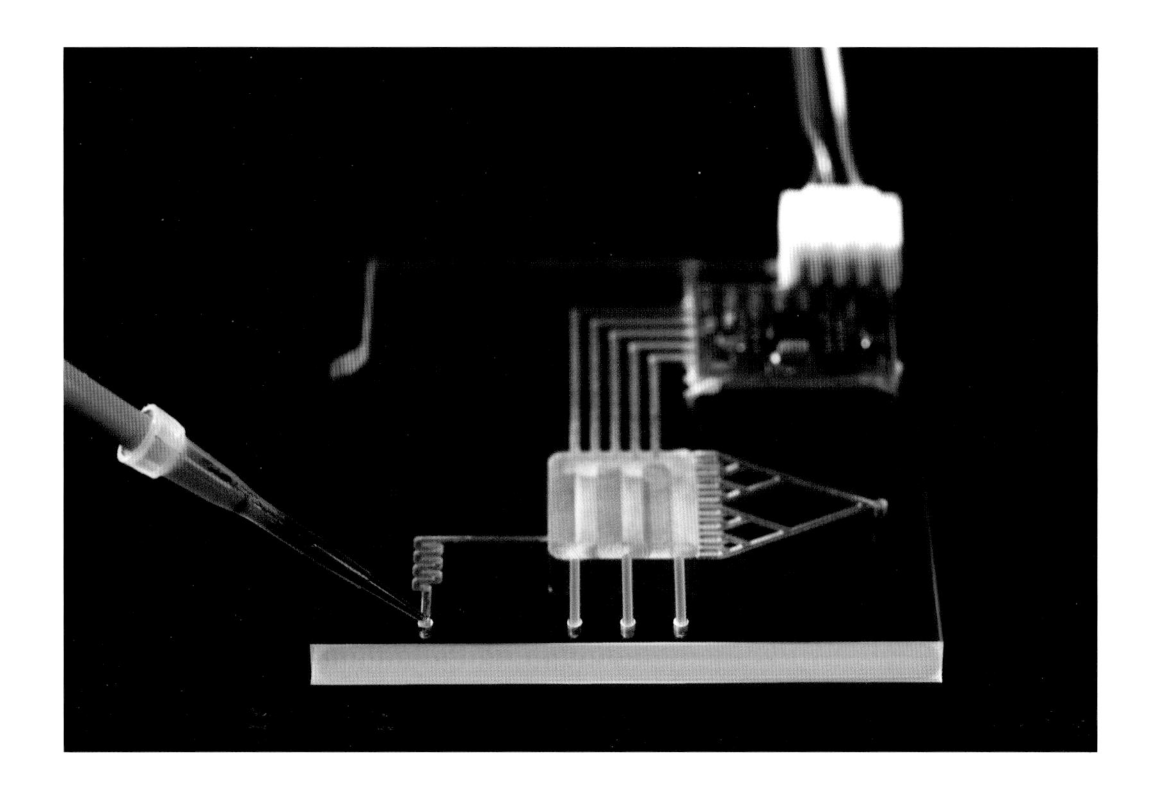

들숨과 날숨 재현해 세포 특성 유지

생물학자들은 이러한 문제를 해결하기 위해 고민을 거듭하며 주변 과학을 둘러봤다. 그 결과 미세가공기술과 미세유체역학이라는 분야가 눈에 들어왔다. 즉 마이크로미터 수준으로 회로를 정교하게 만들고 미량의 액체를 흘려보내는 기술이 이미 개발돼 있었다. 따라서 이 기술로 칩을 만들어, 세포가 그곳을 자기가 원래 있던 장기로 착각해 원래의 성격을 유지하도록 환경을 조성할 수 있다면 기존의 세포 배양이 이루지 못한 꿈을 실현할 수 있을 것이다. 이런 관점에서 지난 2010년 6월 학술지 '사이언스'에 발표된 논문 "칩 위의 폐(lung-on-a-chip)"는 칩 위의 장기와 배양된 세포의 차이를 뚜렷하게 보여주고 있다. 이 논문은 많은 사람들이 칩 위의 장기에 주목하게 된 계기가 됐는데, 2017년 11월 현재 1300회가 넘게 인용된 것만 봐도 그 영향력을 짐작할 수 있

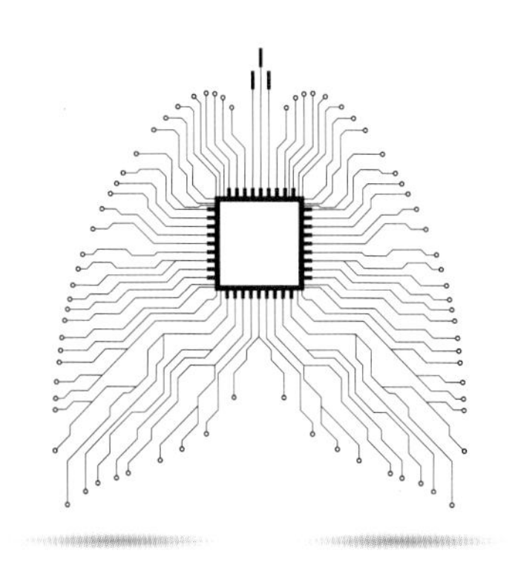

2000년대 들어 '칩 위의 장기' 연구가 본격적으로 진행되고 있다.

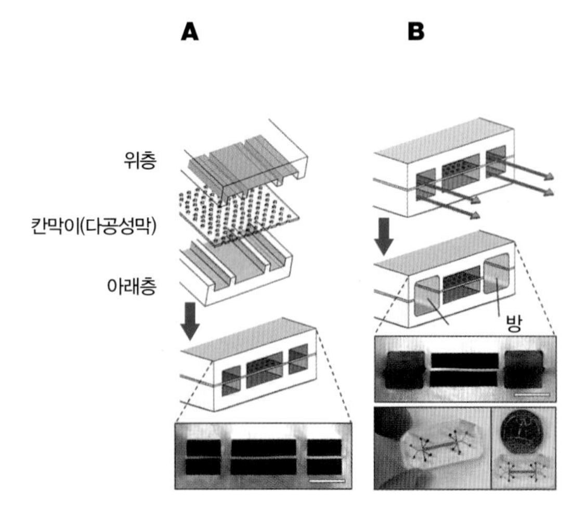

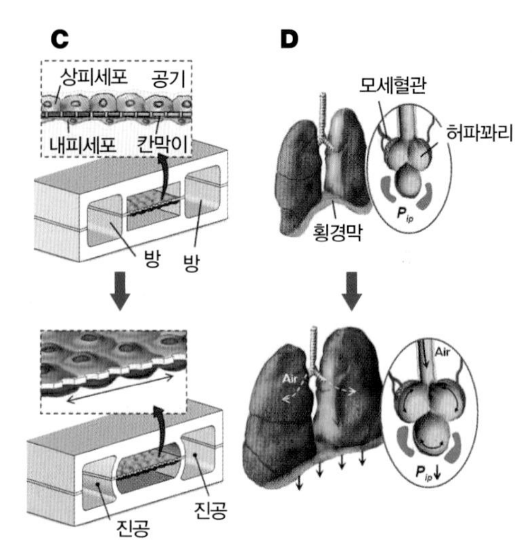

A: 칩 위의 폐는 PDMS 재질로 만든 세 개 층으로 이뤄져 있다.

B: 후가공으로 가장자리의 두 방의 칸막이는 없애고 진공을 걸 수 있게 만든다. 칩 위의 폐는 동전보다 약간 크다.

C: 가운데 방을 가로지르는 칸막이 위에는 상피세포층이 있고 아래에는 내피세포층이 있다. 가장자리 방에 진공이 걸리면 내벽이 휘어지면서 칸막이가 늘어나 세포도 힘을 받는다.

D: 숨을 들이쉬면 허파꽈리가 팽창하며 표면의 내피세포층과 이를 감싸는 모세혈관의 내피세포층도 늘어난다. C는 D를 칩에서 재현한 것이다.

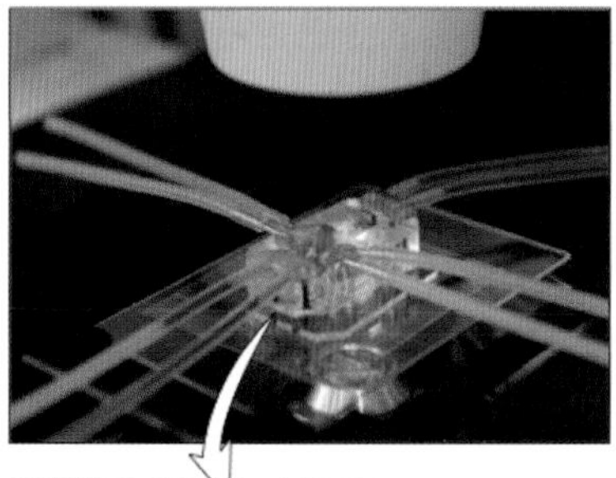

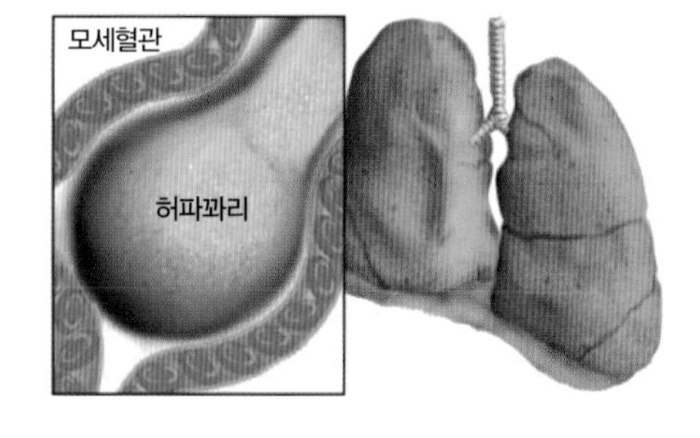

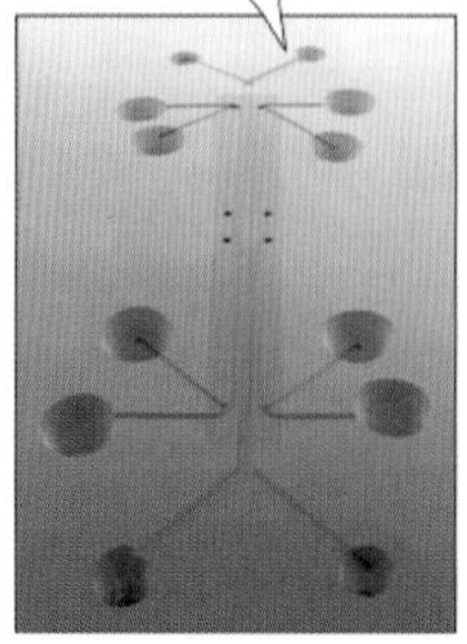

2010년 학술지 '사이언스'에 발표된 "칩 위의 폐"는 기존 2차원 세포배양법과 어떤 차이가 있는가를 뚜렷이 보여주고 있다.

을 것이다. 미국 하버드대 위스생물영감공학연구소 도널드 잉거 교수팀의 연구결과로, 허동은 펜실베이니아대 교수(당시 박사후연구원)가 논문의 주저자다.

폐는 숨을 들이마셔 산소를 혈관으로 보내고, 숨을 내쉬어 혈관에서 나온 이산화탄소를 내보내는 역동적인 장기다. 폐에서 동적인 물질교환이 일어나는 곳이 허파꽈리(alveolus)와 이를 둘러싼 모세혈관이다. 연구자들이 칩 위의 폐에서 재현한 게 바로 허파꽈리와 모세혈관이다. 연구자들은 PDMS라는 투명한 실리콘 플라스틱으로 칩을 만들었는데, 단면을 보면 빈 방이 세 개 있다. 그리고 가운데 방에는 가로로 칸막이가 있다.

이게 어떻게 포도 몇 알이 뭉쳐 있는 것 같은 허파꽈리를 재현한 것인지 의아할 텐데 조금 더 살펴보자. 칸막이 역시 PDMS 재질로 두께가 10㎛(마이크로미터. 1㎛=100만 분의 1m)이고 규칙적인 간격으로 폭 10㎛인 구멍이 뚫려 있다. 연구자들은 이 칸막이 위에 사람의 허파꽈리에서 얻은 상피세포를 깔았고 아래에는 사람의 모세혈관에서 얻은 내피세포를 깔았다. 즉 이 칸막이 위아래에 두 가지 세포층을 깐 건 폐에서 허파꽈리와 모세혈관이 접한 면을 재현한 것이다. 칸막이 위쪽 공간은 허파꽈리의 내부에 해당해 공기가 흐르고, 칸막이 아래쪽 공간은 모세혈관 내부에 해당해 혈액 역할을 하는 액체가 흐른다.

칩 위의 폐에서 가장 기발한 디자인은 세 방을 나누는 세로 벽이다. 이 벽은 두께가 얇아 양쪽 가장자리 방에 진공을 걸어줄 경우 압력 차이로 벽이 그쪽으로 휘어진다. 그 결과 벽에 걸려 있는 칸막이가 늘어나게 된다. 우리가 숨을 들이쉴 때 허파꽈리 안으로 공기가 들어가면서 풍선처럼 허파꽈리 표면이 늘어나는 현상을 재현한 것이다. 가장자리에 다시 공기를 집어넣으면 벽이 원 상태로 돌아가면서 칸막이도 원래대로 줄어든다. 즉 숨을 내쉴 때 허파꽈리에서 일어나는 일을 구현했다. 공기와 액체의 흐름을 만들고, 진공을 걸고 푸는 일은 미세 펌프를 작동해 구현한다. 이처럼 숨을 들이쉬고 내쉬는 동적 과정을 구현한 칩에서 진행한 실험의 결과는 동적 과정이 없을 때 진행한 실험과 결과가 크게 달랐다.

예를 들어 나노입자를 흡입했을 때 상황을 재현한 실험을 살펴보자. 매년 지구촌에서 초미세먼지로 400만 명이 넘는 사람이 조기사망하는 것으로 추정된다. 따라서 초미세먼지 속의 나노입자가 인체에 미치는 영향을 정확히 이해할 필요가 있다. 벽이 움직이지 않는 칩의 경우 가운데 방 공기층에 실리카 나노입자를 분산시켜도 별다른 반응이 없다. 따라서 이게 실험의 다라면 실리카 나노입자가 인체에 무해하다고 결론 내릴 수도 있다. 그러나 벽이 숨 쉬는 것처럼 움직여 세포들이 부착된 칸막이가 규칙적으로 팽창과 수축을 반복할 경우 상황은 180도 바뀐다. 즉 나노입자에 노출된 상피세포에서 ICAM-1이라는 유전자의 발현이 늘어나면서 활성산소를 많이 만들어냈고, 칸막이의 구멍을 통해 건너편 내피세포 쪽으로 넘어가는 나노입자 개수도 훨씬 많았다. 나노입자가 내피세포 쪽으로 갔다는 건 혈액을 통해 퍼질 수 있다는 얘기다. 실제 초미세먼지로 인한 조기사망자 가운데 상당수가 폐질환이 아닌 심혈관계질환이 원인인 것으로 밝혀지고 있다. 이때 항산화제인 NAC를 넣어줄 경우 칸막이를 건너가는 나노입자의 수가 크게 줄었다. 즉 상피세포가 만들어낸 활성산소가 나노입자의 이동을 촉진하는 역할을 함을 알 수 있다. 따라서 초미세먼지가 '아주 나쁨'일 때는 항산화력이 풍부한 녹황색 채소 같은 음식을 많이 먹으면 도움이 될 것이다. '칩 위의 폐' 실험 덕분에 나온 결론이다.

개인별 맞춤의학 실현에 도움

칩 위의 장기로 가장 먼저 널리 쓰일 것으로 보이는 건 '칩 위의 간'이다. 간은 우리 몸에 들어온 이물질(이를 생체이물(xenobiotic)이라고 부른다)을 배출하기 쉬운 형태로 바꿔 해독하는 장기다. 따라서 약물이나 식품첨가물 등의 독성을 검사할 때 동물실험과 함께 칩 위의 간 실

층상의학 진행 과정

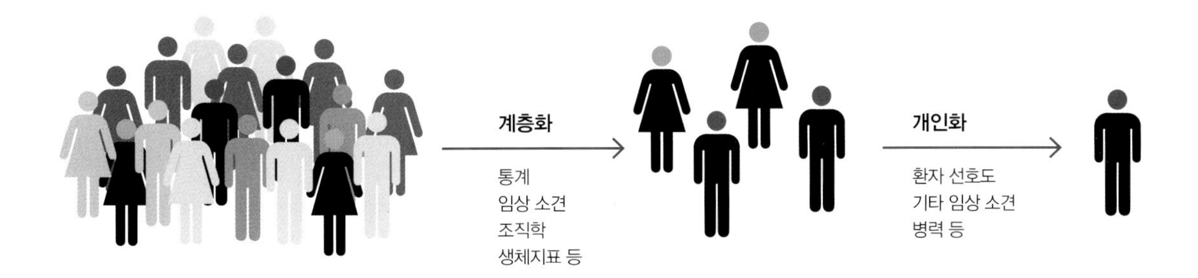

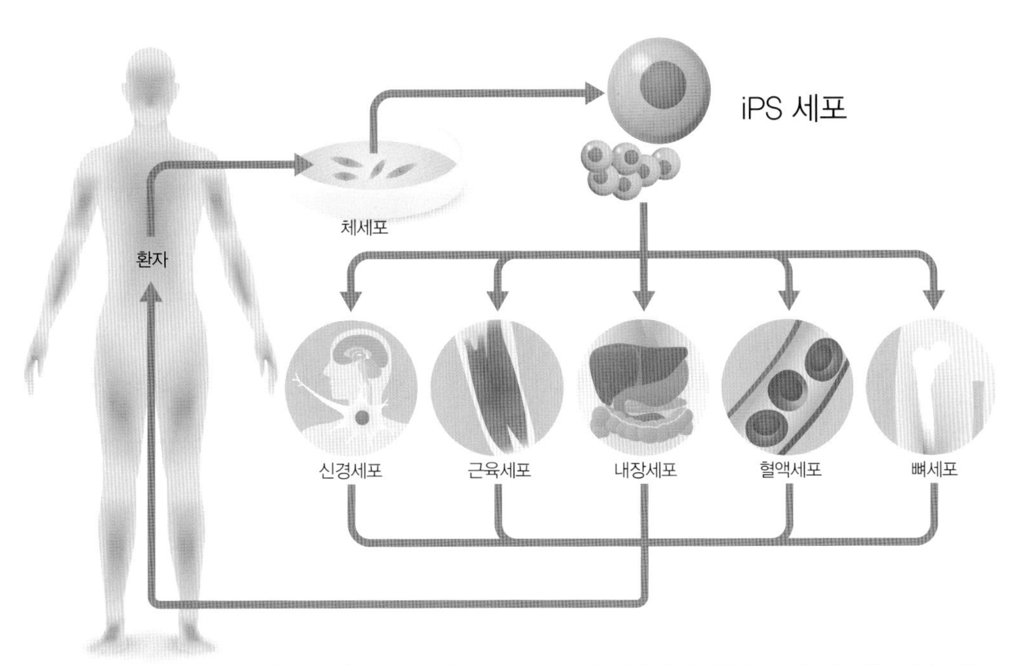

칩 위의 장기를 만들려면 해당 장기의 세포를 확보해야 하는데 내부 장기의 경우 쉽지 않은 일이다. 최근 연구자들은 체세포를 역분화시켜 만든 유도만능줄기세포(iPSC)를 해당 장기의 세포로 분화시켜 칩 위의 장기에 이용하고 있다. 미래에는 이렇게 만든 환자 맞춤형 칩 위의 장기로 약물의 효과와 부작용을 평가해 최선의 처방을 찾게 될 것이다.

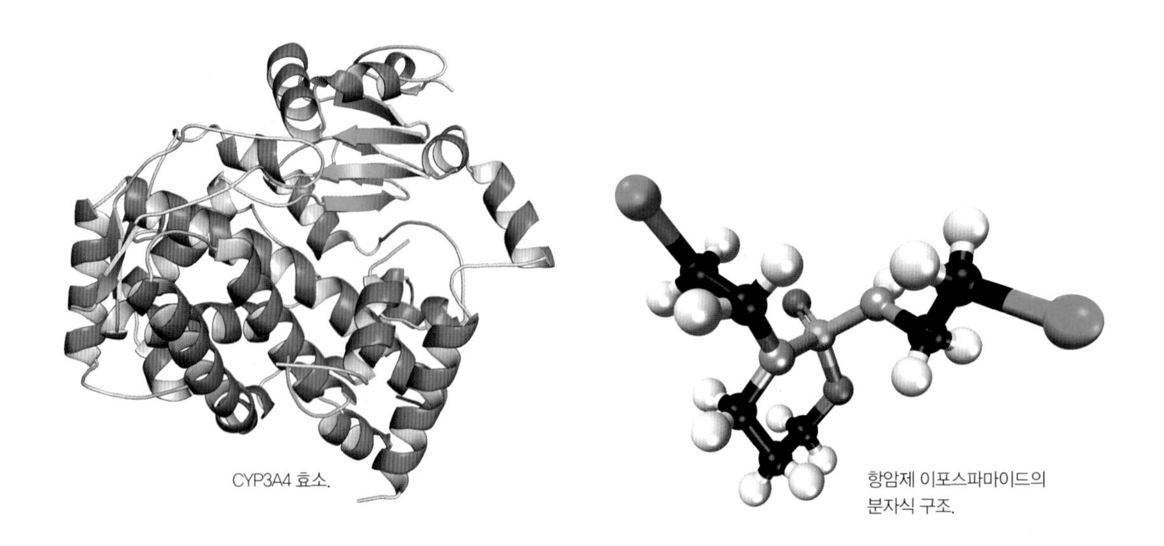
CYP3A4 효소.

항암제 이포스파마이드의 분자식 구조.

험을 병행할 경우 인체에 미치는 영향을 좀 더 정확히 추측할 수 있다. FDA가 칩 위의 장기 가운데 칩 위의 간을 가장 먼저 검토하기로 한 이유다. FDA는 미국 보스턴에 본사를 둔 에뮬레이트(Emulate)에서 만든 칩 위의 간으로 식품첨가물의 독성 여부를 검토해 동물실험 결과와 비교한 뒤 대체 가능 여부를 판단한다. 에뮬레이트는 하버드대의 도널드 잉거 교수가 만든 회사다.

칩 위의 간을 써서 약물의 대사과정을 분석한 연구결과들을 보면 동물실험과 비교했을 때 꽤 경쟁력이 있음을 알 수 있다. 예를 들어 지난 2013년 생체이물 관련 학술지 '제노바이오티카'에는 카페인을 포함해 약물 7종에 대한 대사과정을 분석한 논문이 실렸다. 미세유체(혈액 역할)를 통해 미니 간으로 약물이 들어오자 해독에 관여하는 효소들의 그룹인 시토크롬P450(CYP) 유전자들의 발현이 늘어났다. 그리고 약물이 대사돼 없어지는 양상이 실제 사람을 대상으로 한 임상시험의 결과와 비슷했다. 한편 칩 위의 장기는 '층상의학' 연구에도 큰 도움이 될 전망이다. 층상의학(stratified medicine)이란 환자의 유전자 유형에 따라 약물의 적정한 투여량을 결정하거나 심지어 약물의 복용 여부를 결정하는 의학 분야로 흔히 '개인별 맞춤의학'이라고 부른다. 2000년대 들어

게놈분석기술이 고도로 발전하면서 층상의학 연구도 활기를 띠고 있다.

사실 최근까지 임상연구는 주로 서구(백인) 남성을 대상으로 진행됐기 때문에 다른 인종이나 여성의 경우 제대로 맞지 않는 경우가 많았다. 따라서 다양한 인종과 성별에서 세포를 얻거나 또는 유도만능줄기세포를 만든 뒤 이를 특정 세포로 분화시켜 칩 위의 장기를 만들면 이런 차이가 존재하는지 여부를 어느 정도 미리 알아볼 수 있다. 반면 동물실험은 층상연구에 별로 도움이 되지 않는다. 지난 2012년 학술지 '바이오재료'에는 시토크롬P450(CYP)에 속하는 효소유전자의 유형에 따라 간세포에서 유전자의 발현량이나 효소의 활성이 달라 항암제의 대사속도 차이가 크다는 연구결과가 실렸다. 연구자들은 칩 위의 간에 3차원으로 배양한 뇌종양 세포를 연결한 칩을 만들어 항암제 이포스파마이드(ifosfamide)의 약효를 분석했다. 흥미롭게도 이포스파마이드 자체는 암세포를 죽이는 능력이 미미하다. 대신 간세포에 있는 CYP3A4 효소가 이포스파마이드를 대사하는 과정에서 나오는 대사산물인 IPM이 암세포의 DNA 이중나선에 달라붙어 복제를 방해해 강력한 항암효과를 낸다. CYP3A4 효소 활성이 8배 차이 나는 두 가지 유형의 간세포로 각각 만든 칩에 같은 양의 이포스파마이드를 적용한 결과 효소 활성이 큰 쪽에서 암세포를 죽이는 효과가 더 컸다. 이를 인체에 적용하면 간에서 이포스파마이드가 빠르게 IPM으로 바뀌어 혈관을 타고 암조직으로 이동해 작용한 결과라고 볼 수 있다. 약물의 75%가 CYP 효소들에 의해 대사되는 것으로 알려져 있으므로 개인의 CYP 효소 유형에 따라 최적의 약물과 투여량이 다를 것이다. 미래에는 칩 위의 장기가 이런 '맞춤의학'을 실현하는 데 도움을 줄 것이다.

미니 장기 네 개까지 연결

칩 하나에 장기 하나를 재현한 연구가 어느 정도 성과를 거두자, 이제 연구자들은 칩 위에 여러 장기를 재현하는 연구에 본격적으로 뛰

여섯 가지의 장기가 연결된 칩 위의 인간 개념도

최근 하나의 칩 위에 여러 장기를 놓아 서로 간의 상호작용을 반영해 인체의 장기와 더 흡사한 환경을 만들어주는 '칩 위의 인간'을 만드는 연구가 활발히 이뤄지고 있다. 현재 네 개의 장기를 올린 칩까지 나와 있는데 머지않아 더 많은 장기가 연결된 칩이 등장할 것으로 예상된다. ⓒ 세포생물학경향

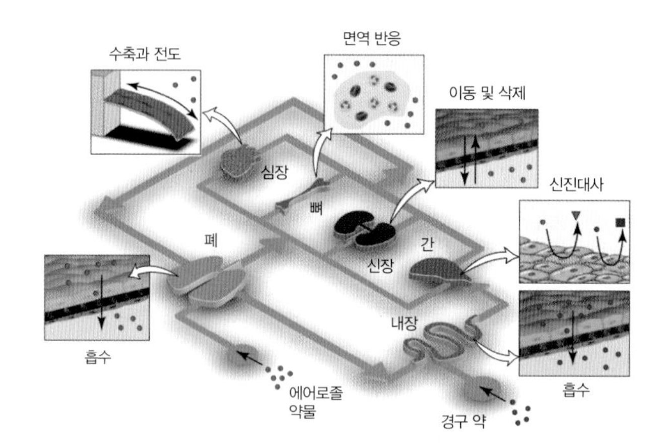

어들고 있다. 인체에 있는 장기들은 독립적으로 작용하는 게 아니라 서로 영향을 주고받기 때문이다. 사실 앞에 소개한 '칩 위의 간과 뇌종양'도 두 장기를 연결해 한 장기(간)가 다른 장기(이 경우 암세포 덩어리이지만)에 미치는 영향을 본 것이다.

2015년 학술지 '랩온어칩'에는 네 가지 장기를 하나의 칩 위에 구현한 시스템을 만드는 데 성공했다는 논문이 실렸다. 독일 베를린공대의 연구자들은 소장과 간, 피부, 신장을 하나의 순환계로 연결한 칩을 만들었다. 이는 인체에서 약물이 대사되는 과정을 재현하기 위한 설계다. 즉 피부나 소장을 통해 흡수된 약물이 간에서 대사된 뒤 신장에서 배출되는 경로다. 연구자들은 '칩 위의 네 장기' 시스템에서 각 세포들이 28일 이상 기능을 유지하며 살 수 있음을 보였다.

이듬해 학술지 '사이언티픽 리포츠'에는 심장과 간, 근육, 신경계를 연결한 칩 위의 네 장기 시스템을 만들어 다양한 약물의 독성을 평가한 미국과 프랑스 공동연구팀의 연구결과가 발표됐다. 칩 위의 간은 진짜 간세포이지만 나머지 장기의 세포들은 유도만능줄기세포(induced pluripotent stem cell, iPS cell/iPSC)를 분화시켜 만든 것이다. 칩의 구

조를 보면 약물이 간을 거쳐 두 갈래로 갈라지는데 한쪽은 심장, 한쪽은 근육으로 간다. 근육 경로는 뉴런, 즉 신경계에 연결된다.

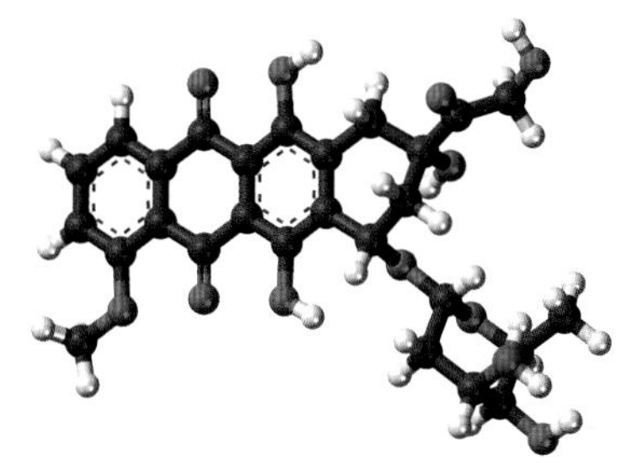
독소루비신의 분자 구조.

인체의 많은 장기 가운데 먼저 심장과 간, 근육, 신경계, 이 네 가지를 선택해 하나의 칩 위에 구현한 이유는 약물의 부작용이 가장 많이 나타나는 장기이기 때문이다. 간은 말할 것도 없고 심장 역시 약물에 민감한 장기다. 실제 신약 개발 과정에서 탈락하는 약물의 절반은 심장 기능에 이상을 초래하기 때문이다. 근육과 신경계 역시 경련이나 마비, 통증 등 다양한 약물 부작용이 나타나는 장기이다.

연구자들은 항암제인 독소루비신(doxorubicin, 제품명 아드리아마이신) 등 부작용이 잘 알려진 다섯 가지 기존 약물에 대해 세포독성을 조사했다. 즉 약물을 투여하고 최대 14일 동안 네 가지 세포의 생존과 기능에 미치는 영향을 조사한 결과 대부분의 경우 사람을 대상으로 한 기존의 임상시험을 통해 알려진 독성과 비슷한 결과가 나왔다. 예를 들어 독소루비신의 경우 약효가 뛰어난 항암제이지만 반복 투여할 경우 심장 기능을 저해하는 부작용이 알려져 있다. 실제 칩에 48시간 동안 독소루비신을 투여한 결과 살아남은 심장 세포의 수가 아무 처리도 하지 않은 대조군의 35%에 불과했다.

이처럼 최근 수년 사이 장기 서너 개로 이루어진 칩이 제대로 작동한다는 게 실험으로 확인되면서 '칩 위의 인간'이 머지않아 구현될 수 있을 거라는 희망이 커지고 있다. 물론 칩 위의 인간이라고 부르려면 적어도 열 개 이상의 장기가 하나의 시스템으로 연결돼야 하므로 결코 쉬운 일이 아니다. 실제 인체에서 일어나는 과정을 최대한 비슷하게 재현하려면 각 장기에 해당하는 세포 숫자의 비율과 각 장기를 잇는 네트워크(혈관에 해당)의 배치와 액체(혈액에 해당) 흐름의 방향을 정하는 등 할 일이 많다. 또 다양한 유형의 세포들이 최대한 오래 살아남아 제 기능을 유지할 수 있는 조건을 찾아야 한다.

그럼에도 많은 과학자들이 '칩 위의 장기' '칩 위의 인간'을 긍정적으로 바라보는 건 이 분야의 연구결과가 단순히 학문적 성취에서 머무

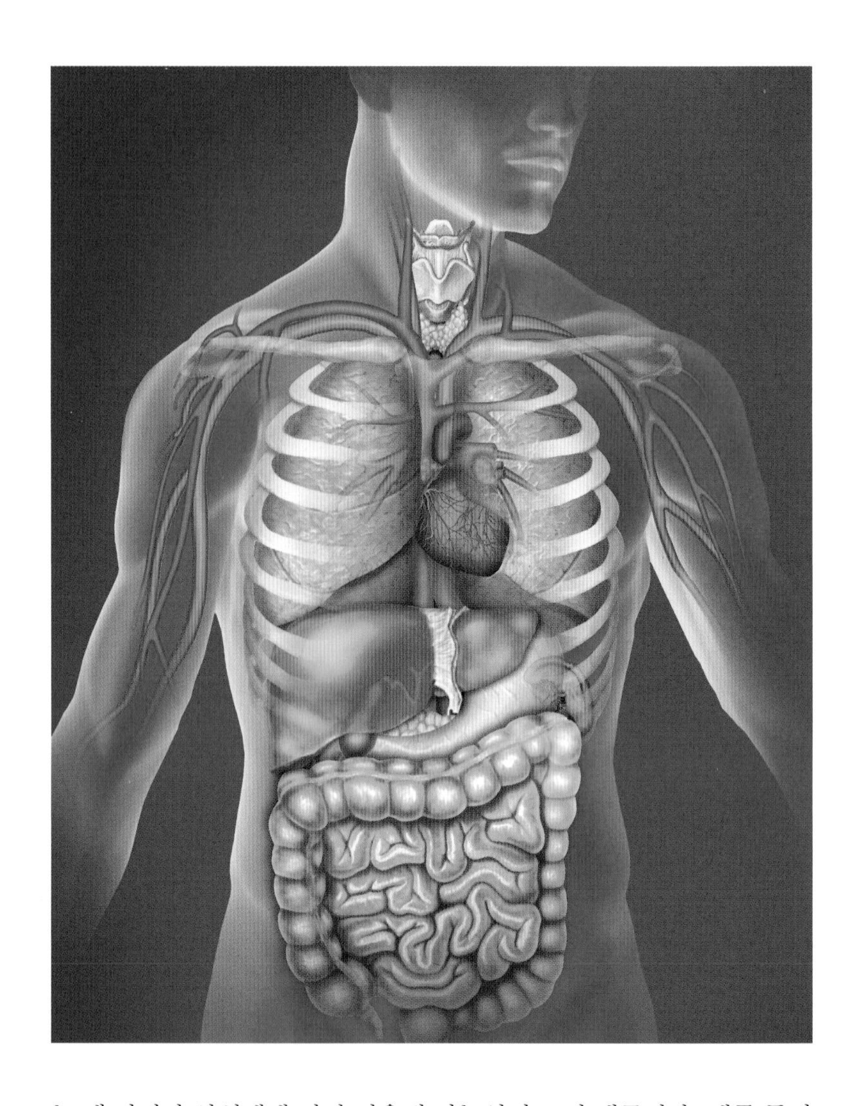

는 게 아니라 산업계에 널리 적용될 가능성이 크기 때문이다. 예를 들어 FDA가 '칩 위의 간'에서 한 독성실험 결과를 인정하기로 결정할 경우 많은 회사들이 실험동물 또는 배양된 세포 대신 '칩 위의 간'을 선택할 것이다. 반도체칩처럼 '칩 위의' 시스템도 대량생산이 가능한 데다 칩 하나에 들어 있는 세포의 수나 액체의 양이 소량이라서 비용도 크게 절감되기 때문이다. 또 줄기세포에서 분화시킨 세포를 쓸 경우 '품질관리'가 가능하므로 일관성 있는 결과를 얻을 수 있다.

사실 제약회사를 비롯해 많은 회사들은 이미 수년 전부터 실험에

'칩 위의 장기'를 활용하고 있는 것으로 알려져 있다. 거대 제약사인 존슨앤존슨은 지난 2015년 약물이 혈전을 유발하는지 테스트하기 위해 에뮬레이트가 개발한 '칩 위의 혈전증' 시스템을 구매한다고 발표했다. '칩 위의 혈전증'은 '칩 위의 폐'의 일종으로 혈액 응고에 관여하는 혈소판이 들어 있는 액체가 공급되는 시스템이다.

미국 국립중개과학진흥센터의 크리스틴 파브르 박사는 수년 내 칩 위의 장기가 관련업계에서 널리 쓰이게 될 것이라고 예측하면서 "공상과학이 일상이 되는 날이 머지않았다"고 전망했다. 아마 한 세대쯤 지나면 동물실험이 과거의 추억으로 이야기되지 않을까.

ISSUE 11

2017 노벨 과학상

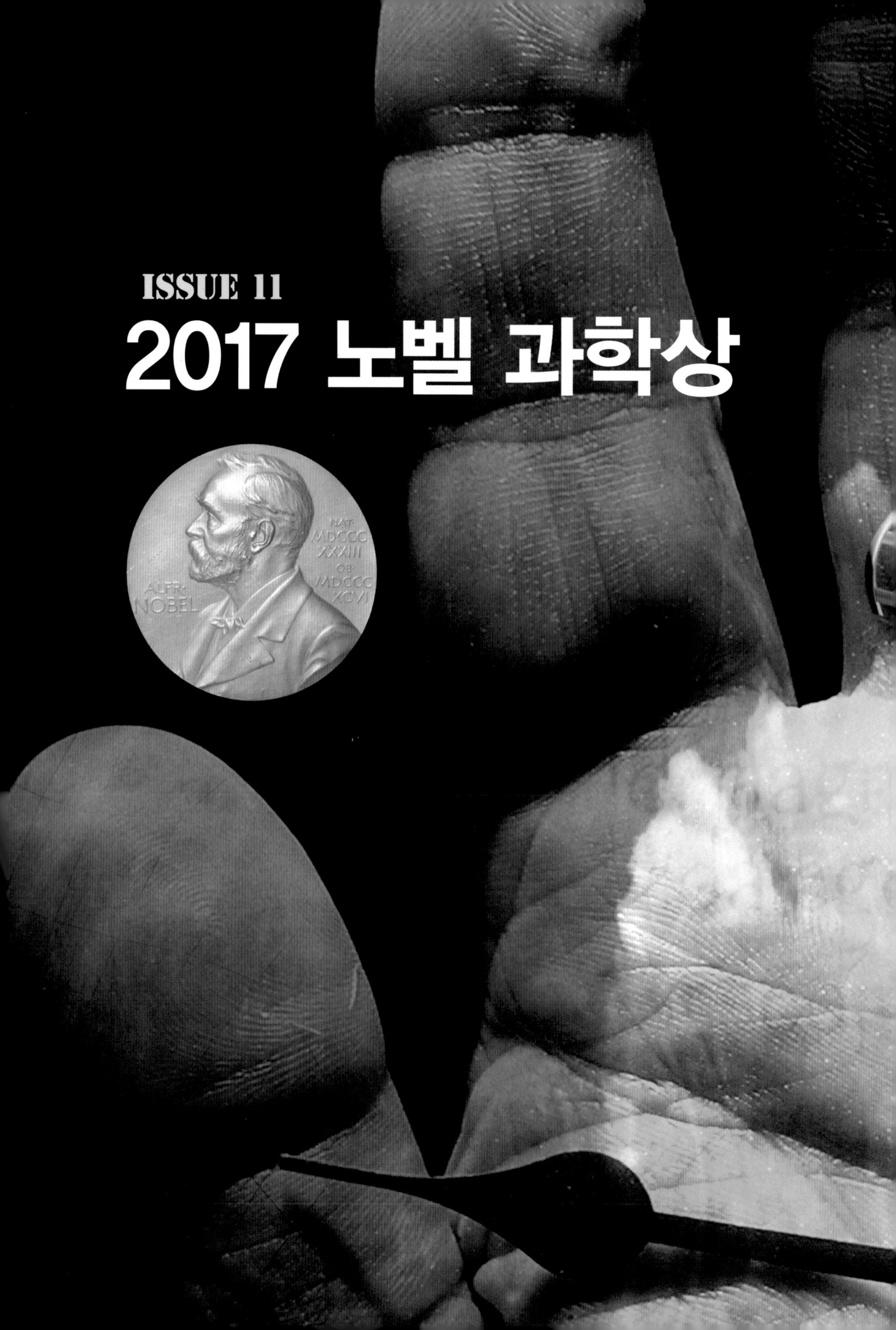

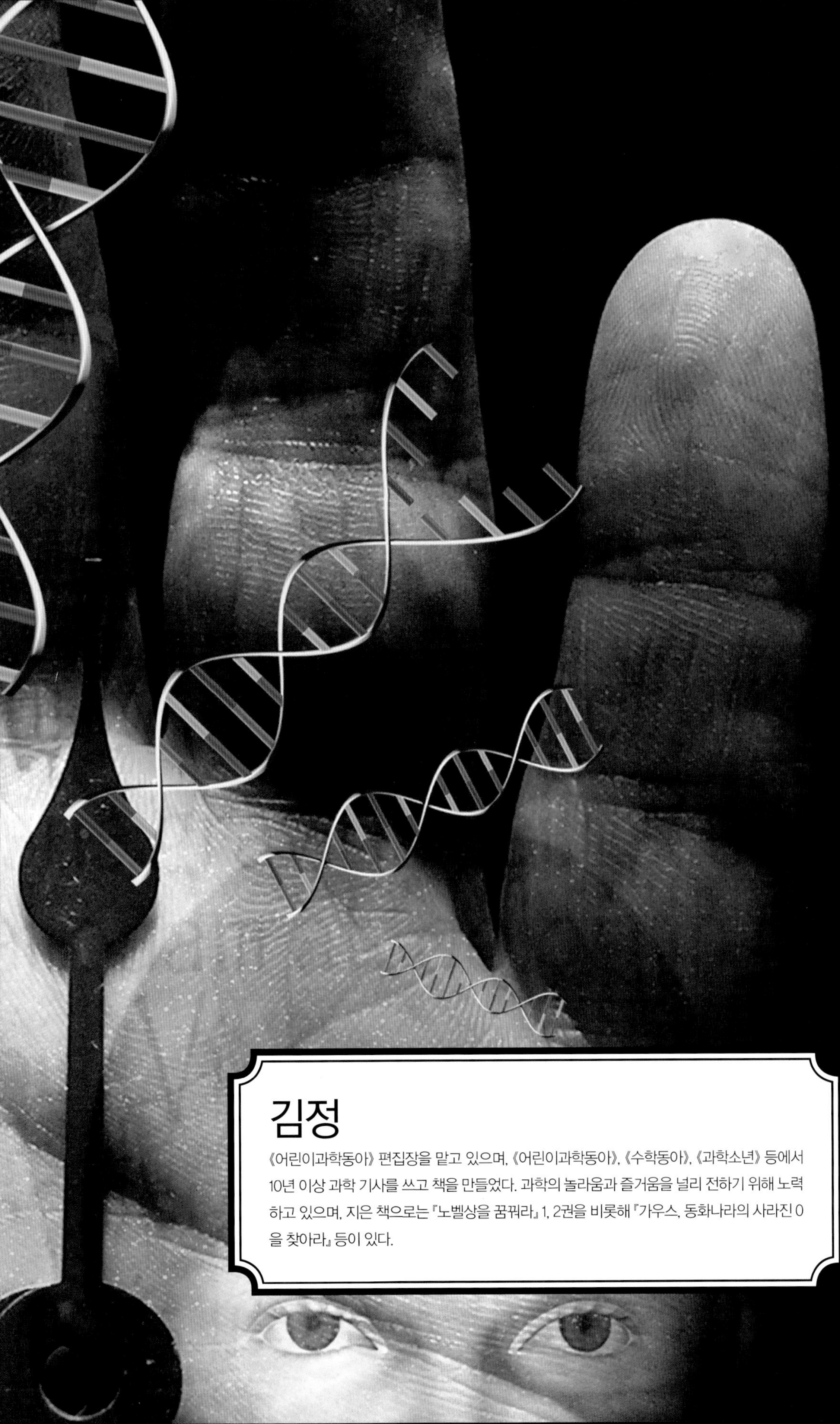

김정

《어린이과학동아》 편집장을 맡고 있으며, 《어린이과학동아》, 《수학동아》, 《과학소년》 등에서 10년 이상 과학 기사를 쓰고 책을 만들었다. 과학의 놀라움과 즐거움을 널리 전하기 위해 노력하고 있으며, 지은 책으로는 『노벨상을 꿈꿔라』 1, 2권을 비롯해 『가우스, 동화나라의 사라진 0을 찾아라』 등이 있다.

ISSUE 11

2017 노벨 과학상, 누가 어떤 연구로 받았을까?

영화 〈인터스텔라〉의 한 장면.

영화와 베스트셀러로 한층 친숙해진 2017 노벨상

우리나라에서는 황금연휴가 이어지던 2017년 10월 초, 2017 노벨상 수상자 명단이 발표됐다. 수상자들 가운데는 베스트셀러나 영화로 잘 알려진 사람들도 많다. 예를 들어 노벨 물리학상 수상자 중 한 사람인 킵 손 미국 캘리포니아공대 명예교수는 우리나라에서 천만 명이 넘는 관객을 모은 영화 〈인터스텔라〉의 과학 자문을 맡으며 유명해졌다.

노벨 문학상 수상자인 가즈오 이시구로 작가 역시 대표작들이 영화로 잘 알려져 있다. 특히 대표작『남아 있는 나날』은 할리우드 스타 앤서니 홉킨스가 출연한 같은 이름의 영화 〈남아 있는 나날〉로, 『나를 보내지 마』는 배우 키이라 나이틀리가 출연한 영화 〈네버 렛 미 고〉로 만들어져 더욱 친숙하다. 노벨위원회는 "이시구로는 위대한 감정의 힘을

영화 〈인터스텔라〉 속 물리학: 시간여행은 가능할까?

영화 〈인터스텔라〉는 크리스토퍼 놀란 감독이 연출한 SF 영화로 한국에서만 천만 관객을 끌어모으며 화제가 됐다. 지구가 더 이상 살 수 없을 정도로 황폐해지자, 인간이 살 수 있는 외계행성을 찾기 위해 인류 대표로 선발된 우주인들이 우주여행을 떠나는 내용을 담고 있다. 우주인들은 중력으로 인해 일그러진 시공간 사이를 통과하며 아주 먼 우주까지 이동한다. 이 과정에서 광활한 우주를 배경으로 갖가지 모험이 펼쳐져 긴장을 늦출 수 없는 영화다. 뿐만 아니라 상대성 이론, 블랙홀, 웜홀, 양자역학 등 최신 물리학 개념들이 영화 속에 등장해 지적 호기심을 자극하기도 한다.

그런데 시간여행은 정말 가능할까? 아인슈타인의 상대성이론 덕분에 과학자들은 시간여행의 가능성에 대해 논의할 수 있게 됐다. 시간여행에는 미래로 가는 여행과 과거로 가는 여행이 있다. 이 중 이론적으로 미래로 가는 시간여행이 과거로 가는 것보다 좀 더 가능성이 높다.

시간여행을 하기 위해 필요한 건 뭘까? 바로 웜홀이다. 영화 〈인터스텔라〉에서도 우주인들은 웜홀을 통과해 시간여행을 한다. 웜홀은 멀리 떨어진 두 장소를 연결하는 벌레구멍 같은 것이다. 웜홀 안쪽에는 매우 강한 중력이 작용해서 시공간이 크게 일그러진다. 그래서 이론적으로는 웜홀을 지나갈 수 있다면 멀리 떨어진 장소로 순식간에 이동할 수 있다.

웜홀을 통해 시간여행을 하는 상상도. © NASA

지닌 소설들을 통해 세계와 맞닿아 있다는 인간의 환상을 드러냈다"며, "일상에 대해 매우 섬세하고 때로는 정감 있게 다가가는 작가"라고 평가했다.

노벨 경제학상 수상자인 리처드 세일러 미국 시카고대 교수도 베스트셀러 『넛지』의 작가다. 세일러 교수의 책은 사람이 같은 실수를 반복하는 이유와 똑똑한 선택을 이끌어내는 방법인 '넛지'에 대해 설명해 큰 인기를 끌었다. 기존의 경제학에서는 인간이 늘 이기적이고 합리적인 결정을 한다고 여기고 조직이나 사회에 미치는 영향을 연구한 반면, 세일러 교수는 인간의 불합리한 감정이나 사회적 요소가 경제에 미치는 영향을 연구했다. 이후 세일러 교수의 연구는 '행동경제학'으로 발전해 경제학에 많은 영향을 주었다. 노벨위원회는 "세일러 교수는 인간이 늘 합리적이지 않다는 한계를 인정하고, 어떻게 의사결정을 내리는지 분석해 행동경제학이란 학문을 체계화시켰다"고 선정 이유를 밝혔다.

2017 노벨 평화상은 지구상 모든 국가의 핵무기 전면 폐기를 주장하는 비정부기구(NGO) 연합체 '핵무기폐기국제운동(ICAN)'이 받았다. 이들은 핵무기 금지의 기반이 되는 조약이 체결되도록 노력한 공로를 인정받았다.

가즈오 이시구로 작가의 대표작 『나를 보내지 마』를 영화화한 〈네버 렛 미 고〉.

노벨 경제학상 수상자인 리처드 세일러 교수.

〈2017 노벨상 수상자〉

구분	수상자	수상 업적
평화상	핵무기 폐기 국제운동(ICAN)	핵무기 관련 활동 반대 운동 주도
문학상	가즈오 이시구로	감정의 힘을 지닌 소설을 통해 인간의 환상에 숨어 있는 심연을 드러냄
생리의학상	제프리 C. 홀, 마이클 로스배시, 마이클 W. 영	생체시계를 조절하는 분자 메커니즘 발견
물리학상	라이너 바이스, 배리 배리시, 킵 손	라이고(LIGO) 설계와 건설 및 중력파 관측에 기여
화학상	자크 뒤보셰, 요아힘 프랑크, 리처드 헨더슨	용액 내 생체분자를 고해상도로 관찰할 수 있는 극저온전자현미경 관찰법 개발
경제학상	리처드 세일러	개인의 의사결정에 대한 경제학적 · 심리학적 분석 연결에 기여

2017 노벨 과학상의 주인공은 모두 삼총사!

2017 노벨 과학상은 모두 각각 3명의 연구자가 공동 수상했다. 실제로 국제 교류를 통해 여러 분야의 과학자들이 공동으로 연구해 성과를 내는 사례가 늘고 있어, 과학 연구가 이제 더 이상 혼자 힘으로는 성과를 내기 어려움을 알 수 있다.

① 노벨 생리의학상: 생체시계가 작동하는 원리를 밝히다

2017 노벨 생리의학상은 '낮과 밤이 바뀜에 따라 몸이 하루 주기로 돌아가는 생체시계의 비밀'을 푼 제프리 홀 미국 메인대 교수, 마이클 로스배시 브랜다이스대 교수, 마이클 영 록펠러대 교수가 공동 수상했다. 노벨위원회는 "사람을 비롯한 모든 동식물이 주기적인 생체리듬에 따라 활동한다는 사실"을 발견하고, 초파리 실험을 통해 이에 관여하는 "생체시계 유전자"의 존재와 작동하는 원리를 발견한 공로를 인정해 이들을 수상자로 선정했다고 밝혔다.

생체시계란?

미국이나 유럽 등 해외여행을 가 본 사람이라면, 시차 적응을 하느라 고생한 경험이 있을 것이다. 또 누구나 밤이 되면 졸리고, 아침이 되면 잠에서 깨어나고, 삼시 세끼 때가 되면 배가 고프다. 이렇게 시간에 따라 우리 몸이 정확히 반응하는 이유는 '생체시계' 덕분이다. 생체시계는 하루를 주기로 정해진 리듬에 따라 변하는 우리 몸의 조절 기능이다. 매일 수면과 식욕뿐만 아니라, 호르몬 분비량과 체온, 혈압과 맥박수 등이 생체시계에 따라 변하고 있다.

생체시계는 인간을 비롯해 여러 동물과 식물 등 생명체가 갖고 있는 현상이다. 우리 몸에는 두 가지 생체시계가 있다. 그중 하나는 사람과 같은 고등 생물체가 갖고 있는 뇌에 있다. 뇌에 있는 시교차상핵(Suprachiasmatic Nucleus)은 햇빛 등 외부 빛을 통해 시간대를 파악한 뒤, 일주기대로 활동하도록 만든다. 이 생체시계에 관여하는 신경세포는 1만 개가 넘는다.

다른 하나는 각각의 세포 안에 들어 있는 생체시계다. 과학자들은 다양한 실험을 통해, 여러 유전자들이 복합적으로 생체시계처럼 작동한다는 사실을 알아냈다. 그 공로로 세 과학자가 2017 노벨 생리의학상을 수상했다. 그들은 세포마다 들어 있는 DNA에서 어떤 유전자들이 생체시계에 관여하는지 구체적으로 알아냈다. 두 가지 생체시계는 '뇌'와 '세포' 이렇게 각기 다른 부위에 있지만, 각자 따로 노는 것이 아니라 함께 조화를 이루며 작동한다. 두 생체시계 덕분에 우리 몸은 일정하고 건강하게 생체리듬을 따라 행동할 수 있다.

18세기 프랑스 천문학자인 장 자크 도르투 드 메랑은 동식물에게 생체시계가 있어 일정한 주기에 따라 활동한다고 생각했다. 그는 낮에는 이파리를 활짝 펼쳤다가, 해가 지면 잎을 반으로 접어 버리는 미모사가 낮과 밤을 구별한다고 생각하고 이를 입증하기 위해 실험을 했다. 그는 미모사를 낮에도 햇빛이 들지 않는 깜깜한 곳에 두었다. 그 결과 미모사가 깜깜한 곳에서도 낮에는 잎을 펼치고, 밤에는 잎을 오므리는 현

노벨 생리의학상 수상자들

제프리 홀 미국 메인대 교수
- 1945년 미국 뉴욕에서 출생
- 1971년 시애틀에 있는 워싱턴대에서 박사 학위 받음
- 1971년부터 1973년까지 패서디나에 있는 캘리포니아공대에서 박사후과정 밟음
- 1974년 브랜다이스대 교수
- 2002년~현재 메인대 교수

마이클 로스배시 미국 브랜다이스대 교수
- 1944년 미국 캔자스에서 출생
- 1970년 케임브리지에 있는 메사추세츠공대에서 박사 학위 받음
- 1970~1973년 동안 스코틀랜드에 있는 에딘버러대에서 박사후과정 밟음
- 1974년~현재 브랜다이스대 교수

마이클 영 미국 록펠러대 교수
- 1949년 미국 마이애미에서 출생
- 1975년 텍사스대에서 박사 학위 받음
- 1975년부터 1977년까지 스탠포드대에서 박사후과정 밟음
- 1978년~현재 록펠러대 교수

사람의 일주리듬 생체시계

우리 몸에는 두 가지 생체시계가 있다. 하나는 뇌의 시교차상핵(Suprachiasmatic Nucleus)에서 햇빛 등 외부 빛을 통해 시간대를 파악해 일주기대로 움직이며, 다른 하나는 각각 세포 안에서 일주기적 기작이 일어난다. 두 가지 형태의 생체시계는 각자 따로 노는 것이 아니다. 온몸이 일정한 생체주기를 따르도록 조율한다.

뇌에서 시교차상핵의 위치

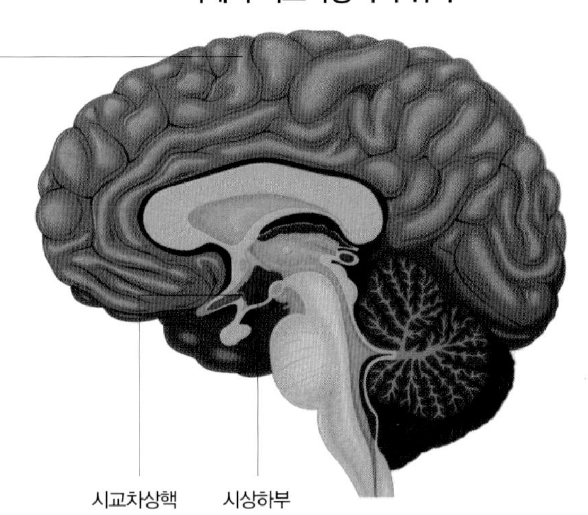

상을 관찰할 수 있었다. 즉, 햇빛을 보지 않고도 낮과 밤을 구별한다는 말이다. 하지만 그는 어떤 원리로 빛과 관계없이 낮과 밤을 구분하는지는 알 수 없었다. 이후 과학자들은 식물뿐만 아니라 동물과 사람도 생체시계를 갖고 있다는 사실을 알게 됐다. 하지만 여전히 그 원인은 알지 못했다. 1960년대 말, 미국 캘리포니아공대 시모어 벤저 교수는 수면 등의 행동이 특정 유전자에 의해 조절될 것이라고 생각했다. 그래서 제자인 로널드 코놉카와 함께 여러 초파리들의 유전자에 돌연변이를 일으킨 뒤, 초파리의 행동을 관찰했다. 그 결과 특정 유전자에 돌연변이가 생긴 한 초파리가 낮과 밤을 구별하지 못하는 행동을 하는 걸 발견했다. 최초로 생체시계 유전자를 발견한 것이다. 그들은 돌연변이가 일어난 이 초파리의 유전자에 '피어리어드'란 이름을 붙였다. 안타깝게도 시모어 벤저 교수와 로널드 코놉카 교수는 2017 노벨 생리의학상 수상자에서 제외됐다. 살아 있는 사람만 수상자로 선정하는 노벨상의 전통 때문이다. 그들은 각각 2007년과 2015년에 세상을 떠났다.

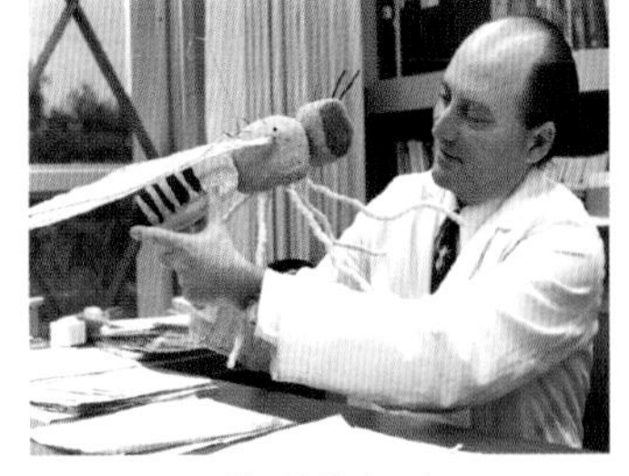

시모어 벤저 교수

노벨 생리의학상 수상자들, 생체시계의 작동 원리를 밝히다!

2017 노벨 생리의학상 수상자들은 생체시계 유전자들을 발견한 것 외에도, 이 유전자들이 어떻게 작동하고 서로 어떤 영향을 미치는지 그 원리를 밝혀냈다는 업적을 인정받았다. 1984년, 제프리 홀 교수와

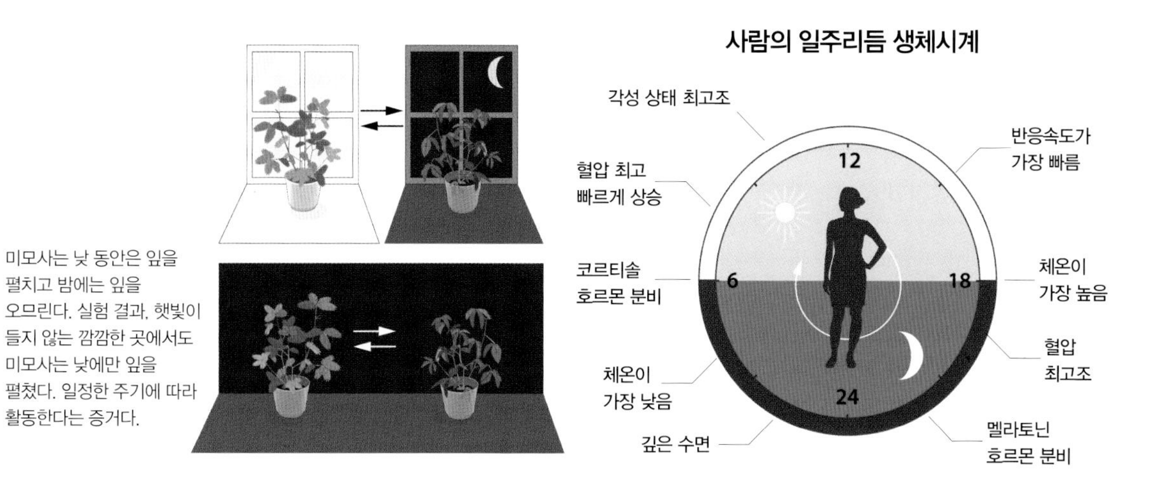

미모사는 낮 동안은 잎을 펼치고 밤에는 잎을 오므린다. 실험 결과, 햇빛이 들지 않는 깜깜한 곳에서도 미모사는 낮에만 잎을 펼쳤다. 일정한 주기에 따라 활동한다는 증거다.

마이클 로스배시 교수는 코놉카 교수와 함께 피어리어드 유전자가 만드는 '피어리어드 단백질'을 발견하고, 생체시계 유전자가 어떻게 작동하는지 원리를 알아냈다.

홀 교수와 로스배시 교수는 피어리어드 유전자가 밤새 단백질을 만들어 세포에 쌓다가, 아침이 되면 그 양이 줄어드는 주기적인 과정을 발견한다. 하지만 대체 왜 피어리어드 유전자가 이런 식으로 작동하는지 이유는 알지 못했다. 이러한 답답함을 해결한 건 또 한 명의 노벨 생리학상 수상자인 영 교수다. 그는 1994년 또 다른 생체시계 유전자인 '타임리스'를 발견했다. 타임리스 유전자가 만드는 '타임리스 단백질'이 피어리어드 단백질과 결합해 생체시계를 주기적으로 작동시킨다는 사실을 알아냈다. 타임리스 단백질은 피어리어드 단백질과 결합한 상태로 세포핵 안으로 들어간다. 그리고 새벽이 되면 피어리어드 유전자에 들러붙어, '피어리어드 유전자'가 '피어리어드 단백질'을 만들지 못하도록 방해한다. 그러다가 저녁이 되면 피어리어드 유전자에 들러붙어 있던 두 단백질이 떨어진다. 그러면 다시 피어리어드 유전자가 피어리어드 단백질을 만들 수 있게 된다. 타임리스 유전자가 피어리어드 단백질의 양이 많아지고 적어지는 데 영향을 미치는 조절자 역할을 하는 것이다. 이런 일이 매일매일 반복돼 생체시계가 주기적으로 작동할 수 있게 된다. 이후 과학자들은 생체시계와 관련된 유전자들을 추가적으로 더 찾

낮에는 세포 속 생체리듬이 어떻게 달라질까?

낮이 되면 피어리어드 단백질이 스스로 자기 유전자를 억제하는 생체리듬이 활성화한다. 피어리어드 유전자는 피어리어드 RNA를 만든다(❶). 이 RNA는 세포핵 바깥으로 나가 피어리어드 단백질(PER)을 만든다(❷). 이 단백질이 세포핵으로 들어와 쌓이면(❸) 피어리어드 유전자가 더 이상 RNA를 만들지 못한다(❹). 피어리어드 RNA가 생기지 않으면 피어리어드 단백질도 생기지 않는다(❺). 결국 피어리어드 유전자가 발현하지 못한다(❻).

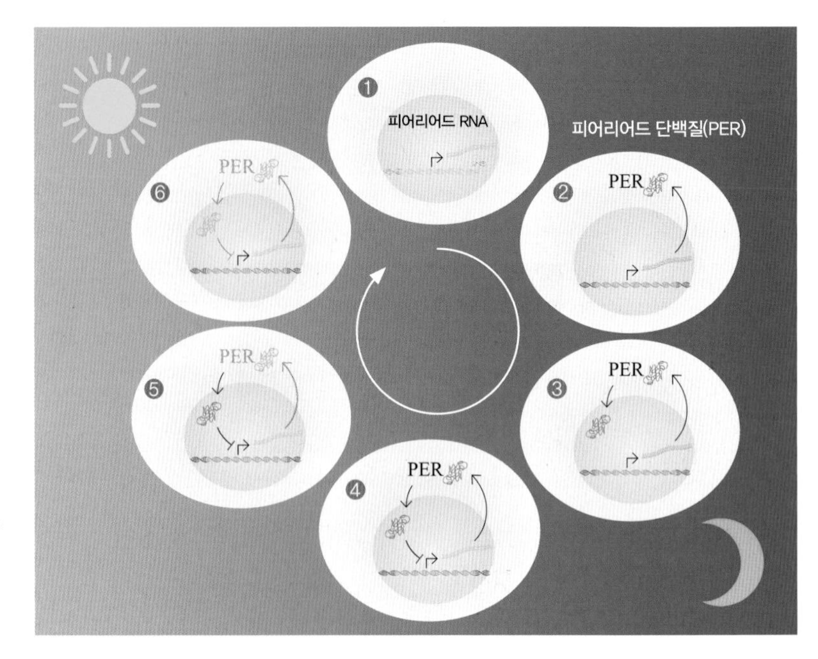

았는데, 피어리어드와 타임리스 외에도 더블타임과 클락, 사이클, 크립토크롬 등이 있다. 과학자들은 지금도 생체시계가 작동하는 과정을 더욱 정밀하게 밝히기 위해 많은 연구를 하고 있다.

② 노벨 물리학상: 약 100년 전 아인슈타인의 예측을 증명하다! 중력파

2017 노벨 물리학상은 모처럼 많은 사람들의 기대와 예상을 빗나가지 않았다. 2017년 10월 3일 오전 11시 45분(현지 시각), 노벨위원회는 킵 손 미국 캘리포니아공대 명예교수와 같은 대학 배리 배리시 라이고 명예교수, 라이너 바이스 미국 매사추세츠공대(MIT) 명예교수를 2017 노벨 물리학상 수상자로 선정했다고 밝혔다. 수상자들은 약 100년 전 아인슈타인이 이론으로 예측했던 중력파를 실험으로 검증해, 2016년 발표했다. 중력파 검출 발표 이후 이들은 '노벨상 1순위'로 주목받아 왔다. 노벨위원회는 "세 사람은 중력파의 비밀을 밝힌 레이저간섭계중력파관측소(LIGO · 라이고)를 설계하고 건설하는 데 기여했다"고 수상자들의 업적을 밝혔다.

뉴턴의 숙제를 푼 아인슈타인

영국의 물리학자이자 근대 이론과학의 선구자이기도 한 뉴턴은 모든 물체가 중력으로 서로 끌어당기며, 중력의 세기는 거리의 제곱에 비례하여 줄어드는 중력 법칙이 있음을 알아냈다. 뉴턴이 발견한 중력 법칙은 200년 이상 아무런 의심 없이 받아들여졌다. 하지만 중력 법칙에는 풀리지 않는 문제가 있었다. 물체가 있으면 중력이 생긴다는 사실은 알게 됐지만, 중력이 왜 생기는지, 어떻게 작용하는지에 대해서는 알 수가 없었던 것이다. 뉴턴이 남긴 문제를 해결한 건 아인슈타인이었다. 아인슈타인은 1916년 일반상대성이론을 발표하며 뉴턴과 전혀 다른 방법으로 중력을 설명했다. 그는 '중력은 시공간이 휘어지기 때문에 생기는 힘'이라고 설명했다. 아인슈타인의 머릿속에서 어떻게 이런 생각이 나왔을까?

아인슈타인은 우주가 시공간으로 이루어진 그물이라고 생각했다. 이 그물 위로 질량이 있는 물체가 올라가면 어떻게 될까? 예를 들어 보자. 수평으로 쳐진 그물 위에 축구공이 올라가면 축구공의 무게 때문에 그물이 아래로 축 처질 것이다. 이 그물 위로 테니스공을 한 개 더 올려 보면, 테니스공이 축구공 때문에 축 처진 그물을 따라 미끄러져 들어갈 것이다. 시공간도 마찬가지다. 시공간에 무거운 물체가 있으면 그 주변의 시공간이 휘어지면서 주변의 물체가 그 속으로 미끄러져 끌려 들어간다. 시공간이 휘어짐에 따라 물체를 끌어당기는 힘이 발생한 것이다. 즉, 중력은 시공간의 휘어짐이 만들어내는 현상이다. 아인슈타인이 '중력은 어떻게 작용하는지'에 대한 뉴턴의 숙제를 푼 것이다.

시공간의 그물이 파도처럼 일렁이는 것, 중력파

아인슈타인은 '중력파'의 존재도 떠올렸다. 중력은 물체가 시공간을 휘어지게 하면서 생기는 현상으로, 물체가 움직이면 주위의 시공간도 함께 변한다. 이런 시공간의 변화는 그물과 같은 시공간을 따라 주변으로 퍼져나간다. 이때 시공간의 그물이 파도처럼 일렁이는 것이 바로

노벨 물리학상 수상자들

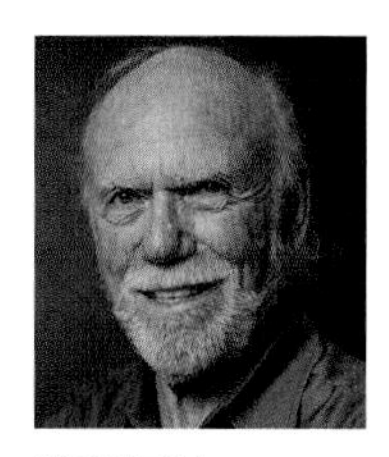

배리 배리시 미국 캘리포니아공대 명예교수
- 1936년 미국 네브래스카 주 오마하에서 출생
- 1962년 미국 버클리 캘리포니아대(UC버클리)에서 박사 학위를 받음
- 현재 미국 캘리포니아공대(칼텍) 물리학과 석좌교수

라이너 바이스 미국 매사추세츠공대(MIT) 명예교수
- 1932년 독일 베를린에서 출생
- 1962년 미국 매사추세츠공대(MIT)에서 박사 학위를 받음
- 현재 미국 MIT 물리학과 교수

킵 손 미국 캘리포니아공대 명예교수
- 1940년 미국 유타 주 로건에서 출생
- 1965년 미국 프리스턴대에서 박사 학위를 받음
- 현재 미국 캘리포니아공대 이론물리학 명예교수

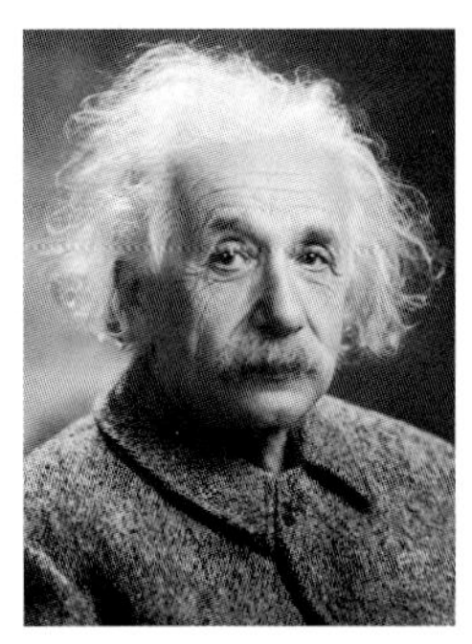

아인슈타인은 뉴턴과는 완전히 다른 새로운 중력의 개념을 설명했다.

'중력파'다. 중력파가 지나가면 공간은 늘었다 줄었다 하고, 시간은 느려졌다 빨라지는 현상이 반복된다. 이처럼 순간적으로 시공간의 변화를 일으키는 것은 중력파밖에 없다. 이론적으로는 일상생활에서도 중력파가 생긴다. 사람이나 자동차가 속도를 점점 높이는 가속 운동을 하거나 회전운동을 하면 중력파가 생긴다. 하지만 이런 중력파로 인해 실제로 시공간이 변하는 것을 알아챌 수는 없다. 이는 중력이 아주 약한 힘이기 때문이다.

중력파는 물체의 질량이 무거울수록, 속도가 빠를수록 더 강하다. 하지만 태양보다 훨씬 무거운 물체가 빛의 속도만큼 빠르게 움직여도 아주 정밀한 측정 장비가 있어야만 시공간의 변화를 측정할 수 있다. 이 때문에 아인슈타인조차 중력파는 그저 이론적인 개념이며, 중력파를 검출하는 건 불가능하다고 생각했다. 실제로 아인슈타인이 중력파의 존재를 예측한 뒤로 100년 동안 아무도 중력파를 발견하지 못했다. 그러다 2015년 놀라운 사건이 벌어지게 된다.

중력파를 발견하다!

"신사 숙녀 여러분, 우리가 중력파를 검출했습니다. 우리가 해냈습니다!(We did it!)"

지난 2016년 2월 11일 오전 10시 30분(현지시각), 미국 워싱턴 DC 국립프레스클럽에서 열린 기자회견에서 '라이고(LIGO) 프로젝트'의 책임자 데이비드 레이츠가 이렇게 선언했다. 1915년 아인슈타인이 일반상대성이론을 발표하며 중력파가 존재한다고 예측한 지 101년 만에 이를 실제로 검출한 것이다. 이 선언은 전 세계로 생중계됐으며, 이후 세계는 '중력파 발견'의 흥분에 휩싸였다. 그리고 2017년, 중력파로 드디어 노벨 물리학상을 받게 되었다. 하지만 라이고의 주요 설립 멤버 중 한 사람인 로널드 드레버 교수는 이 상을 받을 수 없었다. 2017년 3월, 86세의 나이로 세상을 떠났기 때문이다. 대신 배리 배리시 교수가 킵 손, 라이너 바이스 교수와 함께 2017 노벨 물리학상을 받았다. 세 사

람은 중력파로 인한 시공간의 작은 변화를 감지해내기 위해 '라이고'를 설계하고 '라이고 프로젝트'를 이끌었다.

2015년 라이고 연구팀이 40년간의 노력 끝에 처음 검출한 중력파는 두 개의 블랙홀이 충돌하며 하나로 합쳐지는 과정에서 나왔다. 블랙홀은 질량이 큰 별이 생애를 마치며 남기는 매우 밀도가 높은 천체로 중력이 엄청나게 강하다. 두 블랙홀은 각각 태양보다 36배, 29배나 무거운 천체들로 약 13억 년 전 충돌했다. 이때 중력파가 발생해 시공간을 따라 우주로 전파됐다. 중력파는 다른 물질에 의해 성질이 변하거나 전파 속도가 느려지는 일이 거의 없다. 그래서 소행성 같은 물질이 있어도 거의 영향을 받지 않고 빛의 속도로 뚫고 지나간다. 중력파가 지나가면 시공간이 출렁거리며 변화가 생긴다. 지난 2015년 9월, 라이고 연구팀은 13억 년 전에 출발한 중력파가 지구의 시공간을 출렁거리게 하자 이를 감지했다. 최초로 실제 중력파를 검출하는 데 성공한 것이다.

중력파 발견은 아인슈타인이 100여 년 전에 예측한 중력파의 존재를 직접 확인했다는 의미가 가장 크다. 또한 중력파 검출로 인류는 우주를 바라보는 새로운 눈을 갖게 됐다. 빛은 시공간 속에서 다른 물질의 영향을 받아 왜곡되기도 하지만, 중력파는 시공간 자체가 일렁이는 것

미국 리빙스턴과 핸포드에 위치한 라이고 관측소의 모습.
ⓒ Johan Jarnestad The Royal Swedish Academy of Sciences

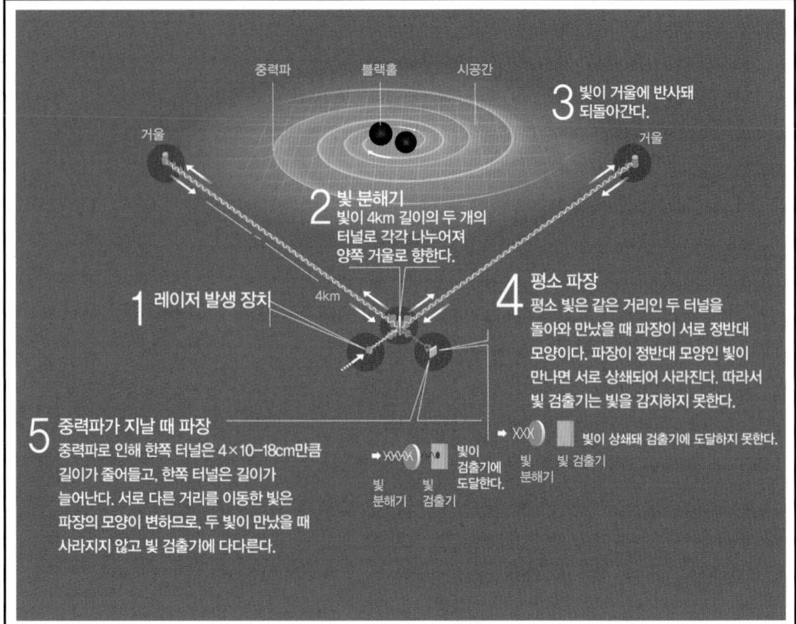

라이고(LIGO) 관측소의 원리

라이고(LIGO)는 '레이저 간섭계 중력파 관측소(Laser Interferometer Gravitational-Wave Observatory)'의 줄임말로 중력파를 검출하는 장치다. 미국 남동부의 도시 리빙스턴과 북서부의 핸포드에 위치하고 있다. 라이고는 'ㄴ'자 모양으로 두 팔이 달린 거대한 관측소로, 90도로 꺾인 양팔의 길이가 4km에 달한다. 중앙에는 레이저 발사 장치가, 양팔의 끝에는 거울이 설치돼 있는데, 중앙에서 양팔을 향해 레이저를 발사하면 양팔 끝에서 거울에 반사돼 다시 돌아오도록 설계됐다. 양팔의 길이가 같고 레이저(빛)의 속도가 동일하기 때문에 평소에는 빛이 되돌아오는 시간이 늘 같다. 두 빛이 같은 시간, 같은 거리를 움직였다면, 두 빛의 파장이 정확히 정반대로 겹쳐지며 상쇄돼 사라지고 만다. 그럼 빛 검출기가 아무런 신호도 검출하지 못한다. 하지만 중력파가 지구를 지나가면 주변의 시공간이 흔들린다. 그럼 양팔을 지나는 빛이 이동하는 거리와 시간에 미세한 변화가 생긴다. 그 결과 두 빛이 만났을 때 파장이 정확히 겹쳐지지 않고 상쇄되지 않아 빛 검출기에 도달한다. 라이고는 이 미세한 변화를 감지해 중력파를 검출한다. 즉, 빛(레이저)을 이용해서 미세한 길이의 변화를 측정하는 '세상에서 가장 정밀한 자'인 셈이다.

이기 때문에 왜곡되지 않는다. 따라서 중력파는 발생했을 때의 정보를 고스란히 가지고 있다. 온갖 별들과 우주의 역사를 고스란히 지니고 있는 셈이다. 빛을 통해 우주를 관측하는 전파망원경은 우주의 탄생인 빅뱅이 일어나고 38만 년이 지난 다음의 모습만을 볼 수 있다. 하지만 중력파는 빅뱅이 일어나고 10^{-32}초 뒤부터 볼 수 있다. 중력파 검출 덕분에 인류는 우주의 기원과 진화 과정의 비밀에 한걸음 더 다가설 수 있

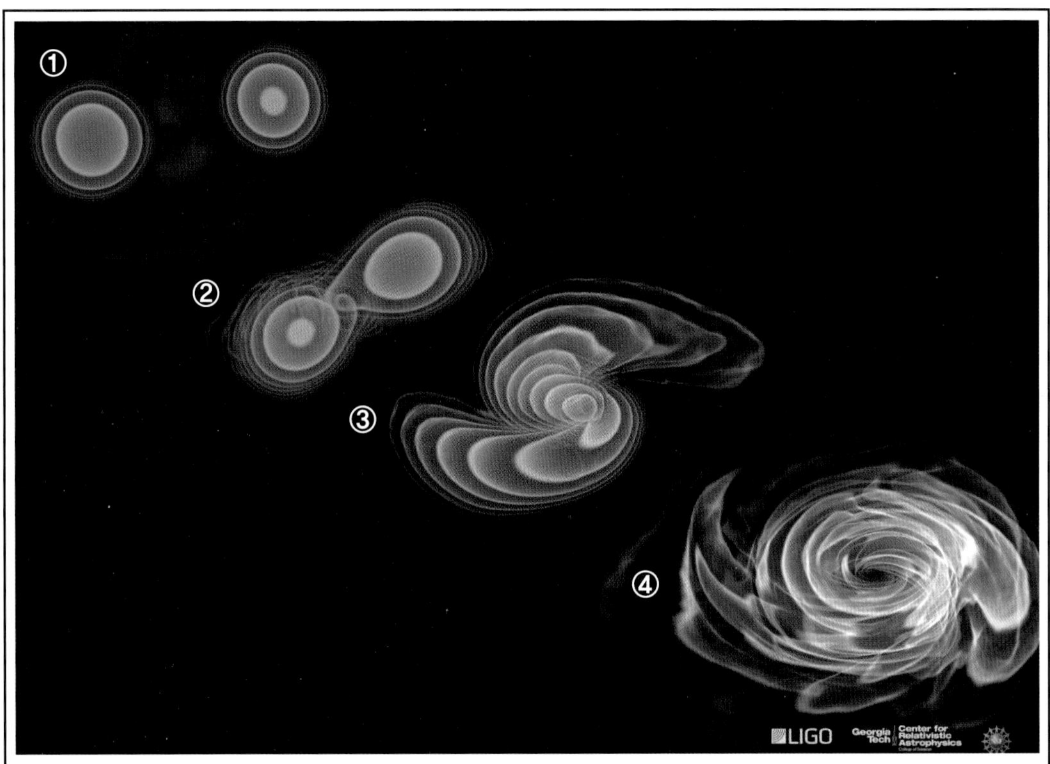

두 개의 블랙홀이 하나로 합쳐진 과정

① 태양 질량의 36배, 29배인 블랙홀 두 개가 서로의 주변을 돌며 점점 빠른 속도로 회전한다.
② 회전 속도가 점점 빨라지며 블랙홀의 거리도 점차 가까워진다.
③ 결국 두 개의 블랙홀이 충돌하며 중력파가 발생한다. 충돌로 합쳐지며 새로 생긴 블랙홀의 질량은 태양 질량의 62배이며, 3개의 태양이 동시에 폭발한 것과 같은 엄청난 양의 에너지가 뿜어져 나왔다.
④ 13억 년 뒤 중력파가 지구에 도착한다. 중력파는 먼 거리를 지나면서 매우 약해져 지구의 시공간은 겨우 1광년의 거리 중 머리카락 굵기만큼만 변화했다.

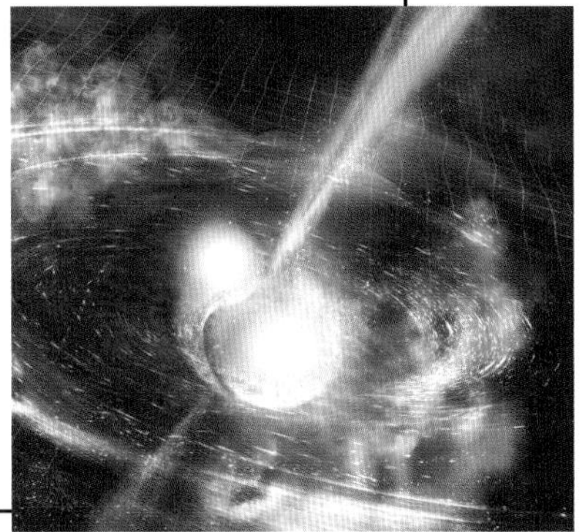

두 개의 중성자별이 충돌하여 중력파가 발생하는 모습. 감마선이 폭발하며 강한 빛이 수직으로 뿜어져 나오고 있다.
ⓒ NSF/LIGO/sonnoma state University/A. simonnet

게 됐다. 킵 손 교수는 노벨상 발표 직후 노벨위원회의 통화에서 "갈릴레오가 망원경을 개발해 목성과 달을 발견하면서 빛의 천문학이 시작됐다"며 "앞으로 중력파로 엄청난 것들을 관측할 것"이라고 말했다. 이어 "그저 블랙홀뿐만 아니라 중성자별이 충돌하고, 블랙홀이 중성자별을 찢어 버리는 장면을 볼 수도 있고, 우주가 탄생하던 가장 초기의 순간까지 보게 될 것"이라고 말했다.

노벨 화학상 수상자들

자크 뒤보셰 스위스 로잔대 교수
- 1942년 스위스 에이글에서 출생
- 1973년 스위스 제네바대에서 박사 학위를 받음
- 현재 스위스 로잔대 생물물리학과 교수

요아힘 프랑크 미국 컬럼비아대 교수
- 1940년 독일 출생
- 1970년 독일 뮌헨기술대에서 박사 학위를 받음
- 현재 미국 컬럼비아대 생화학 및 분자 생물물리학 및 생물학과 교수

리처드 헨더슨 영국 캠브리지대 교수
- 1945년 스코틀랜드 출생
- 1969년 영국 캠브리지대에서 박사 학위를 받음
- 현재 영국 캠브리지대 분자생물학 MRC실험실 프로그램리더

③ 노벨 화학상: 생체분자를 3차원 구조로 속속들이 파악하다!

2017 노벨 화학상은 자크 뒤보셰 스위스 로잔대 명예교수, 요아힘 프랑크 미국 컬럼비아대 교수, 리처드 헨더슨 영국 케임브리지대 교수에게 돌아갔다. 이들은 생체분자를 3차원 고화질로 보여주는 '극저온 전자현미경'을 개발한 공로를 인정받았다. 기존 전자식 현미경은 강한 전자선을 뿜어 생체분자를 살아 있는 세포를 정밀하게 관찰할 수 없었다. 그런데 수상자들이 만든 현미경으로는 영하 200℃ 이하의 극저온 상태로 생체분자를 빠르게 얼린 뒤, 세포를 3차원 구조로 정밀하게 관찰할 수 있다. 덕분에 생체분자의 모든 모습을 원자 수준에서 세밀하게 관찰할 수 있게 됐다. 노벨위원회는 "수상자들 덕분에 이제 생체분자의 3차원 구조를 일상적으로 얻을 수 있게 됐고, 머지않아 생명체의 장기나 세포 속에서 일어나는 복잡한 반응들을 원자 수준에서 관찰할 수 있게 될 것"이라며 "극저온전자현미경은 생화학의 새 시대를 열었다"고 말했다.

더 작은 것을 더 정밀하게! 현미경의 세계

돋보기에서부터 학창시절 과학실에서 주로 보던 광학현미경, 그리고 전자현미경까지, 과학자들은 좀 더 작은 세상을 보기 위해 다양한 현미경을 개발했다. 그 결과 미생물과 세포를 발견해 질병의 원인을 확인하고, 그에 알맞은 치료법을 개발할 수 있었다. 현미경은 일반적으로 광학현미경과 전자현미경으로 나뉜다. 이외에도 여러 종류의 현미경이 있지만 기본 구조와 원리를 살펴보면 크게 이 둘로 나눌 수 있다.

광학현미경은 초 · 중 · 고 과학실에서 흔히 사용되는 현미경이다. 빛 중에서도 우리 눈에 보이는 가시광선을 이용해 물체를 더욱 크게 확대해 보여준다. 그런데 광학현미경은 매우 작은 물체를 크게 보는 능력에 한계가 있다. 세포 수준의 작은 물체는 관찰할 수 있지만, 그보다 더 작은 물체를 보는 건 어렵다. 그래서 과학자들은 새로운 현미경을 연구했는데, 그 결과 만들어진 것이 전자현미경이다.

전자현미경은 빛 대신 전자를 이용해 물체를 관찰하는 현미경으로, 광학렌즈 대신 전자렌즈로 물체를 확대한다. 전자현미경을 사용하면 머리카락 굵기의 1만 분의 1 크기의 작은 물체도 볼 수 있다. 전자현미경에 대한 아이디어를 처음 떠올린 건 독일의 과학자 한스 부쉬였다. 1926년 한스 부쉬는 움직이는 전자가 자기장을 지나갈 때 전자의 운동 방향이 휘어진다는 사실을 발견했다. 빛이 렌즈를 만나면 굴절하는 것과 마찬가지로, 전자의 운동 방향이 자기장을 만나면 휘어지는 것이다. 이 원리를 '전자의 자기장에 의한 렌즈 작용'이라고 한다. 한스 부쉬가 발견한 원리를 바탕으로 전자기장을 이용해 전자빔을 모으거나 흩어지게 만드는 장치인 '전자렌즈'와 '전자현미경'이 발명됐다.

리처드 헨더슨 교수, 전자현미경에서 답을 찾다!

리처드 헨더슨 교수는 X선 결정법을 이용한 생체분자의 구조를 연구하던 과학자였다. 그는 X선 결정법을 이용해 세포막 단백질의 구조를 알아보기 위해 연구하던 중 난관에 봉착했다. 세포막을 없앤 뒤 단백질 결정을 만들어 세포막 단백질의 구조를 연구하고 싶었지만 뜻대로 되지 않았던 것이다. 헨더슨 교수는 난관을 극복하기 위해 이런저런 방법을 다 써봤지만 결국 단백질 결정을 만드는 데 실패했다. 그리고 결국 X선 결정법 대신 전자현미경을 이용하는 아이디어를 떠올렸다. 1930년대 처음 전자현미경이 개발됐을 때, 과학자들은 전자현미경이 생명이 없는 물질만 관측할 수 있다고 생각했다. 전자빔을 강하게 만들어 시료에 쏘면 선명한 고해상도 이미지를 얻을 수 있지만 생체분자가 타버린다는 단점이 있었기 때문이다. 반대로 빔을 약하게 하면 이미지가 흐릿해져 선명하고 정밀하게 볼 수 없었다. 또 다른 문제는 전자현미경을 작동시키려면 시료를 진공상태에 둔 뒤 겉 표면에 전자빔을 쏴야 하는데, 생체분자는 진공상태에서 수분을 잃게 된다. 그러면 연구자가 본래 보려고 했던 생체분자의 모습을 볼 수 없게 된다. 진공상태에서 찍은 생체

현미경의 구조

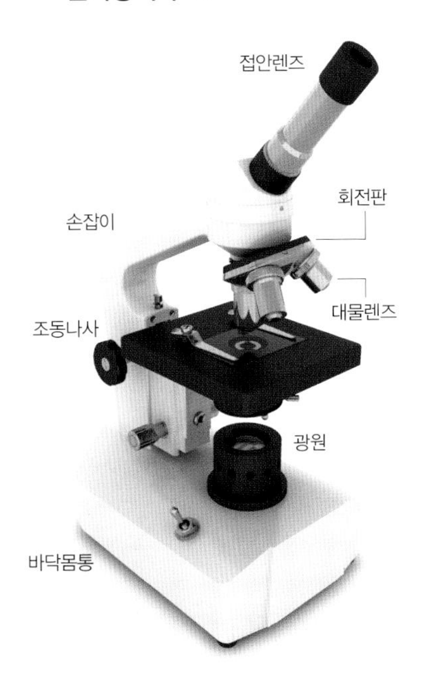

최초의 전자현미경은 누가 만들었을까?

1931년, 독일의 막스 놀과 제자인 에른스트 루스카가 세계 최초로 전자현미경을 만들었다. 두 사람은 최초의 투과전자현미경을 만들었는데, 물체를 17.4배까지 확대할 수 있었다고 전해진다. 하지만 당시 광학현미경은 이미 약 300배 이상 확대해 볼 수 있었다. 두 사람은 자신들이 만든 전자현미경이 광학현미경보다 배율이 낮아 무척 실망했다. 하지만 두 사람은 연구를 거듭해 1만 2000배의 배율로 볼 수 있는 전자현미경을 만드는 데 성공한다. 그들은 전자현미경의 배율을 높이기 위해 전자빔의 세기를 높이면서도 시료가 타지 않는 기술을 연구했다. 전자빔의 세기가 세지면 배율이 높아지지만 시료가 타는 문제를 해결한 것이다. 루스카는 전자현미경을 발명한 공로와 끊임없는 성능 개선에 기여한 공헌을 인정받아 1986년, 80세의 나이로 노벨 물리학상을 수상했다.

프랑크 교수의 3차원 이미지 분석

1. 멋대로 놓인 개별 단백질에 전자빔이 부딪치며 이미지가 얻어진다.

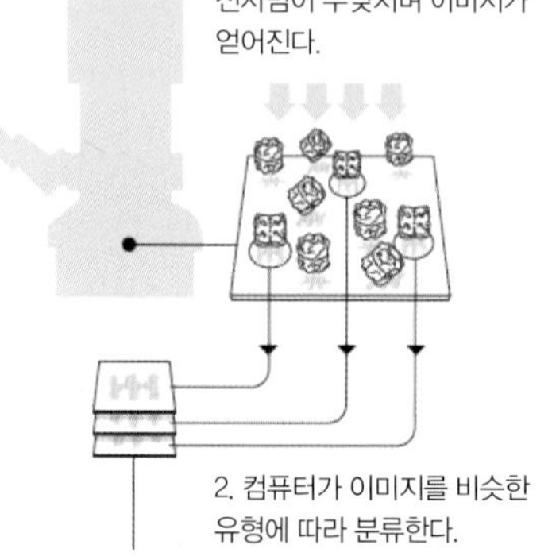

2. 컴퓨터가 이미지를 비슷한 유형에 따라 분류한다.

3. 수천 개의 데이터를 처리해 고해상도 2차원 이미지를 얻는다.

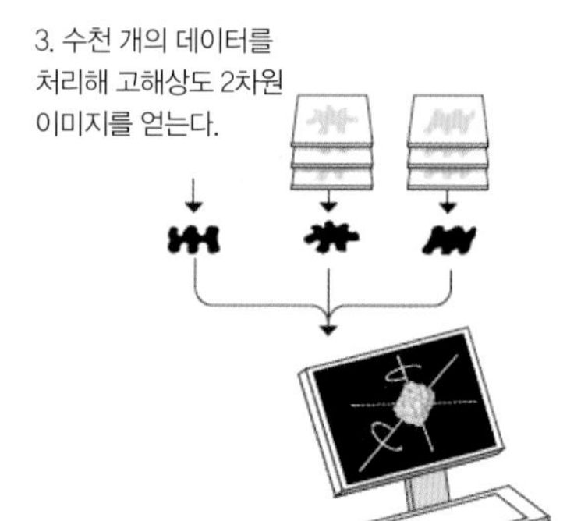

4. 컴퓨터가 여러 각도의 2차원 이미지로부터 3차원 이미지를 만든다.

분자의 모습은 이미 원래의 구조를 잃고 있어 연구에 쓸 수 없다. 그렇다면 헨더슨 교수는 어떻게 전자현미경으로 생체분자를 관찰하는 데 도전했을까?

일단 헨더슨 교수는 '박테리오로돕신'이라는 박테리아의 세포막 단백질을 보기로 했다. X선 결정법과 달리 전자현미경으로 보면 단백질 결정을 만들 필요가 없기 때문에 세포막을 제거하지 않은 상태 그대로 관찰하기로 한 것이다. 그리고 수분이 증발되는 것을 막기 위해 시료 표면을 포도당 용액으로 코팅했다. 이어서 시료가 타는 것을 막기 위해 전자빔을 약한 상태로 조절해 쪼였다. 역시 이미지는 원하는 만큼 선명하게 보이지 않았다. 이 문제를 해결하기 위해 헨더슨 교수는 전자빔을 쏜 뒤 여러 각도에서 사진을 찍었다. 세포막의 단백질은 규칙적으로 배열돼 있어서, 전자빔을 받은 단백질들은 거의 같은 방식으로 빔을 회절시켰다. 회절은 음파나 전파 같은 파동이 어떤 물체에 부딪혔을 때 물체의 뒤쪽으로 돌아 들어가는 현상을 말한다. 따라서 전자빔을 여러 각도에서 쏘아 이미지를 찍은 뒤, 이 이미지들을 합쳐서 세포막 단백질의 구조를 3차원으로 알아내기로 한 것이다. 헨더슨 교수는 이 방법을 통해 단백질의 사슬이 세포막을 7차례에 걸쳐 통과한 모양으로 박혀 있다는 사실을 확인했다. 1975년, 그는 국제과학저널 '네이처'에 단백질 모형 사진과 함께 논문을 발표했다. 헨더슨 교수는 이에 만족하지 않고, 이후에도 꾸준히 전자현미경의 해상도를 높이는 연구를 진행했다. 그 결과 15년이 지난 1990년, 마침내 X선 결정법 수준의 정밀하고 또렷한 박테리오로돕신의 구조를 얻어내는 데 성공했다.

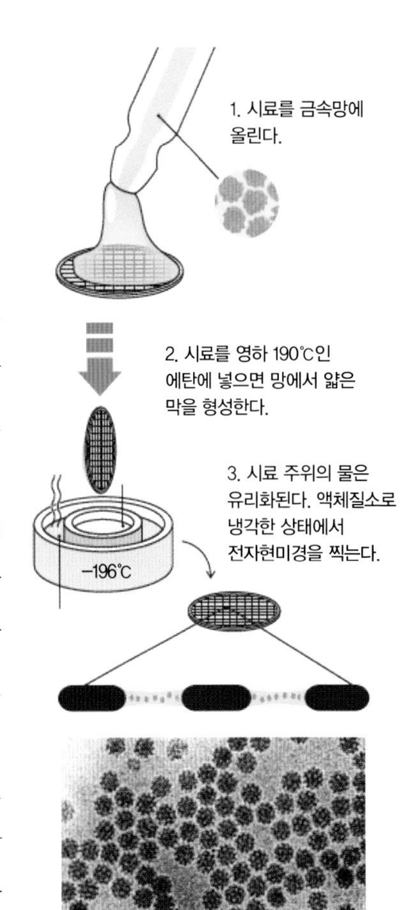

1. 시료를 금속망에
올린다.
2. 시료를 영하 190℃인
에탄에 넣으면 망에서 얇은
막을 형성한다.
3. 시료 주위의 물은
유리화된다. 액체질소로
냉각한 상태에서
전자현미경을 찍는다.
-196℃
1000A

뒤보셰 교수팀은 물을 유리화하는 방법을 개발해 고해상도의 이미지를 얻는 데 성공했다. 위 사진은 1984년 뒤보셰 교수팀이 물을 유리화해 얻은 바이러스의 전자현미경 사진이다.

요아힘 프랑크 교수, 2차원 사진을 3차원으로 변신!

리처드 헨더슨 교수는 전자현미경으로 X선 결정법만큼 선명한 3차원 이미지를 얻었다. 하지만 과학자들은 여전히 의심의 끈을 놓지 않았다. 전자현미경으로 생체분자를 관찰하는 건 세포막 안에 규칙적으로 배열된 단백질만 가능하다고 생각한 것이다. 하지만 요아힘 프랑크 미국 컬럼비아대 교수의 생각은 달랐다. 다양한 각도에서 찍힌 단백질 2차원 이미지를 분류해 분석하면, 이 이미지들만으로도 정밀하고 또렷한 3차원 이미지를 얻을 수 있을 것이라고 믿었다. 그리고 1981년, 이 과정을 실현할 수 있는 컴퓨터 알고리즘을 만들었다. 알고리즘은 우선 전자현미경으로 촬영한 여러 각도의 2차원 이미지를 인식한다. 그다음, 어떻게 서로 다른 2차원 이미지를 연결할 것인지 분석한다. 수학적인 방법을 통해 유사한 패턴의 이미지를 같은 그룹으로 묶고, 정보를 결합해 평균화한 뒤 하나의 선명한 3차원 이미지를 만들었다. 1980년대 중반 프랑크 교수는 이 알고리즘을 발표하며, 세포 속에서 단백질을 만드는 기관인 리보솜을 3차원 이미지로 만드는 데 성공한다. 이 처리법은 이후 극저온전자현미경 기술을 개발하는 기반이 되었다.

자크 뒤보셰 교수, 급속 냉각으로 유리화하다!

전자현미경으로 물체를 볼 때 가장 중요한 것은 시료가 진공상태에서 망가지지 않는 것이다. 그래서 리처드 헨더슨 교수는 시료 표면에 포도당 용액을 코팅하는 방법을 사용했다. 하지만 포도당만으로는 모든 생체분자를 보호할 수 없었다. 과학자들은 이를 해결하기 위해 시료를 얼리는 방법을 고안했다. 관찰하려는 시료를 물에 녹여서 얼린 뒤 현미경으로 관찰하는 것이다. 하지만 얼리는 방법에도 치명적인 단점이 있었다. 일반적으로 물이 어는 과정에서 얼음 결정이 생기는데, 이 결정이 전자의 움직임을 방해해서 정확한 이미지를 얻을 수 없었던 것이다.

자크 뒤보셰 교수는 물을 급속도로 얼리면 결정이 생기지 않는다는 사실에 주목했다. 물을 급속도로 얼리면 물 분자들이 결정으로 재배치되기도 전에 그대로 굳어버리는 것이다. 이러한 현상을 '유리화'라고 한다. 유리화로 만들어진 얼음은 물 분자의 배열이 제멋대로라 전자빔이 회절할 때 방해를 받지 않고, 제대로 된 이미지를 얻을 수 있다. 뒤보셰 교수는 물을 급속도로 얼리기 위해 액체질소를 이용했다. 질소는 끓는점이 영하 196℃이기 때문에 상온에서 기체 상태이다. 즉, 액체질소는 상온에서 급격하게 기체로 변하려고 하는 성질을 갖고 있다. 이때 주변 물체로부터 열을 빼앗아 상태변화를 하므로, 물체를 액체질소에 넣으면 그 물체는 순식간에 얼어버린다. 1984년 뒤보셰 교수는 여러 번의 시도 끝에 단백질 시료를 담은 물을 유리화하는 방법을 개발한다. 이어 이 방법으로 바이러스 입자의 사진을 얻는 데 성공한다. 뒤보셰 교수가 개발한 '유리화' 방법은 극저온전자현미경 연구가 활발해지는 계기가 되었다. 이번 화학상의 분야가 그냥 전자현미경이 아니라 '극저온(cryo)'전자현미경이라는 이름이 붙은 이유도 바로 이 때문이다.

2017 이그노벨상

2017년 9월 15일(한국 시간) 제27회 '이그노벨상(Ig nobel Prize)' 수상자가 발표됐다. 이그노벨상은 미국 하버드대학교의 과학유머잡지인 《황당무계 연구 연보》에서 선정하는 괴짜상으로, '사람들을 웃게 하고 생각하게 만드는' 색다르고 기발한 업적에 수상한다.

그렇다고 이 상이 황당하기만 한 상인 것은 아니다. '처음엔 웃기지만 그다음엔 생각하게 만드는 연구를 기리는 상'이기 때문이다. 평화, 사회학, 물리학, 문학 등 10개 분야로 시상하는데, 진짜 노벨상이 발표되기 보름 정도 전에 발표된다. 그럼 더욱 기발하고 재미있어진 이그노벨상 업적들을 살펴보도록 하자.

① 물리학상: 고양이는 고체이면서 액체일까?

어떤 크기의 상자라도 귀신같이 몸을 욱여넣고, 아주 작은 틈새로도 지나가는 고양이를 보면 재미있으면서도 참 신기하다. 이런 모습을 보고 '고양이 액체설'이 돌 정도. 파르딘 마르크-앙투안 프랑스 리옹대 물리학연구소 박사후연구원은 물리학을 이용해 '고양이는 고체이면서 액체일까?'란 질문을 증명한 논문으로 물리학 부문 수상자로 선정됐다. 그는 수학 공식을 이용해 어린 고양이가 늙은 고양이보다 몸을 변형시킨 모양을 오래 유지할 수 있다는 결론을 내렸다.

② 생물학상: 암컷과 수컷의 생식기가 뒤바뀐 다듬이벌레

요시자와 가즈노리 일본 홋카이도대 교수팀은 곤충의 생식기를 연구해 생물학상을 수상했다. 브라질 동굴에서 다듬이벌레를 관찰했는데, 놀랍게도 암컷이 수컷의 생식기를, 수컷이 암컷의 생식기를 갖고 있었던 것이다. 암수의 생식기가 반대로 확인된 세계 첫 사례이다. 이런 현상이 일어난 이유는 뭘까? 연구팀은 외부의 빛이 들어오지 않고 먹이가 매우 적은 동굴이라는 환경에 주목했다. 가혹한 환경에서 영양분을 얻기 위해 암컷이 적극적으로 행동하다 보니 생식기가 뒤바뀌게 된 것으로 추측했다. 요시자와 교수는 시상식에서 "수컷의 생식기가 오직 수컷만의 것이라고 쓰여 있는 전 세계의 사전은 모두 시대에 뒤처지게 됐다"고 수상 소감을 밝혔다.

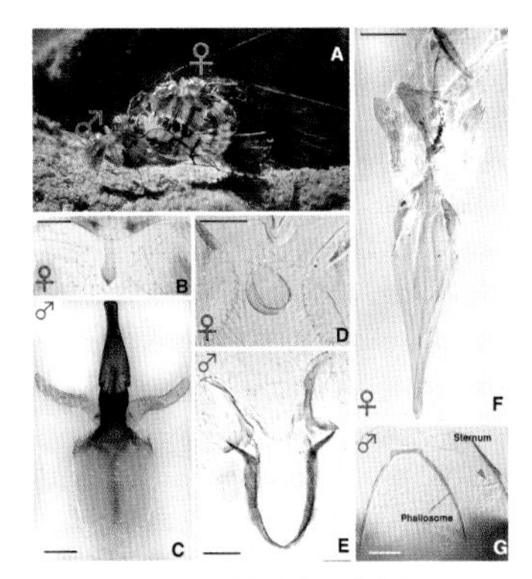

암수의 생식기가 뒤바뀐 다듬이벌레.
ⓒ Current Biology

이그노벨상 유체역학 부문을 수상한 한지원 씨는 컵의 윗부분을 잡아야 커피가 덜 넘친다고 말했다.
ⓒ 유튜브 캡처

③ 유체역학상: 어떻게 해야 커피를 덜 쏟을 수 있을까?

2017년 이그노벨상 유체역학 부문에는 한국인 수상자가 선정됐다. 주인공은 미국 버지니아대 물리학과에 재학 중인 한지원 씨다. 그는 고등학생 때 '약한 충격이 있을 때 커피가 넘치는 현상 연구'란 제목의 15쪽짜리 논문을 썼다. 커피가 담긴 컵을 들고 걸을 때 어떻게 해야 덜 넘치는지 궁금증을 품고 직접 실험을 통해 연구했다. 실험 결과 원통형 머그잔에 담겨 있을 때 와인 잔에서보다 더 많이 넘치는 것이 나타났다. 또 손바닥을 펼쳐 컵의 윗부분을 잡으면 중간이나 아랫부분을 잡을 때보다 커피가 덜 넘친다는 사실도 발견했다. 윗부분을 잡으면 진동이 줄어들기 때문이다. 시상식에서 그는 "연구는 당신이 몇 살인지, 얼마나 똑똑한지가 중요한 게 아니라 얼마나 많은 커피를 마실 수 있는지의 문제"라며 수상 소감을 말했다.

호주 원주민이 디저리두를 연주하는 모습.

④ 평화상: 코골이와 수면 무호흡증에 도움이 되는 연주를 찾았다!

곤히 잠든 밤, 누군가 심하게 코를 골아 잠이 깨면 무척 화가 날 것이다. 오토 브렌들리 스위스 취리히대 병원 연구팀은 호주 원주민의 전통 악기 '디저리두'가 코골이 치료에 도움이 된다는 사실을 밝혀 평화상을 받았다. 연구팀은 정기적으로 디저리두를 연주하면 코골이와 수면 무호흡증 치료에 효과적이라고 밝혔다.

⑤ 기타 분야

매튜 로크로프 호주 CQ대 교수팀은 길이 1m가 넘는 살아 있는 악어와 접촉하면 도박 욕구가 줄어드는지 알아보기 위해 실험해 2017 이그노벨상 경제학 부문을 수상했다.

한편, 할아버지들을 잘 살펴보면 귀가 큰 분들이 많다. 영국의 물리학자 제임스 히스코트 박사는 "왜 할아버지들은 귀가 클까?"라는 의학 논문으로 해부학상을 받았다. 그 밖에 엔리코 베르나르도 브라질 페르남부쿠연방대 동물학과 교수팀은 인간의 피가 흡혈박쥐에 미치는 영향을 연구해 영양학상을, 장-피에르 로와이에 프랑스 리옹신경과학연구센터 박사팀은 기능성자기공명영상(fMRI)으로 치즈를 싫어하는 사람의 뇌를 연구해 의학상을 받았다.